ENCYCLOPÉDIE

DES

TRAVAUX PUBLICS

Fondée par **M.-C. LECHALAS,** Inspecteur général des Ponts et Chaussées.

Médaille d'or à l'Exposition universelle de 1889

LA RÉGLEMENTATION

DES

CHEMINS DE FER D'INTÉRÊT LOCAL

DES TRAMWAYS ET DES AUTOMOBILES

PAR

A. DONIOL

INSPECTEUR GÉNÉRAL DES PONTS ET CHAUSSÉES EN RETRAITE

ENQUÊTES.
HISTORIQUE DE LA RÉGLEMENTATION DES CHEMINS DE FER D'INTÉRÊT
LOCAL ET DES TRAMWAYS. RÈGLEMENT D'ADMINISTRATION PUBLIQUE
CONCERNANT L'ÉTABLISSEMENT ET L'EXPLOITATION
DES VOIES FERRÉES SUR LE SOL DES VOIES PUBLIQUES.
CAHIER DES CHARGES-TYPE DES CHEMINS DE FER D'INTÉRÊT LOCAL.
CAHIER DES CHARGES-TYPE DES TRAMWAYS.
RÉGLEMENTATION DES AUTOMOBILES. ANNEXES : REPRODUCTION DES
DOCUMENTS OFFICIELS : LOIS, DÉCRETS ET CIRCULAIRES MINISTÉRIELLES.

PARIS

LIBRAIRIE POLYTECHNIQUE CH. BÉRANGER, ÉDITEUR

Successeur de BAUDRY & Cᵉ

15, RUE DES SAINTS-PÈRES, 15

Même Maison à Liège, rue de la Régence, 21

ENCYCLOPÉDIE DES TRAVAUX PUBLICS

Fondateur : M.-C. LECHALAS, 108, *rue de Rennes, PARIS.*
Volumes grand in-8°, avec de nombreuses figures.
Médaille d'or à l'Exposition universelle de 1889

OUVRAGES DE PROFESSEURS A L'ÉCOLE DES PONTS ET CHAUSSÉES

M. Bechmann. *Distributions d'eau et Assainissement.* 2ᵉ édit., 2 vol. à 20 fr....... 40 fr.

M. Bricka. *Cours de chemins de fer de l'Ecole des ponts et chaussées.* 2 vol., 1.343 pages et 514 figures.. 40 fr.

M. L. Durand-Claye. *Chimie appliquée à l'art de l'ingénieur,* en collaboration avec MM. Derôme et Feret, 2ᵉ édit. considérablement augmentée, 15 fr. — *Cours de routes de l'Ecole des ponts et chaussées,* 606 pages et 234 figures, 2ᵉ édit.. 20 fr. — *Lever des plans et nivellement,* en collaboration avec MM. Pelletan et Lallemand. 1 vol., 703 pages et 280 figures, (cours des Ecoles des ponts et chaussées et des mines, etc.)......................... 25 fr.

M. Flamant. *Mécanique générale (Cours de l'Ecole centrale),* 1 vol. de 544 pages, avec 203 figures, 20 fr. — *Stabilité des constructions et résistance des matériaux.* 2ᵉ édit., 670 pages, avec 270 figures, 25 fr. — *Hydraulique (Cours de l'Ecole des ponts et chaussées),* 1 vol., 716 pages et 129 figures... 25 fr.

M. Ganiel. *Traité de physique.* 2 vol., 448 figures........................... 20 fr.

M. de Mas. *Rivières à courant libre.*... 17 fr. 50

M. Hirsch. *Résumé du cours de machines à vapeur et locomotives.* 1 volume...... 18 fr.

M. F. Laroche. *Travaux maritimes.* 1 vol. de 490 pages, avec 116 figures et un atlas de 46 grandes planches, 40 fr. — *Ports maritimes.* 2 vol. de 1006 pages, avec 524 figures et 2 atlas de 37 planches, double in-4° (*Cours de l'Ecole des ponts et chaussées*)..... 50 fr.

M. Nivoit. Inspecteur général des mines : *Cours de géologie,* 2ᵉ édition, 1 vol. avec carte géologique de la France.. 20 fr.

M. M. d'Ocagne. *Géométrie descriptive et Géométrie infinitésimale* (cours de l'Ecole des ponts et chaussées), 1 vol., 340 fig.. 12 fr.

M. J. Résal. *Traité des Ponts en maçonnerie,* en collaboration avec M. Degrand. 2 vol., avec 600 figures, 40 fr. — *Traité des Ponts métalliques* 2 vol., avec 500 figures, 40 fr. — *Constructions métalliques, élasticité et résistance des matériaux : fonte, fer et acier.* 1 vol. de 652 pages, avec 203 figures, 20 fr. — Le 1ᵉʳ volume des *Ponts métalliques* est à sa seconde édition(revue, corrigée et très augmentée) — *Cours de ponts,* professé à l'Ecole des ponts et chaussées, 1 vol. de 410 pages, avec 284 figures (*Etudes générales et ponts en maçonnerie,* 14 fr.). — *Cours de résistance des matériaux* (Ecole des ponts et chaussées).. 16 fr.

OUVRAGES DE PROFESSEURS A L'ÉCOLE CENTRALE DES ARTS ET MANUFACTURES

M. Deharme. *Chemins de fer. Superstructure ;* première partie du cours de chemins de fer de l'Ecole centrale. 1 vol. de 696 pages, avec 310 figures et 1 atlas de 73 grandes planches in-4° doubles (voir *Encyclopédie industrielle* pour la suite de ce cours). 50 fr. On vend séparément : *Texte,* 15 fr.; *Atlas,* 35 fr.

M. Denfer. *Architecture et constructions civiles.* Cours d'architecture de l'Ecole centrale : *Maçonnerie.* 2 vol., avec 794 figures, 40 fr. — *Charpente en bois et menuiserie.* 1 vol., avec 680 figures, 25 fr. — *Couverture des édifices* 1 vol., avec 423 figures, 20 fr. — *Charpenterie métallique, menuiserie en fer et serrurerie* 2 vol., avec 1.050 figures, 40 fr. — *Fumisterie (Chauffage et ventilation).* 1 vol. de 726 pages, avec 731 figures (numérotées de 1 à 375, l'auteur affectant chaque groupe de figures d'un numéro seulement). 25 fr. *Plomberie : Eau, Assainissement ; Gaz.* 1 vol. de 568 p. avec 391 fig.......... 20 fr.

M. Dorion. *Cours d'Exploitation des mines.* 1 vol. de 692 pages, avec 1.100 figures. 25 fr. Ce Cours, professé à l'Ecole centrale, est suivi du recueil complet des documents officiels, actuellement en vigueur, relatifs à l'exploitation des mines (lois, ordonnances et décrets, circulaires).

M. Monnier. *Electricité industrielle,* cours professé à l'Ecole centrale, 2ᵉ édit. considérablement augmentée, 2 vol., à 12 fr. le volume (*sous presse*).

M. Mᵉˡ Pelletier. *Droit industriel,* cours professé à l'Ecole centrale. 1 vol...... 15 fr.

MM. E. Rouché et Brisse, anciens professeurs de géométrie descriptive à l'Ecole centrale. *Coupe des pierres.* 1 vol. et un grand atlas.................................... 25 fr.

MM. C. Brisse, et H. Picquet. *Cours de géométrie descriptive de l'Ecole centrale,* 1 vol. grand in-8° avec figures (Voir : *Encyclopédie industrielle*).................. 17 fr. 50

OUVRAGE D'UN PROFESSEUR AU CONSERVATOIRE DES ARTS ET MÉTIERS

M. E. Rouché, membre de l'Institut. *Eléments de statique graphique.* 1 vol..... 12 fr. 50

OUVRAGES DE PROFESSEURS A L'ÉCOLE NATIONALE SUPÉRIEURE DES MINES

M. Aguillon. *Législation des mines, française et étrangère.* 3 vol................ 40 fr.

M. Pelletan. *Lever des plans et nivellement souterrains* (Voir ci-dessus : *Durand-Claye*).

M. Chesneau. *Lois générales de la Chimie.* 1 vol. avec 37 figures............ 7 fr. 50

OUVRAGE D'UN PROFESSEUR A L'ÉCOLE NATIONALE FORESTIÈRE

M. Thiéry. *Restauration des montagnes,* avec une *Introduction* par M. Lechalas père. Vol. de 442 pages, avec 173 figures.. 15 fr.

(Voir la suite ci-après)

LA RÉGLEMENTATION

DES CHEMINS DE FER D'INTÉRÊT LOCAL

DES TRAMWAYS & DES AUTOMOBILES

Tous les exemplaires de **LA RÉGLEMENTATION DES CHEMINS DE FER D'INTÉRÊT LOCAL, DES TRAMWAYS ET DES AUTOMOBILES** *de M. A. DONIOL devront être revêtus de la signature de l'auteur.*

ENCYCLOPÉDIE

DES

TRAVAUX PUBLICS

Fondée par **M.-C. LECHALAS**, Inspecteur général des Ponts et Chaussées

Médaille d'or à l'Exposition universelle de 1889

LA RÉGLEMENTATION

DES

CHEMINS DE FER D'INTÉRÊT LOCAL

DES TRAMWAYS ET DES AUTOMOBILES

PAR

A. DONIOL

INSPECTEUR GÉNÉRAL DES PONTS ET CHAUSSÉES EN RETRAITE

ENQUÊTES.
HISTORIQUE DE LA RÉGLEMENTATION DES CHEMINS DE FER D'INTÉRÊT
LOCAL ET DES TRAMWAYS. RÈGLEMENT D'ADMINISTRATION PUBLIQUE
CONCERNANT L'ÉTABLISSEMENT ET L'EXPLOITATION
DES VOIES FERRÉES SUR LE SOL DES VOIES PUBLIQUES.
CAHIER DES CHARGES-TYPE DES CHEMINS DE FER D'INTÉRÊT LOCAL.
CAHIER DES CHARGES-TYPE DES TRAMWAYS.
RÉGLEMENTATION DES AUTOMOBILES. ANNEXES : REPRODUCTION DES
DOCUMENTS OFFICIELS : LOIS, DÉCRETS ET CIRCULAIRES MINISTÉRIELLES.

PARIS

LIBRAIRIE POLYTECHNIQUE CH. BÉRANGER, ÉDITEUR

Successeur de BAUDRY & Cie

15, RUE DES SAINTS-PÈRES, 15

Même Maison à Liège, rue de la Régence, 21

1900

LA RÉGLEMENTATION

des Chemins de fer d'intérêt local et des Tramways

INTRODUCTION

La première loi sur les chemins de fer d'intérêt local promulguée en France est celle du 12 juillet 1865 ; elle a été abrogée par la loi du 11 juin 1880 (1) qui régit actuellement les chemins de fer d'intérêt local et les tramways.

Enquêtes. — Les travaux publics intéressant plusieurs communes ne peuvent être déclarés d'utilité publique qu'après une enquête dont les formalités sont prescrites par l'ordonnance du 18 février 1834. Mais quand il s'agit de voies ferrées à établir sur le sol de voies dépendant du domaine public, les formalités de cette enquête de 1834 sont remplacées par celles indiquées au décret du 18 mai 1881, portant règlement d'administration publique par application du paragraphe 5 de l'article 3, ainsi que du paragraphe 1er de l'article 29 de la loi du 11 juin 1880.

(1) Le texte de la loi du 11 juin 1880, des règlements, cahiers des charges-types et circulaires ministérielles concernant les chemins de fer d'intérêt local et les tramways est reproduit, comme annexes, à la fin de ce volume.

Il importe que les demandeurs en concession produisent toutes les pièces mentionnées aux articles 2 et 3 de ce règlement d'administration publique du 18 mai 1881 ; ils devront, en outre, se conformer soigneusement, pour la préparation du dossier à soumettre à l'enquête, aux instructions jointes à la circulaire ministérielle du 9 octobre 1899.

L'article 4 du règlement d'administration publique du 18 mai 1881 porte que l'autorité qui fait la concession décide, s'il y a lieu, de procéder à l'enquête, et l'article 27 de la loi du 11 juin 1880 dit que la concession est accordée par l'Etat lorsque la ligne doit être établie, en tout ou en partie, sur une voie dépendant du domaine public de l'Etat. Il résulte de ces textes que c'est au ministre des travaux publics qu'il appartient de décider si l'enquête doit être ouverte sur la demande de concession de lignes empruntant le sol d'une route nationale (qui sont généralement les plus importantes), ou si, au contraire, aucune suite favorable ne doit être donnée à cette demande. En suivant ce mode de procéder, on est obligé d'examiner deux fois le dossier au ministère des travaux publics, savoir une première fois avant et une seconde fois après l'enquête. La circulaire ministérielle du 9 octobre 1899 permet d'abréger notablement la durée de l'instruction, en déléguant aux préfets la faculté d'autoriser l'ouverture des enquêtes (comme cela se pratique pour les chemins de fer d'intérêt local, ainsi que pour les tramways à concéder par les départements ou par les communes), sur les avant-projets de tramways à concéder par l'Etat, quand il n'y a pas de difficultés spéciales : la réserve formulée par ces derniers mots paraît se rapporter principalement au cas, du reste assez rare, où l'autorité administrative prévoit que la demande d'établissement du tramway projeté serait de nature à susciter de vives oppositions. Le dossier à produire par l'auteur d'un avant-projet doit donc être adressé au préfet, quel que doive être le pouvoir concédant.

Les formalités prescrites par le règlement d'administration publique du 18 mai 1881 constituent une enquête de grand appareil, principalement caractérisée par le dépôt des pièces au chef-lieu d'une circonscription administrative, par la nomination d'une commission d'enquête, par la consultation de la Chambre de commerce, des Conseils municipaux et du Conseil général du département. Cette consultation a pour but de provoquer les observations d'un public comprenant non seulement les personnes directement intéressées au projet, mais encore celles qui sont jugées susceptibles de fournir un avis utile sur le mérite de l'entreprise projetée ; cette procédure offre des garanties importantes, mais elle présente l'inconvénient de demander beaucoup de temps.

Il est évident qu'on doit suivre, pour l'enquête, les formes prescrites par le règlement du 18 mai 1881 quand ce mode de procéder est formellement et explicitement prescrit, c'est-à-dire :

1° Quand il s'agit d'examiner la demande de concession et de déclaration d'utilité publique d'une voie ferrée à établir sur le sol des voies dépendant du domaine public (articles 3 et 29 de la loi du 11 juin 1880) ;

2° Quand il y a lieu d'établir, en cours d'exploitation, de nouvelles stations (troisième paragraphe de l'article 10 du règlement d'administration publique du 6 août 1881, applicable aux voies ferrées empruntant le sol des voies publiques).

Je pense que, dans les autres cas où une nouvelle enquête est nécessaire, c'est à l'administration qu'il appartient de déterminer les formes de cette enquête : elle doit choisir celles dont l'appareil est le mieux approprié à l'objet de l'information. Si, en effet, le législateur s'est borné purement et simplement à prescrire une enquête (comme il l'a fait au 4° de l'article 6 de la loi du 11 juin 1880), on est en droit de faire varier les formes de cette enquête suivant les circonstances, qui peuvent exiger tantôt une enquête de grand appareil et tantôt une enquête purement locale.

Je prendrai pour exemple d'enquêtes à ouvrir postérieurement à la déclaration d'utilité publique d'un tramway, le cas le plus fréquent, c'est-à-dire celui d'une modification du tracé adopté dans l'avant-projet pour les voies ferrées. Si cette modification entraîne des expropriations qui n'étaient pas prévues dans l'avant-projet, qui ne peuvent pas être assimilées à une simple question de détail technique et qui ne sauraient être régulièrement poursuivies qu'en vertu d'un nouveau décret (1), on devra, pour les voies ferrées empruntant le sol des voies publiques, ouvrir l'enquête suivant les formes prescrites par le décret du 28 mai 1881. Dans le cas où il s'agit de changer le tracé sur une grande longueur, ou de le modifier de telle sorte que l'économie générale de la ligne se trouve altérée, ou si les localités desservies ne sont plus les mêmes, il y aura également lieu de donner à l'information l'ampleur de

---

(1) En vertu de l'article 44 de la loi du 10 août 1871, le Conseil général du département déclare l'utilité publique des travaux et homologue les plans d'alignement des traverses des chemins vicinaux de grande communication et d'intérêt commun sous la seule réserve de l'application de l'article 2 de la loi du 8 juin 1864 en ce qui concerne l'expropriation des terrains bâtis.

l'enquête dont les formes ont été déterminées par le règlement du 18 mai 1881.

Mais bien souvent il est question de ne changer de tracé que sur une faible longueur, ou d'autoriser un simple déplacement de la voie ferrée sur une petite partie de la voie publique qu'elle emprunte, de telle sorte que les intérêts privés soient seuls atteints, notamment en ce qui concerne la faculté de stationnement des voitures ordinaires devant les propriétés riveraines. Dans ce cas on peut se demander s'il y a lieu de mettre en mouvement une Commission d'enquête, une Chambre de commerce, un Conseil général ; une enquête locale, faite à la mairie de la situation des lieux, pourrait suffire. Parmi ces enquêtes locales, la plus usitée est celle qualifiée « de *comodo et incomodo* » : les formes en sont réglées par la circulaire ministérielle du 20 août 1825, sauf les modifications apportées par la circulaire du 15 mai 1884.

Toutes les fois qu'un travail projeté peut léser certains intérêts, il est fort utile de ne statuer qu'après une enquête, attendu qu'elle donne aux intéressés le moyen de faire connaître leurs observations ou réclamations : toutefois une nouvelle enquête ne serait pas nécessaire si la modification projetée était la conséquence d'un travail public régulièrement autorisé postérieurement à la déclaration d'utilité publique de la voie ferrée.

La circulaire ministérielle du 24 juillet 1895 porte qu'il n'y a pas lieu de recommencer l'enquête lorsque le tracé doit être modifié en rase campagne, les avant-projets n'ayant pas précisé le point des routes et chemins où le tramway sera établi. Cette circulaire, aux termes de laquelle on ne peut pas changer le tracé dans les traverses sans faire une nouvelle enquête, fait observer qu'une simple décision ministérielle ou préfectorale ne saurait modifier les prévisions de l'avant-projet dans leurs dispositions essentielles : c'est à l'Administration qu'incombe le soin d'apprécier, dans chaque cas, si les dispositions à modifier sont ou non essentielles.

Si une déviation non prévue à l'avant-projet n'a qu'une faible longueur, c'est une simple modification de détail technique qui peut être approuvée dans les mêmes conditions que le projet d'exécution. D'ailleurs il est dit, dans la circulaire du 9 octobre 1899, que ses dispositions sont applicables dans les différents cas (tels, en particulier, que modifications de tracés approuvés) qui doivent faire l'objet d'une enquête.

Historique de la réglementation concernant la construction et l'exploitation des chemins de fer d'intérêt local et des tramways. — Les principales conditions techniques à observer pour ces lignes, ont d'abord été fixées par le règlement d'administration publique du 6 août 1881, pris en exécution de l'article 38 de la loi du 11 juin 1880, et par deux cahiers des charges-types, dressés en exécution des articles 2 et 30 de cette loi et approuvés par des décrets portant la même date du 6 août 1881. Le premier cahier des charges-types s'applique aux chemins de fer d'intérêt local (qui sont, en outre, régis par l'ordonnance de 1846) et le second aux tramways.

La réglementation ainsi édictée en 1881 a d'abord été modifiée : 1° par le décret du 30 janvier 1894, permettant à l'administration de dispenser, à titre révocable, le concessionnaire de poser des rails à gorge ou des contre-rails sur les voies publiques dont le sol est emprunté par la voie ferrée ; — 2° par les décrets du 31 juillet et du 3 août 1898, concernant les embranchements industriels. — 3° par le décret du 15 juillet 1899, modifiant les dispositions de l'article 27 du règlement du 6 août 1881.

L'Administration a reconnu qu'il conviendrait de modifier d'autres dispositions des décrets du 6 août 1881, en profitant de l'expérience acquise dans ces dernières années, pendant lesquelles les lignes d'intérêt local ont pris un grand développement. En effet la longueur des chemins de fer d'intérêt local à voie étroite, concédés antérieurement à la loi du 11 juin 1880, ne s'élevait qu'à 267 kilomètres, tandis qu'au 31 décembre 1898, on comptait en France 5039 kilomètres de chemins de fer d'intérêt local, dont 4.205 en exploitation, 621 en construction et 213 à construire. Il n'existait pas antérieurement à 1880 de tramways subventionnés par l'Etat et la longueur totale des tramways français était, au 31 décembre 1898, de 5.026 kilomètres, savoir : 3.282 en exploitation et 1.744 en construction ou à construire. Il s'est produit depuis le 31 décembre 1898 des demandes de concession pour beaucoup d'autres lignes et la longueur des tramways augmente considérablement chaque année.

Les questions concernant la réglementation de lignes d'intérêt local présentent donc un intérêt très sérieux : il importe de rendre moins dispendieux l'établissement de ces lignes, afin de permettre la réduction des prix de transport à petite distance.

Dans sa session de 1889, le congrès international des chemins de fer a déclaré que la construction des lignes économiques tend à prendre de plus en plus d'extension et a appelé l'attention des gouvernements sur l'utilité qu'il y aurait à adopter une réglementation aussi libérale que possible en ce qui concerne les conditions et les charges des concessions et à admettre, pour l'établissement de ces chemins de fer secondaires, toutes les simplifications compatibles avec la sécurité.

En effet, l'instrument de transport doit être proportionné à sa destination ; les lignes pour lesquelles on n'espère qu'un faible trafic doivent donc être construites et exploitées aussi économiquement que possible ; cette question est intéressante, attendu qu'il reste encore à construire en France beaucoup de lignes locales.

La décision ministérielle du 16 avril 1895, prise sur le rapport de M. Colson, conseiller d'Etat, qui était alors directeur des chemins de fer au Ministère des travaux publics, a constitué une commission spéciale (1) chargée d'examiner les modifications à apporter au règlement d'administration publique du 6 août 1881, concernant l'établissement et l'exploitation des voies ferrées sur le sol des voies publiques, ainsi qu'aux deux cahiers des charges-types approuvés par des décrets portant la même date. Cette commission a présenté, le 8 avril 1897, son rapport, qui a été examiné d'abord par le comité de l'exploitation technique des chemins de fer et ensuite par le conseil général

(1) Cette commission était composée de :
MM. Doniol, inspecteur général des Ponts et Chaussées, président ; Ricour, Brosselin et Mallez, inspecteurs généraux des Ponts et Chaussées, Vicaire, inspecteur général des Mines ; de Préaudeau, Etienne (Paul) et Lagout, ingénieurs en chef des Ponts et Chaussées ; Auburtin, maître des requêtes au Conseil d'Etat, membres ; Monmerqué remplacé en 1896 par M. Widma, puis par M. Perrin, ingénieur en chef des Ponts et Chaussées, secrétaires ; et Silhol, auditeur au Conseil d'Etat, secrétaire adjoint.

des Ponts et Chaussées, dans ses séances des 17, 24 et 28 juin 1897.

En ajoutant aux éléments recueillis pendant cette longue instruction, les observations personnelles que m'avait suggérées l'examen de plusieurs demandes de concession, j'ai composé un travail qui a paru dans la *Revue générale des chemins de fer* (numéros d'août et de septembre 1899) sous le titre de : « Note sur la réglementation et la rédaction des cahiers des charges des chemins de fer d'intérêt local et des tramways ». Après avoir lu cette note, plusieurs ingénieurs des Ponts et Chaussées m'ont adressé, sur ma demande, leur avis motivé au sujet de divers points qui y étaient traités ; je les remercie de cette communication dont j'ai fait mon profit pour compléter et remanier la rédaction que j'avais adoptée pour ma note.

Sur la proposition de M. le conseiller d'Etat Pérouse, directeur des chemins de fer, M. Pierre Baudin, ministre des travaux publics, a saisi le Conseil d'Etat du projet de revision de la réglementation de 1881 et le décret du 13 février 1900, dont le texte est reproduit à la fin de ce volume (voir les pièces, annexes), a apporté de nombreuses modifications au règlement d'administration publique et au cahier des charges-types approuvés le 6 août 1881.

Je vais examiner successivement ces modifications. Je ne me bornerai pas à donner un commentaire de la réglementation applicable à toutes les lignes sans exception, car je me propose d'indiquer en outre les dispositions spéciales qu'il pourrait, à mon avis, être utile d'insérer dans le cahier des charges d'une concession de chemins de fer ou de tramway, si les circonstances locales justifient l'adoption de ces variantes

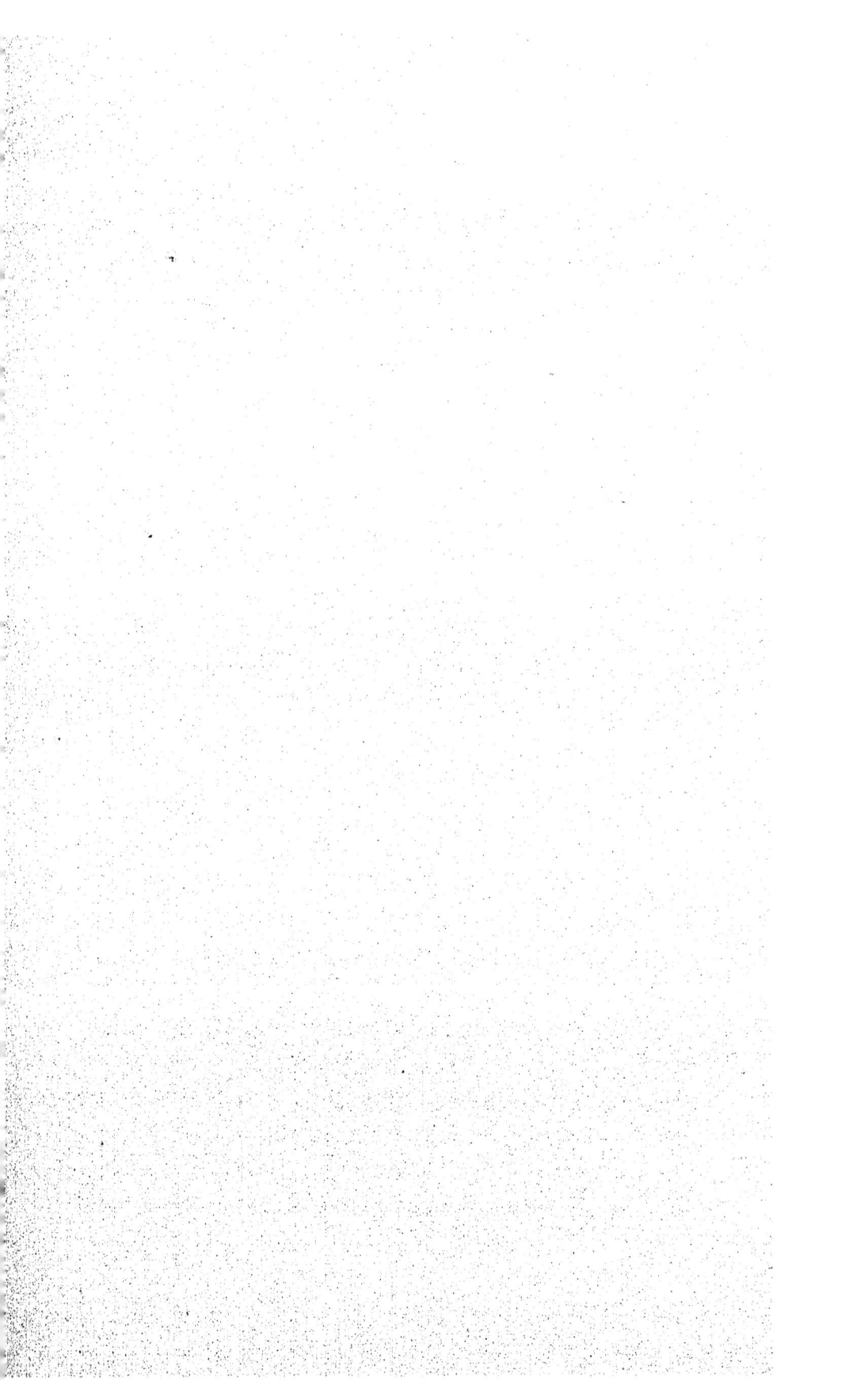

CHAPITRE PREMIER

RÈGLEMENT D'ADMINISTRATION PUBLIQUE
CONCERNANT L'ÉTABLISSEMENT ET L'EXPLOITATION DES VOIES FERRÉES SUR LE SOL DES VOIES PUBLIQUES

Les clauses insérées dans les actes constitutifs d'une concession ne doivent impliquer aucune dérogation aux prescriptions de ce règlement d'administration publique, attendu qu'il a été rédigé et promulgué en exécution de l'article 38 de la loi du 11 juin 1880, et qu'en conséquence il ne peut être modifié que par un autre règlement d'administration publique.

Article 1er. Projet d'exécution. — Les dispositions de l'article 1er du règlement du 6 août 1881 n'ont été modifiées par le décret du 13 février 1900 que pour ce qui concerne l'alinéa relaté ci-après :

Rédaction du décret du 6 août 1881.	*Rédaction du décret du 13 février 1900.*
Le projet d'exécution est remis au préfet en deux expéditions, dont l'une, revêtue de l'approbation que le préfet aura donnée en se conformant à la décision de l'autorité compétente pour les projets d'ensemble, est rendue au concessionnaire, tandis que l'autre demeure entre les mains du préfet.	Dans le cas où les travaux ne sont pas exécutés par le département, les projets d'exécution sont remis au préfet en deux expéditions. L'une de ces expéditions est rendue au concessionnaire, ou à la commune, si c'est elle qui exécute les travaux, revêtue de l'approbation qui aura été donnée

suivant les cas, soit par le ministre des travaux publics, soit par le préfet en se conformant à la décision de l'autorité compétente, et l'autre expédition demeurera entre les mains du préfet.

Lorsque les travaux sont exécutés par le département ou la commune pour être remis ensuite à un exploitant, les projets sont communiqués à ce dernier avant toute approbation, pour qu'il puisse fournir ses observations.

On a supprimé, dans la rédaction du décret de 1900, la mention des projets d'ensemble qui figurait dans la rédaction de 1881. En effet, il arrive fréquemment qu'on n'ait pas à dresser, pour les tramways, des projets d'ensemble, distincts soit de l'avant-projet, soit des projets d'exécution : pour les voies ferrées à établir sur le sol des voies publiques, il n'y a pas lieu de présenter un projet de tracé et de terrassements, comme cela se fait pour les chemins de fer ; c'est l'avant-projet servant de base à la déclaration d'utilité publique qui constitue en réalité le projet d'ensemble.

Sauf cette mention des projets d'ensemble, la rédaction de 1881 reproduisait les dispositions adoptées pour la présentation des projets à l'article 2 des cahiers des charges des grands réseaux de chemins de fer d'intérêt général. Mais on doit observer qu'il arrive assez fréquemment que la construction des chemins de fer d'intérêt local et des tramways comportant des déviations, ou du moins de l'infrastructure de ces lignes, soit faite directement par le département ou par la commune, et que le concessionnaire de l'exploitation ne soit pas chargé de la construction. Dans ce cas, le concession naire ne présente pas les projets d'exécution et il n'y a pas lieu de lui rendre une expédition, puisqu'il ne l'a pas remise. Elle lui est communiquée, afin qu'il puisse émettre son avis motivé, comme le font les compagnies d'Orléans et du Midi quand les ingénieurs de l'Etat sont chargés de la construction de l'infrastructure. D'ailleurs la communication des projets au futur exploitant ne saurait diminuer en aucune façon les pouvoirs attribués par la loi du 11 juin 1880, pour l'approbation des projets d'exécution, à l'autorité qui a consenti la concession.

Les derniers alinéas de l'article 1er du règlement concernent les modifications aux projets approuvés. Elles sont souvent demandées par des Conseils municipaux ou d'autres intéressés; si elles doivent être préalablement approuvées par un décret, après une enquête conforme au règlement du 18 mai 1881, un avis du Conseil général des ponts et chaussées et un avis du Conseil d'Etat, l'instruction est forcément très longue; pendant sa durée, les capitaux que le concessionnaire a dû réunir en vue de la réalisation de son entreprise restent peu productifs et le public se plaint des retards que subit la construction du tramway : il convient donc de rechercher les cas pour lesquels l'émission d'un décret paraît être indispensable.

Les articles 6 et 39 de la loi du 11 juin 1880 établissent que l'autorité qui a fait la concession a toujours le droit de supprimer ou de modifier une partie du tracé lorsque la nécessité en aura été reconnue après enquête : or, ce droit sera exercé par le département ou par la commune si la concession n'a pas été faite par l'Etat. Dans ce dernier cas, la concession ne devient

définitive qu'après qu'elle a été signée par le Président
de la République et on peut en conclure qu'elle ne
saurait être valablement modifiée que par un décret ;
mais l'article 10 de la loi de 1880, rendu applicable
aux tramways par l'article 39, énumère dans son
premier alinéa tous les changements qui ne peuvent
être autorisés qu'en vertu d'un décret délibéré en
Conseil d'Etat et cette énumération, qui ne comprend
pas les modifications à apporter au tracé de l'avant-
projet, est limitative, puisqu'aux termes du second
alinéa de cet article 10, les modifications non spécifiées au premier alinéa peuvent être faites par l'autorité qui a consenti la concession ; d'ailleurs c'est cette
autorité à qui les articles 3 et 32 de la loi de 1880 donnent sans aucune réserve le droit de statuer sur les
projets d'exécution.

Il ne conviendrait pas cependant d'appliquer dans
un sens trop absolu le droit de modifier les projets qui
est conféré par la loi décentralisatrice du 11 juin 1880
à l'autorité qui a consenti la concession. Pour une
ligne déclarée d'utilité publique, on ne doit pas changer le tracé complètement et cesser de desservir des localités importantes à qui le premier tracé donnait satisfaction, sans refaire les enquêtes et sans accomplir les
formalités qui ont précédé la concession : c'est un
principe de droit général qu'on ne peut changer ce qui
résulte expressément de l'acte d'une autorité que par
un acte de la même autorité ou d'un pouvoir supérieur.
Ce principe se trouve implicitement rappelé par l'an-
tépénultième alinéa de l'article 1er du règlement du
6 août 1881, où il est dit qu'avant comme pendant
l'exécution, les modifications proposées pour les projets
approuvés ne pourraient être exécutées qu'avec l'appro-

bation de l'autorité qui a revêtu de sa sanction les dispositions à modifier.

La loi déclarant l'utilité publique d'un chemin de fer d'intérêt local ne vise, en matière de tracé, que les plans généraux ; on peut modifier ces plans, sans recourir à une nouvelle loi, pourvu qu'on ne change pas les dispositions générales du tracé. Mais on n'a pas une latitude aussi étendue pour les tramways, parce que les décrets qui les autorisent visent non seulement les plans généraux, mais encore les plans de traverses, et que les cahiers des charges déterminent les voies publiques empruntées. Cependant il est généralement d'usage d'approuver sans nouveau décret, et même sans enquête, de légères modifications de tracé pour un tramway dans une traverse, quand elles n'entraînent aucun changement pour la faculté de stationnement des voitures ordinaires devant les propriétés riveraines et quand elles ne soulèvent que des questions purement techniques dont la solution appartient à l'autorité compétente pour statuer sur les projets d'exécution.

Aux termes de la circulaire ministérielle du 24 juillet 1895, un décret précédé d'une enquête est indispensable pour autoriser une déviation importante ; mais si, au contraire, la déviation n'a qu'une faible longueur, elle peut être approuvée dans les mêmes conditions que le projet d'exécution. Un décret s'impose quand il s'agit de modifier la position d'un tramway sur les voies publiques contrairement aux dispositions du décret qui l'a autorisé ou des actes y annexés ; mais si, au contraire, le tracé doit être modifié dans les parties de routes ou chemins qui sont en rase campagne, il n'est nécessaire ni de recommencer l'enquête, ni de rendre un nouveau décret et la modification peut être approuvée par l'autorité chargée de statuer sur les projets d'exécution. Les cas qui peuvent se présenter en pratique, pour la modification à apporter à un tracé, sont extrêmement variés. La circulaire ministérielle du 24 juillet 1895 porte qu'il faut un décret pour une déviation importante et qu'on peut s'en passer si elle n'a qu'une faible longueur ; or des distinctions de ce genre ne comportent pas une définition d'une exactitude rigoureuse : c'est donc à l'administration qu'on doit réserver, ainsi que cela a été dit ci-dessus au sujet des enquêtes, le pouvoir de décider, pour chaque cas et suivant les circonstances, s'il s'agit de modifications essentielles ne pouvant être valablement approuvées que par un nouveau décret, ou si, au contraire, il ne s'agit que de détails techniques et susceptibles d'être approuvés par l'autorité chargée de statuer sur les projets d'exécution en vertu de la loi du 11 juin 1880.

Il est dit, à la fin de l'article 1er du règlement, que l'administration pourra ordonner d'office les modifications dont l'expérience ou les changements à opérer sur la voie publique feraient reconnaître la nécessité et qu'en aucun cas ces modifications ne pourront donner lieu à indemnité. Je pense que cette clause de non-indemnité ne doit pas être interprétée dans un sens trop absolu. Les modifications prévues par l'article 1er du règlement sont celles qui peuvent être apportées aux projets, sur la demande du concessionnaire ou d'office par l'administration : elles paraissent donc s'appliquer surtout à la période de construction et il est clair que les modifications de ce genre ne donnent pas lieu à indemnité. On doit également admettre que des remaniements peu importants et nécessités par des travaux de voirie soient exécutés sans indemnité par le concessionnaire à qui l'emprunt du sol de la voie publique a été concédé gratuitement. Mais le dernier alinéa de l'article 1er du règlement n'exclut pas, à mon avis, l'examen des indemnités qui pourraient être réclamées si l'autorité qui a consenti la concession impose au concessionnaire pendant la période d'exploitation du tramway, malgré son opposition, le déplacement d'ouvrages exécutés par lui conformément aux projets approuvés ; si cet ordre est donné pour permettre la réalisation de travaux d'embellissement, ou pour faciliter d'autres entreprises, le concessionnaire du tramway pourra réclamer une indemnité qui, à défaut d'accord amiable, sera liquidée conformément à l'article 11 de la loi du 11 juin 1880.

Article 2. — Bureaux d'attente et de contrôle, égouts, etc. — Cet article dit que les plans présentés par le concessionnaire doivent indiquer tout ce qui serait de nature à influer sur la position de la voie ferrée ; cette prescription s'applique aux projets d'exécution devant être soumis à l'approbation. Les instructions jointes à la circulaire ministérielle du 9 octobre 1899 font observer qu'on n'est obligé de faire figurer sur les plans soumis à l'enquête les dépendances du tramway que si elles sont à l'usage du public ou si elles intéressent le public, et qu'on n'a donc généralement pas à y indiquer les dépôts de voitures, ni les voies qui y conduisent, ni les usines génératrices d'énergie électrique ou autre, ni les installations souterraines.

Article 4. — Largeur de la voie, gabarit du matériel, entrevoie. — Le second et le troisième alinéas de cet article sont modifiés comme il est dit ci-après :

Rédaction du décret du 6 août 1881.	*Rédaction du décret du 13 février 1900*
La largeur des locomotives et des caisses des véhicules ainsi que de leur chargement ne peut excéder ni deux fois et demie la largeur de la voie, ni la cote maximum de 2m,80 et la largeur extrême occupée par le matériel roulant, y compris toutes saillies, notamment celle des lanternes et des marchepieds latéraux, ne peut dépasser la largeur des caisses augmentée de 0m,30.	La largeur et la hauteur maxima des caisses des véhicules ainsi que de leurs chargements, et la largeur extrême occupée par le matériel roulant y compris toutes saillies, sont fixées par le cahier des charges.
La hauteur du matériel roulant et son chargement ne peut excéder 4m,20 pour la voie de 1m,44 ; elle est réglée d'une manière définitive et invariable par le cahier des charges pour les voies d'une largeur moindre, de manière à ne pas compromettre la sécurité du public.	

La rédaction adoptée dans le décret du 13 février 1900 permettra de fixer les dimensions de manière à se prêter aux circonstances très variables qui se présentent dans la pratique. On doit, en effet, remarquer que le règlement d'administration publique, rendu en exécution de l'article 38 de la loi du 11 juin 1880, offre un caractère absolument impératif; on ne saurait admettre aucune dérogation à son texte qui a force de loi, tandis que les articles 2 et 30 de la loi du 11 juin 1880 permettent des dérogations aux cahiers des charges types, quand elles sont expressément formulées dans

les traités passés au sujet de la concession. D'ailleurs
la modification adoptée pour le deuxième et le troisième
alinéas de l'article 4 consiste à étendre à toutes les
dimensions du gabarit le système que cet article a
adopté pour la hauteur du matériel roulant des voies
étroites. On supprime ainsi un grand nombre de chiffres qu'il paraît préférable de ne pas maintenir dans
un texte de loi, parce qu'ils se rapportent à des matières purement techniques, qu'ils sont assez restrictifs
pour mettre des entraves au progrès et que l'exactitude
des principes d'après lesquels ces chiffres ont été fixés
est contestable au point de vue technique ; car la réglementation de 1881 limite la largeur des véhicules non
compris les saillies à deux fois et demie de largeur de
la voie : or le rapport généralement adopté en Russie
entre la largeur de la caisse et celle de la voie est 2,7 ;
le Congrès international des chemins de fer de Saint-
Pétersbourg a déclaré que, pour la relation entre la
largeur de la caisse des véhicules et la largeur de la
voie, le rapport de 3 à 1 n'est pas de nature à compromettre la sécurité pour autant que le gabarit ne s'y
oppose pas, en tenant compte toutefois des conditions
de la hauteur du centre de gravité et de la vitesse et
toute réserve faite relativement à la suspension.

Il faut éviter que certaines entreprises se présentant
dans des conditions particulièrement favorables ne
soient entravées par l'obligation de satisfaire à une
réglementation inflexible, qui avait été adoptée en pré-
vision de cas moyens et qui se trouverait inutilement
trop restrictive pour elles.

On aurait pu, il est vrai, faire valoir, en faveur du
maintien de la réglementation de l'article 4, cette considération qu'elle préparait une certaine uniformité dans

les gabarits de matériels affectés à des voies similaires. Mais l'uniformité recherchée pour les largeurs et les hauteurs du matériel roulant n'existe pas en fait. Les cahiers des charges régissant les grands réseaux ne renferment pas de prescriptions analogues ; les grandes Compagnies avaient donc une grande latitude pour fixer leur gabarit et elles en ont profité pour augmenter successivement les dimensions de leurs voitures, afin de donner plus de confortable aux voyageurs. Le tableau ci-après montre qu'on peut déroger aux prescriptions de 1881 sans compromettre l'exploitation.

LARGEUR DE VOIE	GABARITS MAXIMA ADMIS EN PRATIQUE, SUR CERTAINES LIGNES	MAXIMA prescrits par la réglem. de 1881 pour la largeur des caisses.
1m,44	3m,25 sur le Nord, 3 mèt. sur l'Ouest, 3m,21 pour le Midi et 3m,20 sur les autres grands réseaux français ; Sur la plupart de ces réseaux, comme d'ailleurs sur celui de l'Etat belge, on fait circuler des voitures qui ont 3 mèt., et plus, de largeur de caisse. On peut citer, mais à titre tout à fait exceptionnel et non comme exemple à suivre, les voitures de la ligne de Tunis à la Goulette dont la largeur est de 4m,11, y compris deux galeries latérales qui permettent aux voyageurs de circuler à l'ombre (cette ligne a peu de longueur et d'ouvrages d'art ; les courbes y ont un grand rayon).	2m,80
1 mèt.	2m,54 sur la ligne de Hermes à Beaumont ; 2m,55 sur le réseau breton des chemins de fer économiq. 2m,57 sur les chemins de fer corses.	2m,50
0m,80	2m,10 sur le réseau des Ardennes, cette dimension étant indispensable pour qu'on puisse trouver dans les voitures, avec le couloir central et les banquettes transversales, la largeur nécessaire pour asseoir commodément les voyageurs, en en plaçant respectivement deux et un sur chacune des deux banquettes transversales. Les marchepieds situés à l'extrémité des voitures, qui sont très stables et donnent toute satisfaction, ne font aucune saillie sur la caisse.	2 mèt.
0m,75	2 mèt. sur la voie de Bari à Barletta, où on marche à 20 ou 25 kilom. à l'heure et où on transporte des foudres de 2m,40 de diamètre ; 2m,70 en Grèce, avec des vitesses de 15 kilom. sur les parties à adhérence et de 6 kil. sur les sections à crémaillère.	1m,875
0m,60	2m,03 sur diverses lignes et 2m,07 sur celle de Toul ; on y transporte des balles de fourrages pressées de 2m,20 de largeur : il est vrai que des précautions sont prises pour que ces balles ne se dérangent pas pendant la marche.	1m,50

Il est donc démontré par l'expérience qu'on peut adopter des largeurs supérieures aux maxima prescrits par la réglementation de 1881 pourvu que la vitesse des trains soit faible, que les déclivités ne soient pas excessives, que la voie soit solide et bien entretenue et que le centre de gravité des véhicules ne soit pas placé trop haut. Dans le cas où une gare commune permet des échanges de matériel, il semblerait anormal d'interdire sur la ligne d'intérêt local des dimensions dont l'emploi ne présente aucun inconvénient sur la ligne d'intérêt général, si les conditions d'établissement des deux lignes sont similaires. On peut, en outre, faire observer que le matériel des grands réseaux est admis à circuler sur certains chemins de fer d'intérêt local à voie normale.

L'administration restera libre d'imposer, s'il se présente des circonstances exceptionnelles, l'insertion dans le cahier des charges, avant la déclaration d'utilité publique, de toutes les dispositions qu'elle jugera utiles. Dans tous les cas, on aura des garanties suffisantes au point de vue de la sécurité, puisque les cahiers des charges sont soumis successivement à l'examen du Conseil général des Ponts et Chaussées et du Conseil d'Etat ; si ces pièces renferment des dérogations aux règles générales dont l'observation est imposée par les cahiers des charges types, elles devront être spécialement justifiées : on ne peut donc craindre qu'elles échappent à l'attention de l'Administration, qui pourra veiller à ce que le matériel roulant soit en rapport avec les conditions d'établissement admises pour la voie : car les types de locomotives, la vitesse des trains et les modèles de voitures sont soumis à l'examen du service du contrôle et à l'approbation préfectorale.

Il n'a pas paru nécessaire de mentionner spécialement les locomotives, dans la nouvelle rédaction de
l'article 4 : il n'est pas utile, en effet, de fixer pour la
largeur des locomotives une dimension moindre que
celle adoptée pour les voitures, attendu que les locomotives sont plus stables que les autres parties du matériel roulant, leur poids étant plus considérable, leur
centre de gravité étant placé plus bas et l'arrimage y
étant plus constant.

Ce qui importe le plus pour les chemins de fer établis sur voies publiques, c'est la largeur totale du gabarit : le rapport entre cette largeur et celle de la voie
n'offre pas un intérêt capital au point de vue de la sécurité de la circulation ordinaire, qui est subordonnée
aux dimensions de l'espace libre devant être ménagé
entre le matériel roulant sur la voie ferrée et le matériel ou les personnes circulant sur la route : or les
dimensions nécessaires de cet espace libre sont nettement fixées par le cahier des charges et il résulte
généralement de cette fixation que le concessionnaire
d'une voie ferrée est obligé, pour pouvoir rester sur les
voies de terre préexistantes, de ne pas dépasser notablement les dimensions minima imposées dans l'intérêt des transports militaires, par les circulaires ministérielles du 10 novembre 1887 et du 18 février 1888.

Entrevoie. — Les lignes d'intérêt général dont les
projets ont été approuvés avant 1857, c'est-à-dire les
artères les plus importantes du réseau français, ont été
établies suivant le cahier des charges joint à la loi du
11 juin 1842 et régissant la ligne de Paris au Havre,
c'est-à-dire avec 1^m,80 d'entrevoie. De nouveaux cahiers
des charges comportant 2 mètres d'entrevoie, ont été
rédigés en 1857 pour le P.L.M., le Nord, Paris à

Orléans et le Midi, et en 1859 pour l'Est et l'Ouest. L'espace disponible entre deux véhicules circulant en sens contraire, sur ces divers réseaux, en supposant l'emploi des gabarits maxima, est indiqué dans le tableau ci-après.

INDICATION DES RÉSEAUX	NORD	ÉTAT, EST, ORLÉANS et P.L.M.	OUEST
g = largeur du gabarit maximum..............	3m25	3m20	3m00
l = largeur entre les bords extérieurs des rails....	1 57	1 57	1 57
$d = g - l$ = différence....................	1 68	1 63	1 43
$\frac{d}{2}$ = saillie du gabarit sur le rail extérieur........	0 84	0 815	0 715
e = entrevoie.............. { type de 1842..	1 80	1 80	1 80
{ type de 1857 et 1859........	2 00	2 00	2 00
$I = e - d$ = intervalle minimum { type de 1842..	0 12	0 17	0 37
entre deux véhicules circulant { type de 1857 et en sens contraire............ { 1859........	0 32	0 37	0 57

On peut observer qu'à l'époque où les cahiers des charges des grands réseaux ont fixé la largeur de 2 mètres pour l'entrevoie, leur matériel roulant n'avait pas encore atteint les dimensions usitées aujourd'hui ; la largeur de ce matériel oscillait aux environs de 3 mètres, dimension qui correspond à un intervalle d'à peu près 0m,50 entre deux véhicules qui se croisent. Mais des cahiers des charges beaucoup plus récents ont fixé à 2 mètres l'entrevoie pour diverses lignes d'intérêt général et même on a admis 1m,80 pour les lignes de Bourges à Arnay-le-Duc, de Tébessa à Aïn-Beïda, d'Arzew à Aïn-Sefra, de Mostaganem à Tiaret, etc., 1m,70 pour les tramways de l'Aude, 1m,50 pour ceux de Brest et 1m,16 pour le tramway à voie normale de

Dunkerque à Rosendaël. Le tableau ci-dessus montre que, sur les grands réseaux à double voie, l'intervalle libre entre les véhicules circulant en sens contraire, peut être notablement inférieur à $0^m,50$, excepté sur les lignes du réseau de l'Ouest qui sont régies par le cahier des charges de 1859.

Le dernier alinéa de l'article 4 du règlement porte que, dans les parties à plusieurs voies, la largeur de chaque entrevoie doit être telle qu'il reste un intervalle libre d'au moins $0^m,50$ entre les parties les plus saillantes de deux véhicules qui se croisent. La même prescription est insérée dans les notes de l'article 4 du cahier des charges type des tramways.

L'application de cette prescription conduirait, en cas d'emploi des gabarits qui peuvent être considérés comme des maxima admissibles, aux largeurs suivantes pour l'entrevoie des lignes d'intérêt local.

LARGEURS DE VOIE	1^m45	1^m055	1^m00	0^m80	0^m75	0^m60
$g=$ larg. du gabarit maxim.	3^m20	2^m80	2^m80	2^m40	2^m30	2^m10
$l=$ larg. de voie, rails comp.	1 57	1 155	1 10	0 89	0 83	0 66
$d=g-l=$ différence ..	1 63	1 645	1 70	1 51	1 47	1 44
$e=d+0^m,50=$ entrevoie.	2 13	2 145	2 20	2 01	1 97	1 94

La réglementation de 1881 peut donc conduire à imposer aux lignes d'intérêt local des largeurs d'entrevoie supérieures à celles qui sont généralement usitées sur les chemins de fer. Lorsqu'ils sont établis sur plateforme indépendante, non accessible au public, l'obligation de ménager un intervalle de $0^m,50$ entre deux véhicules qui se croisent, est moins justifiée que pour les tramways. D'un autre côté on peut invoquer les raisons suivantes pour maintenir sur ce point la réglementation actuelle :

1° Il suffirait, pour réduire la largeur d'entrevoie à deux mètres, de ne pas dépasser pour le gabarit : 3^m, 07 sur la voie normale et 2^m, 60 sur la voie d'un mètre ; ces maxima peuvent généralement être adoptés pour les lignes établies sur le sol des voies publiques ; ils sont supérieurs aux dimensions du matériel roulant de beaucoup de tramways. Ceux pour lesquels la largeur du gabarit est inférieure pourront avoir une largeur d'entrevoie de moins de 2 mètres ; ainsi, un gabarit de 2^m, 40 correspond à une largeur d'entrevoie de 1^m, 80 ;

2° Au point de vue de l'économie à réaliser dans la construction, la largeur de l'entrevoie ne présente pas, sur les lignes d'intérêt local à voie unique, la même importance que sur les chemins de fer d'intérêt général à double voie.

Il me paraît cependant un peu excessif de demander pour les tramways une entrevoie supérieure à celle des grandes lignes ; cela est gênant dans les traverses étroites et il serait imprudent pour un piéton de se tenir entre deux voitures de tramways qui se croisent, alors même que l'intervalle entre les saillies de ces voitures n'est pas inférieur à 50 centimètres. D'ailleurs les voyageurs assis sur des banquettes parallèles à l'axe de la voie, ce qui est le cas le plus ordinaire pour les tramways urbains, sont peu disposés à se pencher en dehors de la voiture.

On se rapprocherait des usages consacrés par la pratique des grands réseaux si on admettait pour la largeur d'entrevoie des tramways un maximum de 2^m, 10 entre les bords intérieurs des rails : je dis « bords inté-

rieurs », parce que ce sont ces bords qui limitent, quelle
que soit la largeur du patin, la position occupée par
les voitures et par conséquent la largeur libre entre
elles.

Depuis l'origine des chemins de fer, on a toujours
déterminé l'entrevoie au moyen de la distance à réserver entre les bords extérieurs des rails (article 7 du
cahier des charges des grands réseaux). Cependant, la
valeur de l'entrevoie n'a d'intérêt que par l'espace libre
qu'elle assure entre les parties les plus saillantes du
matériel circulant sur les 2 voies parallèles : or, cet
espace est indépendant de la largeur des champignons
des rails ; il ne dépend que de la distance de ces voies
d'axe en axe et de la largeur du matériel roulant. Il
semblerait donc logique de chiffrer non la valeur de
l'entrevoie, mais celle de la distance d'axe en axe des
voies parallèles, permettant de ménager l'intervalle
voulu entre deux trains qui se croisent.

Quoi qu'il en soit, on doit se conformer aux dispositions du règlement, tant qu'elles ne seront pas modifiées. Je crois cependant devoir faire observer que dans
les cahiers des charges des anciens réseaux de tramways du Hâvre et de Rouen (décrets des 14 septembre 1895 et 23 avril 1897), la largeur d'entrevoie est
fixée de manière à ne laisser que des intervalles de
$0^m, 33$ et de $0^m, 42$ entre deux voitures qui se croisent :
cette disposition qui a permis de desservir d'anciennes
rues importantes, mais fort étroites, n'a occasionné
aucun accident et n'a suscité aucune réclamation.

Article 5. — Etablissement de la voie ferrée. —
Il est dit au dernier alinéa de cet article que la largeur
des vides ou ornières ne peut excéder 29 millimètres

dans les parties droites et 35 dans les parties courbes. Cette prescription n'est pas observée pour les voies ferrées des quais. En raison de la largeur du boudin des roues, le matériel roulant des chemins de fer, même à voie d'un mètre, ne peut pas circuler dans une ornière de 29 millimètres.

En vertu du décret du 30 janvier 1894, l'alinéa suivant est ajouté à l'article 5 : « Toutefois, l'administra-« tion peut, à titre révocable, dispenser le concession-« naire de poser des rails à gorge ou des contrerails « sur tout ou partie des voies publiques dont le sol est « emprunté par le tramway ».

L'emploi des rails à gorge ou des contrerails est très coûteux ; il est gênant en temps de gelée ; il y a donc intérêt à supprimer cet emploi, en dehors des rues importantes, quand on n'a pas à assurer le passage pour des chemins ou pour des entrées charretières, et quand l'écoulement des eaux de la route est assuré. Pour bien préciser la situation, il peut être utile d'indiquer dans l'avant-projet, les points sur lesquels la pose de rails à gorge ou de contrerails sera exigée, avant l'achèvement ou la réception du tramway.

Au cas où il serait à prévoir que l'emploi des rails à gorge ou des contrerails pourrait être ultérieurement exigé sur quelques parties des voies publiques dont le sol est emprunté, il y aurait lieu de tenir compte de cette éventualité dans la détermination du maximum de dépenses admissible pour l'exécution de travaux complémentaires.

Article 10. — Gares et stations. — Aux termes du 3ᵉ alinéa de cet article, la création, pendant l'exploitation, de nouvelles stations, gares ou haltes, doit être

précédée d'une enquête dans les formes prescrites par
le règlement d'administration publique du 18 mai 1881 :
ce mode de procéder exige beaucoup de temps. Pour
les tramways, il est rare qu'on ait à créer de nouvelles
stations comportant des installations importantes et un
service de marchandises : il ne s'agit le plus souvent
que de l'établissement d'un garage supplémentaire,
devant être précédé d'une enquête de *commodo* et
incommodo s'il modifie la faculté de stationnement des
voitures ordinaires devant les propriétés riveraines,
ou de simples points d'arrêt, avec ou sans bureau d'attente et indiqués par un poteau, pour prendre ou
laisser des voyageurs. La question est donc beaucoup
plus simple pour les tramways que pour les chemins
de fer d'intérêt local, ou les stations sont plus éloignées
et plus coûteuses et où les tarifs dépendent généralement de la distance à parcourir : cependant l'article 9
du cahier des charges des chemins de fer d'intérêt
local n'exige que l'enquête spéciale, des stations dont
les formalités ont été fixées pour les lignes d'intérêt
général, par la circulaire ministérielle du 25 janvier 1854 et sont beaucoup moins longues que celles
de l'enquête du décret du 18 mai 1881. On pourra
obtenir une grande simplification en se bornant à
autoriser, s'il y a lieu et à titre révocable, des points
d'arrêt (voir ce qui est dit ci-après, aux observations
concernant l'article 33 du règlement d'administration
publique et l'article 11 du cahier des charges-type des
tramways).

L'énumération donnée à l'article 10 des pièces à
fournir pour les projets des stations, reproduit celle
qui figure à l'article 9 du cahier des charges des
chemins de fer d'intérêt général ; on n'y demande,

pour les bâtiments, qu'une élévation, ce qui est insuffisant : les concessionnaires doivent produire, en outre, à l'appui de leurs propositions, les plans et coupes des bâtiments à l'échelle d'un centimètre par mètre.

Article 13. — Servitudes militaires. — Cet article oblige le concessionnaire, dans les limites de la zone frontière et du rayon des enceintes fortifiées, à se soumettre aux conditions exigées par les lois et règlements concernant les travaux mixtes. Si l'ouverture de l'enquête d'utilité publique a été autorisée par le Préfet, les ingénieurs peuvent ouvrir les conférences mixtes sans attendre l'autorisation prescrite par la circulaire du 12 juin 1895.

L'approbation de l'avant-projet et, par conséquent, la déclaration d'utilité publique se trouvent fréquemment subordonnées à des prescriptions qui ont été admises par tous les ministres compétents et qui peuvent déroger à certaines stipulations du cahier des charges qui a été contradictoirement rédigé antérieurement à la séance dans laquelle la commission mixte des travaux publics a formulé ces prescriptions. Dans ce cas, il n'est pas nécessaire de modifier en ce sens le cahier des charges de la concession, mais comme il présente un caractère contractuel, l'administration invite le concessionnaire à accepter ces prescriptions.

Article 14. — Du matériel employé à l'exploitation. — Cet article porte que le matériel roulant doit passer librement dans le gabarit dont les dimensions sont fixées conformément aux dispositions de l'article 4. Mais la rédaction de cet article 4 ayant été modifiée par le décret du 13 février 1900, les maxima du gabarit seraient fixés dorénavant par le cahier des charges et non plus par le règlement ; d'ailleurs l'application de l'article 20 ne soulève pas de difficultés.

Article 21. — Machines locomotives à vapeur. —

Le troisième et le dernier alinéas de cet article sont modifiés comme il est dit ci-après :

Rédaction du décret du 6 août 1881.	*Rédaction du décret du 13 février 1900.*
Les machines sont pourvues de freins assez puissants pour que, lancées sur une pente de 0^m,02 par mètre, avec une vitesse de 20 kilomètres à l'heure, elles puissent être arrêtées, sans le secours des freins des voitures remorquées, sur un espace de 20 mètres au plus.	Les machines tenders et les tenders doivent être munis de freins à main. Les moyens de freinage des machines et tenders doivent être assez puissants pour que, lancées avec une une vitesse de 20 kilomètres à l'heure, sur des rails secs et propres et sur une voie en palier, les machines puissent être arrêtées sur une espace de 20 mètres au plus, à partir du moment où le serrage est ordonné.
. . . .	. . . .
Aucune locomotive ne peut être mise en service qu'en vertu d'un permis spécial de circulation délivré par le préfet, sur la proposition des fonctionnaires chargés du contrôle, après accomplissement des formalités prescrites pour les locomotives de chemins de fer et après vérification de l'efficacité des freins, eu égard à la vitesse de la machine et à l'inclinaison de la voie.	Aucune locomotive ne peut être mise en service qu'en vertu d'un permis spécial de circulation, délivré par le préfet, sur la proposition du service du contrôle, après accomplissement des formalités prescrites pour les locomotives de chemins de fer et après vérification de l'efficacité des moyens de freinage.

L'addition du premier paragraphe indique l'obligation d'avoir des freins à main, ce qui s'applique égale-

ment aux locomotives et d'ailleurs se fait généralement
en pratique, mais n'était pas prescrit par la réglementation de 1882. Quand on emploie des freins mécaniques, il est très utile d'avoir, en outre, des freins à
main, afin de pouvoir les manœuvrer immédiatement
dans le cas où le système mécanique ne fonctionnerait
pas au moment opportun. Une des modifications
apportées depuis le 1er octobre 1898 aux règlements
d'exploitation des chemins de fer allemands consiste à
prescrire que les freins soient installés de manière
qu'un certain nombre d'entre eux puissent être manœu-
vrés à la main.

Il est clair que les essais à faire subir aux locomotives, pour vérifier le freinage, doivent être indépen-
dants des voitures à remorquer ; on a donc supprimé
les mots « sans le secours des freins des voitures remor-
« quées » qui étaient insérés dans la rédaction de
1881 et ajoutaient à des indéterminations déjà nombreuses celle du poids du train. Il a paru utile d'écarter, en outre, l'indication de la pente qui peut n'être
pas réalisable et d'ajouter celle de l'état de la voie qui
doit être normale pour que les coefficients usuels d'adhérence soient applicables : en conséquence on a spécifié que, lors des essais, la voie serait en palier et les
rails secs et propres.

Le mécanicien doit disposer d'une sablière, parce
que l'adhérence varie beaucoup avec les circonstances
atmosphériques. Dès qu'il arrive au calage des roues,
il desserre un peu, de manière à faire varier le point
de contact de la roue avec le rail, afin d'empêcher
qu'une certaine usure du bandage ne produise des
surfaces polies, facilitant le glissement. D'ailleurs il ne
suffit pas qu'un mécanicien soit en mesure d'enrayer

d'une manière efficace, dès que cela est nécessaire : il faut, en outre, qu'il modère sa vitesse de manière à être en mesure d'arrêter le tramway, par l'usage des freins, dans l'espace qu'il voit libre, pour le cas où il rencontrerait inopinément un obstacle sur la route dont le sol est emprunté par la voie ferrée.

On a remplacé, à la fin de l'article 21, le mot « freins » par le mot « moyen de freinage », afin d'y comprendre la contre-vapeur.

Article 22. — Autres moteurs mécaniques. — Le ministre des travaux publics n'a pas encore édicté de prescriptions spéciales pour les machines d'un système autre que la locomotive à vapeur (machines sans foyer ou à air comprimé, automotrices à vapeur, automotrices électriques, etc.).

L'alinéa suivant a été ajouté à l'article 22 :

« S'il est fait usage de l'énergie électrique pour la « traction, l'étude et l'exécution des projets, ainsi que « l'exploitation de la ligne concédée, sont soumises à « l'accomplissement de toutes les formalités et à tou- « tes les prescriptions édictées par les lois, décrets « et règlements concernant les installations électri- « ques ». Cette prescription étant absolument générale il convient qu'elle soit insérée dans le règlement, plu- tôt que dans le cahier des charges. Pour ce qui con- cerne les tramways électriques, je me réfère à ce qui sera dit ci-après, à la suite des observations présentées au sujet de l'article 15 du cahier des charges-type des tramways.

Article 23. — Voitures et wagons. — Le premier alinéa de l'article 23 du règlement du 6 août 1881 autorisait d'une manière générale et sans aucune exception, l'emploi des voitures à deux étages. Mais la question de stabilité est particulièrement importante sur les voies très étroites, où le gabarit est très large relativement à la base d'appui résultant de l'écartement des rails : aussi, le décret du 13 février 1900 porte que les voitures peuvent être à deux étages, lorsque la largeur de la voie n'est pas inférieure à 1 mètre.

Il paraît même préférable de n'employer des voitures à deux étages que sur la voie normale. Si on voulait adopter ce système de voiture sur la voie d'un mètre, il faudrait leur donner une hauteur supérieure à celle de 3 m. 30, qui est conseillée comme maximum dans les notes de l'article 7 du cahier des charges-type des chemins de fer d'intérêt local et de l'article 4 de celui des tramways. On ne peut dépasser cette cote de 3 m. 30 qu'en augmentant la dépense de construction des ouvrages d'art.

L'adoption de voies très étroites rend absolument impérieuse la nécessité de veiller à ce que les véhicules soient stables et pourvus d'engins de sécurité ; ainsi, par exemple, sur la voie de 0 m. 60, les véhicules ne doivent pas être trop hauts, afin de ne pas donner trop de prise à l'action du vent : l'article 23 du règlement donne à l'administration les moyens de s'assurer que les conditions de stabilité sont convenablement remplies, puisqu'il rend applicable aux voitures de voyageurs l'article 13 de l'ordonnance de 1846, qui soumet l'examen de ces voitures à une commission.

L'utilité des freins continus est incontestable, puisque leur emploi permet d'obtenir très rapidement l'arrêt ; mais ce système est délicat et coûteux ; il correspond à d'assez grandes sujétions pour le fonctionnement et l'entretien. Le congrès international des chemins de fer de Milan a émis l'avis que le frein continu n'est pas nécessaire, en général, sur les lignes secondaires où la vitesse est faible et où l'exploitation doit être essentiellement économique, tout en réunissant les conditions de sécurité requises par les circonstances spéciales à chacune d'elles. Il ne convient donc pas de prescrire d'une manière générale et absolue, pour tous les tramways et chemins de fer sur routes, l'emploi des freins continus, qui est obligatoire pour les trains de voyageurs des grands réseaux ; il est utile que les freins continus soient disposés de manière à agir automatiquement dès que la continuité de la conduite est accidentellement rompue. Il est donné satisfaction à ces observations par le décret du 13 février 1900, puisqu'il a ajouté à l'article 22 un alinéa portant que le Préfet, après avis du service du contrôle et le concessionnaire entendu, peut prescrire l'emploi des freins continus et même automatiques.

Article 27. — **Eclairage des voitures et des trains**. — Cet article prescrit, d'après la rédaction de 1881, un feu rouge à l'avant et un feu vert à l'arrière, ce qui obligerait à changer les feux quand un chemin de fer d'intérêt local emprunte, sur une partie de son parcours, le sol des voies publiques. Un décret du 25 juillet 1899 a modifié cette règlementation en prescrivant le feu blanc à l'avant et le feu rouge à l'arrière, comme sur les chemins de fer.

Article 28. — **Transport de matières dangereuses**. — L'article 28 du règlement du 6 août 1881 reproduit les dispositions de l'article 21 de l'ordonnance de 1846 ; il édicte l'interdiction absolue d'admettre dans les convois qui portent des voyageurs aucune matière pouvant donner lieu soit à des explosions, soit à des incendies ; d'ailleurs le transport de ces matières n'était pas prévu dans les trains de marchandises, dont l'usage est, il est vrai, peu fréquent pour les tramways et les chemins de fer sur routes. L'article 28 est libellé, en vertu du décret du 13 février 1900, de la manière suivante :

« Il est interdit d'admettre dans les convois qui por-
« tent des voyageurs aucune matière pouvant donner
« lieu soit à des explosions, soit à des incendies,
« sauf les exceptions autorisées par le ministre des
« travaux publics ».

« Le transport de ces matières est réglé par le pré-
« fet sous l'autorité du ministre des travaux publics ».

Ce mode de procéder est analogue à celui qui est admis sur les grands réseaux, mais en laissant au préfet les pouvoirs qui lui sont attribués par la loi du 11 juin 1880 ; il règlera tout ce qui concerne le transport des matières dangereuses par les trains de marchandises. Le règlement du 12 novembre 1897, concernant les matières dangereuses et infectes n'a pas été visé ici, parce qu'il pourra être modifié ultérieurement : il a paru suffisant de réserver le pouvoir réglementaire de l'administration supérieure pour la désignation de celles de ces matières qu'il sera permis exceptionnellement de transporter par les trains de voyageurs.

Article 32. — Personnel des trains. — Le premier alinéa de cet article exige que chaque machine à feu soit conduite par un mécanicien et par un chauffeur. Cependant l'expérience prouve que des voitures de tramways sont trainées, sans inconvénient, par des machines à vapeur (systèmes Serpollet, Wintherthur, Rowan, etc.) où il n'y a place que pour un homme et qui sont conduites par un mécanicien seul. Cette disposition ne paraît pas devoir compromettre la sécurité, puisque l'exception ne serait admise qu'à la suite d'une décision de l'administration supérieure et sous la condition qu'en cas d'empêchement du mécanicien, le conducteur du train pourrait y pourvoir. Des dérogations analogues sont en vigueur sur les chemins de fer, pour les trains légers ne comportant pas plus de 16 essieux, par le décret du 9 mars 1889, qui a modifié les articles 18 et 20 de l'ordonnance de 1846. Le décret du 13 février 1900 a donné satisfaction à ces observations en ajoutant à l'article 32 l'alinéa suivant :

« Pour les voitures isolées, ou pour les trains dont
« tous les véhicules sont munis de freins continus, le
« ministre des travaux publics peut autoriser la sup-
« pression du chauffeur, sous la réserve que le con-
« ducteur chef du train puisse toujours accéder à la
« machine et soit en état de l'arrêter en cas de be-
« soin ».

Pour que le concessionnaire soit en mesure de profiter de cette disposition nouvelle, il conviendra que les installations soient disposées de manière à permettre une communication entre le ou les agents du train et le mécanicien.

Enfin, dans l'avant-dernier alinéa de l'article 32, prescrivant au mécanicien de s'assurer, avant le départ, si le frein fonctionne bien, les mots « le frein » ont été remplacés par les mots « les moyens de freinage dont il dispose » ; car il peut y avoir plusieurs freins, notamment pour les trains qui ne sont pas munis du frein continu, et le mécanicien n'a à manœuvrer que les freins qui sont mis à sa disposition.

Article 33. — Traction mécanique ; composition et marche des trains. — Le décret du 13 février 1900 a adopté pour cet article deux modifications dont la première se rapporte à la vitesse des trains et la seconde aux arrêts en pleine voie.

Vitesse des trains. — Il est dit au premier alinéa, suivant la rédaction de 1881, que le Préfet détermine sur la proposition du concessionnaire, le minimum et le maximum de la vitesse des trains. Pour une matière aussi technique et intéressant autant la sécurité, il y a lieu d'appeler le service du contrôle à émettre son avis. Il n'y aurait d'ailleurs pas d'utilité à fixer la vitesse minimum des trains : car s'il s'agit de la vitesse effective, elle peut être très faible en cas de ralentissement et est nulle en cas d'arrêt ; s'il s'agit de la vitesse commerciale, elle est implicitement déterminée par le tableau de la marche des trains dont l'article 33 confie l'approbation au Préfet. En conséquence, les mots : « Le Préfet détermine, sur la proposition du concessionnaire, le minimum et le maximum de la vitesse... » ont été remplacés par les mots : « le Préfet détermine, sur la proposition du concessionnaire et l'avis du service du contrôle, le maximum de la vitesse ». Le Préfet conservera ainsi la faculté : 1° d'imposer pour la vitesse un maximum qui comprendra l'accélération permise au mécanicien, en cas de retard, et ne devra être dépassé en aucun cas ; 2° de demander une augmentation de vitesse commerciale, s'il le juge nécessaire pour assurer des correspondances ou pour tout autre motif d'intérêt public.

Il résulte de la rédaction adoptée en 1881 pour le second alinéa de l'article 33 que la vitesse des trains en marche ne peut dépasser 20 kilomètres à l'heure. Il est incontestable qu'une vitesse excessive des trains circulant sur les voies publiques crée un danger pour la circulation ordinaire ; on peut ajouter que s'il s'agit uniquement de donner satisfaction aux besoins d'un trafic local à faible distance, une augmentation de vitesse ne faisant gagner que très peu de temps sur la durée du trajet, entre les points extrêmes, ne présenterait pas assez d'intérêt pour justifier une accélération susceptible d'augmenter, pour les usagers de la route, les chances d'accident. D'un autre côté, l'expérience prouve que le maximum de 20 kilomètres à l'heure, qui ne peut être aujourd'hui dépassé légalement en aucun cas, puisqu'il est prescrit par le règlement d'administration publique, empêche certains tramways, reliant les stations de deux chemins fer, d'établir convenablement leurs correspondances. En réalité, la vitesse de 20 kilomètres est dès à présent dépassée sur un certain nombre de tramways, notamment sur ceux qui sont établis sur accotements et sont à traction mécanique ; la limite de 20 kilomètres n'est donc pas toujours observée dans la pratique. Le Congrès international des chemins de fer de 1889 a admis que la vitesse de 25 à 30 kilomètres à l'heure est suffisante pour les tramways à vapeur et les chemins de fer sur route, ce qui indique implicitement que la vitesse de 20 kilomètres peut être insuffisante. On pourrait la majorer dans le cas où l'emploi des freins continus permettrait un arrêt rapide ; la loi italienne fixe un maximum de 30 kilomètres pour les tramways pourvus de freins continus et de 20 kilomètres pour les autres.

Il ne s'agit ici que de fixer un *maximum absolu*, ne pouvant jamais être dépassé pour aucune concession : car le minimum de vitesse pour chaque réseau est déterminé par l'article 15 du cahier des charges des tramways, portant en note que cet article a pour but de permettre à l'autorité concédante de réduire le maximum de vitesse lorsqu'elle le jugera nécessaire. Cette réduction pourra être faite, à l'article 15, soit d'une manière générale pour toute l'étendue de la ligne concédée, soit pour des cas spéciaux tels que la circulation pendant la nuit, ou la traversée des lieux habités ou de certaines sections dont les limites seraient indiquées par des poteaux de ralentissement.

Ces considérations ont conduit à adopter, pour la première phrase du second alinéa de l'article 33 la rédaction suivante : « La vitesse des trains en marche « ne peut dépasser 20 kilomètres à l'heure s'il est fait « usage de freins ordinaires et 25 kilomètres s'il est « fait usage de freins continus. »

Sur les chemins de fer vicinaux belges, on autorise un maximum de vitesse de 30 kilomètres à l'heure sur les routes, en dehors des agglomérations bâties ; d'ailleurs on admet cette vitesse de 30 kilomètres pour les voitures automobiles, en rase campagne (article 14 du règlement du 10 mars 1899) : il est vrai que l'automobile change sa route pour éviter un obstacle, ce que ne peut faire un train de chemin de fer.

Arrêts en pleine voie. — L'article 10 du règlement d'administration publique du 6 août 1881 porte que si, pendant l'exploitation, de nouvelles stations, gares ou haltes sont reconnues nécessaires, d'accord entre l'autorité concédante et le concessionnaire, il sera procédé à une enquête spéciale dans les formes prescrites par le règlement d'administration publique du 18 mai 1881, et que l'emplacement en sera définitivement arrêté par le Préfet, le concessionnaire entendu. Cette procédure est applicable à l'établissement de nouvelles stations définitives, dont l'emplacement et les dispositions intéressent les populations riveraines de la voie ferrée. Mais elle demande beaucoup de temps puisqu'elle exige, indépendamment des enquêtes, la consultation de la Chambre de commerce, ainsi que du Conseil général du département. Pour que les lignes à faible trafic puissent mieux desservir les intérêts locaux, on doit leur faciliter les moyens d'établir de simples points d'arrêt, analogues à ceux des trains légers des grandes lignes, et d'étendre au besoin leurs opérations de trafic en dehors des stations. On a fait observer au Congrès international des chemins de fer de 1889, que sur les chemins de fer secondaires d'Autriche-Hongrie, l'introduction et la sortie des wagons complets ne sont pas localisés aux stations, que ces opérations se font souvent en pleine voie et que ce système est fort avantageux pour les régions desservies : il est également appliqué en Algérie et en Tunisie. Il est clair que l'exercice de cette faculté suppose que le service du contrôle, chargé d'instruire la demande du concessionnaire, veillera à ce qu'il prenne, sur les indications ou avec l'approbation de l'administration, toutes les mesures nécessaires pour que l'occupation temporaire de la voie ferrée ne puisse pas compromettre la sécurité.

Pour les simples arrêts en pleine voie, qui en général n'exigeront pas d'installation spéciale, par exemple s'il s'agit d'arrêts temporaires permettant de charger sur wagons des dépôts de céréales ou de betteraves, on pourra se dispenser de l'accomplissement des longues formalités prescrites par le règlement d'administration publique du 18 mai 1881, mais à la condition que la décision qui autorisera ces arrêts en pleine voie ne soit pas définitive et qu'on se réserve la faculté de la rapporter ou de la modifier si elle venait à présenter des inconvénients pour la sécurité, ou même, simplement si elle soulevait des objections fondées de la part de tiers qui, n'ayant pas été mis à même de les faire valoir dans les enquêtes, ne sauraient être considérés comme forclos.

Le décret du 13 février 1900 a donné satisfaction à ces observations en ajoutant l'alinéa suivant à l'article 33 :

« Le Préfet peut autoriser, sur la demande du con-
« cessionnaire et sur la proposition du service du con-
« trôle, l'arrêt de certains trains pendant le temps
« déterminé par l'horaire, pour prendre ou laisser des
« voyageurs ou des marchandises sur des points de la
« voie ferrée situés en dehors des gares, stations ou
« haltes. Cette autorisation ne peut être donnée qu'à
« titre précaire et révocable, si ce service n'est pas
« prévu par le cahier des charges ».

Article 34. — Traction mécanique ; composition des trains ; accidents. — Le premier alinéa de cet article porte que des machines dites de secours ou de réserve doivent être entretenues constamment en feu et prêtes à partir sur les lignes et aux points qui sont désignés par le Préfet (rédaction de 1881).

Il vaut mieux supprimer les mots « en feu » puis-

qu'un certain nombre de systèmes de traction mécanique ne comportent pas l'emploi de machines renfermant un foyer (Francq, Mékarski, etc.). En outre la
rédaction peut être atténuée pour la seconde partie de
l'alinéa, c'est-à-dire l'obligation pour les machines de
secours d'être toujours prêtes à partir ; car souvent par
raison d'économie, il est dérogé à cette prescription,
sans qu'il en résulte d'inconvénient sérieux : il suffit
que la machine de réserve ou de secours puisse être
expédiée promptement après la réception de l'avis ou
de la dépêche télégraphique ou téléphonique. Le Préfet
pourra d'ailleurs fixer le délai minimum pour le temps
qui s'écoulera entre la demande de secours et l'envoi de
la machine de réserve ; en outre il pourra au besoin
imposer au concessionnaire l'obligation d'entretenir,
sur certains points, des machines toujours prêtes à
partir. La rédaction suivante a été adoptée :

« Des machines de réserve et des wagons de secours
« munis de tous les agrès et outils nécessaires en cas
« d'accident doivent être entretenus, constamment,
« prêts à partir aux points désignés par le Préfet, si
« celui-ci le prescrit, après avis du service du con-
« trôle ».

**Article 37. – Expédition de matières dangereu-
ses ou infectes.** — Cet article du décret de 1881 vise exclusivement, pour la classification et l'emballage de ces
matières, le décret du 12 août 1874, qui est aujourd'hui
remplacé par le décret du 12 novembre 1897, concernant
le transport des matières dangereuses et infectes. Il sera
préférable de se référer, en termes généraux, aux règlements en vigueur, parce qu'ils peuvent varier. La classification, le conditionnement et l'emballage des matières

dangereuses doivent être les mêmes sur les lignes d'intérêt local que sur les réseaux d'intérêt général. Mais il en est autrement pour les dispositions relatives à la composition des trains ; elles peuvent comporter des tempéraments, justifier des exceptions dont l'administration préfectorale est en mesure d'apprécier l'opportunité. Il appartient donc aux préfets, après avoir entendu le concessionnaire et provoqué l'avis du service du contrôle, de déterminer pour chaque ligne les dérogations aux règlements qu'il conviendrait d'admettre ; cette compétence résulte de l'article 21 de la loi du 11 juin 1880, soumettant le service de l'exploitation au contrôle et à la surveillance des préfets, sous l'autorité du Ministre des Travaux publics ; il suffira donc de spécifier que l'emballage des matières dangereuses ou infectes sera conforme aux prescriptions des règlements généraux et l'article 37 a été rédigé de la manière suivante par le décret du 13 février 1900.

« Les personnes qui veulent expédier des marchan-
« dises classées comme dangereuses ou infectes par les
« règlements en vigueur doivent en faire la déclara-
« ration formelle au moment où elles les livrent au
« service de la voie ferrée et se conformer à toutes les
« prescriptions des dits règlements en ce qui concerne
« le conditionnement, l'emballage et la marque des
« colis ».

Article 39.—Contrôle et surveillance de l'exploitation. — Le premier alinéa de cet article se bornait, d'après la rédaction adoptée en 1881, à confier au Préfet le pouvoir de nommer les agents du contrôle ; le décret du 13 février 1900 donne, pour le premier alinéa de l'article 39, la rédaction suivante :

« Le préfet nomme, sous l'autorité du ministre des
« travaux publics, les agents chargés du contrôle et de
« la surveillance prévus par l'article 21 de la loi du
« 11 juin 1880. Ces agents sont pris dans le service
« des ponts et chausées et des mines ».

L'article 5 du décret du 20 mars 1882, portant règlement d'administration publique pour l'exécution des
articles 16 et 39 de la loi du 11 juin 1880, porte que la
commission chargée d'examiner, chaque année, les
comptes produits par le concessionnaire, renferme un
ingénieur des ponts et chaussées ou des mines, désigné
par le ministre des travaux publics : or, il est préférable que l'ingénieur ainsi attaché au contrôle financier soit également attaché au contrôle technique. Pour
les tramways recevant une subvention du Trésor, le
ministre des travaux publics doit veiller à ce qu'il soit
procédé avec sagesse et économie à l'entretien et à l'exploitation de la voie ferrée et à ce que le concessionnaire ne prenne pas des dispositions de nature à aggraver les charges nouvelles de l'Etat ou à retarder ou
empêcher le remboursement de ses avances : il paraît
donc légitime que le ministre des travaux publics ait
le pouvoir de ne pas autoriser le préfet à confier le contrôle à des agents locaux, ne dépendant que du département sur le territoire duquel se trouve le tramway.
La même argumentation s'applique au cas où un
tramway, alors même qu'il ne reçoit aucune subvention
ni aucune garantie, est concédé par l'Etat, à qui il
doit revenir en fin de concession : car les mesures adoptées pour l'entretien, les grosses réparations et l'exploitation auront une grande influence sur la situation dans
laquelle se trouvera le tramway lors de sa remise ; par
conséquent, l'Etat a un intérêt évident à faire exercer

par ses propres agents une surveillance sur ces mesures. Enfin, quel que soit le régime sous lequel ait été concédée la voie ferrée empruntant le sol des voies publiques, il importe, surtout au point de vue de la sécurité, que le contrôle soit confié à des agents dépendant de l'administration à laquelle est confié le contrôle de tous les chemins de fer d'intérêt général

En vue de ménager les situations actuellement acquises, l'article 2 du décret du 13 février 1900 porte que, pour les voies ferrées dont le contrôle et la surveillance sont déjà organisées, le ministre des travaux publics peut ajourner, sur la demande du Conseil général du département intéressé, l'application des dispositions portant que les agents chargés du contrôle doivent être pris dans le service des ponts et chaussées ou des mines.

Article 40. — Règlements de police et d'exploitation. — Le premier alinéa de cet article porte que le concessionnaire est tenu, ainsi que le public, de se conformer aux arrêtés pris par les préfets pour l'exécution des dispositions « qui précèdent ». Ces derniers mots ne doivent pas être entendus dans un sens limitatif : les préfets conservent évidemment en cette matière tous les pouvoirs de police qui leur sont conférés en vue d'assurer la sécurité publique et le bon ordre. Il est clair que les actes qui ne contreviennent qu'à un arrêté pris par le préfet, sur son initiative, ne tombent que sous le coup de l'article 471 du Code pénal.

Article 41. — Interruption de l'exploitation. — Au sujet du troisième alinéa de cet article, qui reproduit la rédaction de l'article 39 du cahier des charges du grand réseau, on peut observer que la mise à prix des ouvrages exécutés aux frais du concessionnaire frappé de déchéance, des matériaux approvisionnés et payés par lui et des parties de la voie ferrée déjà livrées à l'exploitation, sera déterminée, en général, non d'après la valeur intrinsèque de ces objets, mais d'après la valeur qu'ils peuvent représenter pour le nouveau concessionnaire, eu égard aux conditions spéciales de la concession.

Article 42. — Construction de nouvelles voies de communication. — A la liste des travaux ordonnés ou autorisés par le gouvernement et à la réalisation desquels le concessionnaire n'a pas le droit de s'opposer, le décret du 13 février 1900 ajoute : « ou l'instal-« lation de communications télégraphiques ou télépho-« niques qui obligent à modifier les transmissions « d'énergie établies en vue de la traction électrique ».

Article 47. — Concession de chemins de fer, d'embranchement et de prolongement. — Le premier alinéa de cet article donne au pouvoir concédant (gouvernement, département ou commune), le droit de concéder de nouvelles voies de fer s'embranchant sur une voie ferrée déjà concédée, ou prolongeant cette même voie. Au sujet des difficultés que peut faire naître l'application de cet article, notamment pour les tramways comportant des tarifs qui ne sont pas kilométriques, je me réfère à ce qui est dit ci-après, au sujet de l'article 23 du cahier des charges-type des tramways, pour les lignes s'embranchant sur une voie ferrée déjà concédée.

Article 48. — Embranchements industriels. — En vue de réaliser les prescriptions de l'article 87 de la loi de finances du 13 avril 1898, le décret du 3 août de la même année a complété les alinéas 1, 2 et 6 de l'article 48 du règlement d'administration publique du 6 août 1881 comme il suit :

Premier alinéa. — Le concessionnaire de toute voie ferrée affectée au transport des marchandises est tenu de s'entendre avec tout propriétaire de carrières, de mines ou d'usines, « avec tout propriétaire ou concessionnaire de magasins généraux et avec tout concessionnaire de l'outillage des ports maritimes ou de navigation intérieure » qui, offrant de se soumettre aux conditions prescrites ci-après, demande un embranchement. A défaut d'accord, le préfet statue sur la demande, le concessionnaire entendu.

Deuxième alinéa. — Les embranchements sont construits aux frais des propriétaires de carrières, de mines et d'usines, « des propriétaires ou concessionnaires de magasins généraux, ou des concessionnaires de l'outillage des ports maritimes ou de navigation intérieure » et de manière qu'il ne résulte de leur établissement aucune entrave à la circulation générale, aucune cause d'avarie pour le matériel, ni aucun frais particulier pour le service de la ligne principale.

Sixième alinéa. — Le concessionnaire est tenu d'envoyer ses wagons sur tous les embranchements autorisés, destinés à faire communiquer des établissements de carrières, de mines, ou d'usines, « de magasins généraux ou d'outillage des ports maritimes ou de navigation intérieure » avec la ligne principale.

CHAPITRE II

OBSERVATIONS GÉNÉRALES. CAHIER DES CHARGES-TYPE, POUR LA CONCESSION DES CHEMINS DE FER D'INTÉRÊT LOCAL

OBSERVATIONS GÉNÉRALES

Les clauses contractuelles qui servent de base aux concessions de chemins de fer d'intérêt local et de tramways précédemment accordées ne peuvent être modifiées qu'à la suite d'un accord entre les parties contractantes. Mais il y a lieu d'observer que les prescriptions du règlement d'administration publique du 6 août 1881 sont parfaitement distinctes de celles des cahiers des charges et autres actes constitutifs de chaque concession ; d'ailleurs les règlements de police sont exécutoires, dès qu'ils ont été régulièrement édictés par l'autorité compétente. En conséquence, j'estime que les modifications apportées au règlement d'administration publique du 6 août 1881 par les décrets du 30 janvier 1894 (modifiant l'article 5 du règlement précité du 6 août 1881), du 3 août 1898 (modifiant l'article 48), du 25 juillet 1899 (modifiant l'article 27) et du 13 février 1900 (modifiant les articles 1er, 4, 21, 22, 23, 28, 32, 33, 34, 37, 39 et 42), sont exécutoires dès leur promulgation, pour les tramways ainsi que pour les chemins de fer d'intérêt local empruntant le sol des voies publiques.

4

Au contraire, les types adoptés par le décret du 13 février 1900 pour les cahiers des charges ne régissent que les concessions à accorder ultérieurement. Toutefois, il pourra y avoir lieu, pour les lignes déjà concédées, mais avec l'assentiment des concessionnaires et rétrocessionnaires, de leur conférer le bénéfice des dispositions nouvelles, dans le cas où le gouvernement jugerait qu'elles sont de nature à faciliter et à améliorer l'exploitation et à mieux satisfaire aux besoins du public : un avenant en ce sens pourrait être soumis à l'approbation dans le cas où le cessionnaire et le rétrocessionnaire en exprimeraient le désir, ou si l'administration subordonnait à cette condition l'approbation d'une nouvelle concession, ou de toute autre modification aux conventions en vigueur, sollicitée par le concessionnaire.

Il y a beaucoup de tramways (notamment de tramways urbains) qui ne sont en déviation dans aucune de leurs parties, et divers chemins de fer d'intérêt local qui n'empruntent sur aucun point de leur parcours les voies publiques existantes. Mais dans les départements, il n'y a guère, en dehors des villes, de tramway qui ne présente des déviations et parmi les chemins de fer d'intérêt local qu'on construit aujourd'hui, il y en a beaucoup qui empruntent, au moins sur une faible longueur, le sol des routes. Le Conseil d'Etat a développé, dans un avis de principe en date du 6 août 1884, les considérations sur lesquelles on doit se baser pour établir une distinction entre les chemins de fer d'intérêt local et les tramways : parmi les principaux éléments à considérer, on peut citer la proportion des parcours sur routes et à travers champs, ainsi que le mode d'exploitation. Il n'en est pas moins vrai qu'il y a beaucoup de cas où des doutes peuvent s'élever sur le caractère à attribuer à une voie ferrée projetée ; ce caractère n'est définitivement fixé que par les actes constitutifs de la concession. Il arrive souvent que plusieurs parties de la même ligne sont soumises à des régimes différents : ainsi les trains qui vont du Mans à La Châtre suivent d'abord, entre le Mans et le Grand-Lucé, un chemin de fer d'intérêt local de 30 kilomètres de longueur, et ensuite, entre le Grand-Lucé et La Châtre, une ligne qui est en tout semblable à la première et qui a été cependant classée comme tramway.

Le département de la Haute-Saône présente un exemple des anomalies qui peuvent résulter d'adjonctions successives : un premier chemin de fer d'intérêt local (Gray à Bucey-les-Gy, 22 kilomètres), ne renfermant aucune déviation, y a été concédé sous le régime de la loi de 1865. Après une mise sous sequestre, le département en a rétrocédé l'exploitation à la compagnie générale des chemins de fer vicinaux qui a reçu, avec subvention de l'Etat, la concession de trois tramways : 1° un raccordement entre les gares de Gray-Gy et Gray-Est (1.600 mètres constamment sur routes) ; 2° un prolongement de Gy à Marnay (17 kilomètres, dont 10 kilomètres et demi en déviation) ; 3° une ligne isolée de Ronchamp à Plancher-les-Mines (16 kilomètres, dont 4 kilomètres et demi en déviation). Depuis, deux autres lignes ont été concédées, avec l'assentiment de l'Etat : Bucey-les-Gy à Fretigney (11 kilomètres dont 4 en déviation, ouverts à l'exploitation en 1899) et Gray à Dôle, en construction (26 kilomètres dans la Haute-Saône, dont 16 en déviation) ; ces deux lignes avaient d'abord été qualifiées tramways ; mais elles ont été classées comme chemins de fer d'intérêt local, afin que la concession en fût donnée par le département et non par l'Etat, bien que la voie empruntât une route nationale sur plus d'un kilomètre de longueur. En 1898-1899, le département de la Haute-Saône a poursuivi la déclaration d'utilité publique de quatre autres lignes :

1° Gray à Jussey (59.500 mètres, dont 48 kilomètres en déviation) ;

2° Lure à Héricourt (43 kilomètres, dont 31 en déviation, avec un embranchement de 8 kilomètres, entre Roye et Ronchamp, ne comptant que 614 mètres de déviation) ;

3° Luxeuil à Coravillers (25 kilomètres, dont 3 kilomètres et demi en déviation) ;

4° Lure au Haut-du-Them (28 kilomètres, dont 12 et demi en déviation).

Ces deux dernières lignes avaient été présentées comme tramways ; mais sur l'avis du ministre des travaux publics, le Conseil d'Etat a décidé qu'il y avait lieu de faire un bloc des quatre lignes et de les considérer comme chemins de fer d'intérêt local, en leur appliquant un même cahier des charges. Le ministre est allé plus loin : il a demandé au préfet s'il ne conviendrait pas de transformer en chemins de fer d'intérêt local les lignes de tramways déjà exploitées dans le département et de leur appliquer le cahier des charges des nouvelles lignes. Cette solution a été acceptée par la Compagnie générale des chemins de fer vicinaux et par le département. En effet, la situation disparate qui résultait des premières concessions pour le département de la Haute-Saône présentait de graves inconvénients au point de vue de l'exploitation : une expédition faite de Frétigney à Marnay emprunte 11 kilomètres de tramway (entre Frétigney et Bucey), 2 kilomètres de chemin de fer d'intérêt local (entre Bucey et Gy) et 17 kilomètres de tramway (entre Gy et Marnay); cela complique énormément le décompte; en outre, le public peut trouver extraordinaire que le seul fait d'emprunter un chemin de fer d'intérêt local, sur un quinzième du parcours, entraîne l'application aux expéditions du timbre de 70 centimes, le droit de timbre applicable aux tramways n'étant que de dix centimes.

Je pense qu'on aurait obtenu une grande simplification si la qualification de tramway avait été exclusivement réservée aux tramways urbains, établis pour le transport des voyageurs et au besoin le service des messageries. Mais la loi du 11 juin 1880 attribue le caractère de tramway aux voies ferrées établies sur le domaine public de l'Etat, des départements et des communes, tant en rase campagne qu'à l'intérieur des agglomérations bâties; elle prévoit que les tramways pourront transporter des marchandises et elle a établi des différences bien nettes entre les tramways et les chemins de fer d'intérêt local, notamment en ce qui concerne le mode de concession, la procédure d'expropriation et le concours financier de l'Etat. En conséquence, les décrets du 6 août 1881 ont approuvé deux cahiers des charges-types distincts : le premier, relatif aux chemins de fer d'intérêt local, ne s'applique qu'aux parties de la voie ferrée n'empruntant pas le sol des voies publiques; le second est relatif aux tramways et s'applique exclusivement aux voies ferrées à établir sur des voies accessibles au public.

Lorsqu'un chemin de fer d'intérêt local ou un tramway doit être établi en partie sur le sol des voies publiques et en partie sur plateforme indépendante, on est obligé de combiner ensemble des articles appartenant aux deux cahiers des charges-types, ce qui constitue une complication et peut exposer à des omissions. On éviterait ces inconvénients en rédigeant un modèle du cahier des charges pour les voies ferrées dont une partie emprunte le sol des voies publiques et dont le surplus est établi sur plateforme indépendante.

Il résulte des articles 2 et 30 de la loi du 11 juin 1880 que toute dérogation ou modification aux clauses des cahiers des charges-types doit être expressément formulée dans le traité passé au sujet de la concession. Ces dérogations ne sont généralement admises que lorsqu'elles sont bien justifiées par des circonstances spéciales et locales. Il suffit, en général, pour mentionner valablement ces dérogations, de spécifier, dans la convention, que le cahier des charges qui s'y trouve annexé est conforme au cahier des charges-type, sauf modifications ou additions introduites aux articles....., et suppression des articles..... Les instructions jointes à la circulaire ministérielle du 9 octobre 1899 portent que, dans le cas où on juge utile de prévoir des dérogations au cahier des charges-type, on doit les signaler et les motiver avec soin dans le mémoire descriptif dont la production pour l'enquête est prescrite par l'article 3 du règlement d'administration publique du 18 mai 1881.

L'autorisation de procéder aux formalités nécessaires pour réviser, s'il y a lieu, le cahier des charges d'une concession qui a été rétrocédée, ne peut être accordée qu'après que le concessionnaire et le rétrocessionnaire se sont mis d'accord sur les parties du cahier des charges dont la suppression est demandée, ainsi que sur le texte précis par lequel on propose de remplacer les parties supprimées.

Les notes des cahiers des charges-types ne constituent qu'une indication ou un conseil : elles n'ont pas, à mon avis, une valeur impérative comme celle des clauses qui sont insérées dans le texte du cahier des charges-type et auxquelles on ne peut déroger que par application des articles 2 ou 30 de la loi du 11 juin 1880.

Quand on soumet à l'approbation un projet de cahier des charges, il convient généralement d'en présenter un exemplaire sur un imprimé du cahier des charges-type, afin de mieux mettre en évidence les modifications proposées à ce type ; dans tous les cas, on doit conserver le nombre et le numérotage des articles, sauf à employer au besoin des numéros *bis*, *ter*, etc., et à remplacer le texte des articles inutiles par le mot : « supprimé », mis à la suite du numéro et du titre de l'article.

Dans le cas de rétrocession qui est très fréquent, le traité de rétrocession doit être parfaitement distinct du cahier des charges qui s'applique uniquement aux obligations du concessionnaire et est revêtu de sa signature : toutes celles qui visent exclusivement le rétrocessionnaire ne doivent figurer que dans le traité de rétrocession.

Les dérogations à divers articles des cahiers des charges-types, que j'ai mentionnées ci-après, sont imprimées en italiques.

Les notes des articles des cahiers des charges-types de 1881 portent des chiffres par ordre numérique à chaque page. Dans mes observations, je désignerai ci-après ces notes en ayant recours à l'emploi des lettres *a*, *b*, *c*, etc. Ainsi, par exemple, je désignerai la note (2) de l'article 7 par la notation : 7[b]. Ce système a

sur l'autre l'avantage de donner aux notes une désignation qui reste toujours la même, au lieu de varier avec
l'écriture ou l'impression, et avec la pagination.

Il arrive assez fréquemment que le département fasse
exécuter lui-même les travaux d'infrastructure d'un
chemin de fer d'intérêt local, quelquefois même tous les
travaux de premier établissement (y compris la superstructure); dans ce dernier cas, il ne concède que l'exploitation à une société. Il en résulte, pour la rédaction
du cahier des charges, divers changements parmi
lesquels on peut signaler les suivants :

Au titre premier (tracé et construction), les mots
« le concessionnaire » peuvent être remplacés par les
mots « le département ».

On ajoutera à l'article 3 (approbation des projets)
une disposition portant que les projets seront communiqués avant toute approbation au concessionnaire de
l'exploitation, pour qu'il puisse fournir ses observations.

La fin de l'article 26 (contrôle et surveillance des
travaux) peut être supprimée.

Il paraît utile d'ajouter, en ce cas, à l'article 27
(réception des travaux) la disposition suivante :

Le département remettra à la société concession-
naire de l'exploitation un plan parcellaire et un état
descriptif des ouvrages qui auront été exécutés, ledit
état accompagné d'un atlas contenant les dessins
cotés de tous les ouvrages.

Il y a lieu de modifier la rédaction des articles 37 et 38 du type (déchéance), quand le concessionnaire n'est pas chargé de construire la plateforme du
chemin de fer.

Enfin, pour ce qui concerne l'article 65, c'est-à-dire les frais de contrôle à la charge du concessionnaire, on pourra, s'il n'est chargé que de l'exploitation, stipuler que le versement des frais de contrôle sera opéré dans la première quinzaine de janvier, à partir de la mise en exploitation de chaque section.

CAHIER DES CHARGES-TYPE

POUR LA CONCESSION DES CHEMINS DE FER D'INTÉRÊT LOCAL

Titre du cahier des charges. — Pour bien spécifier que les dispositions du cahier des charges-type des chemins de fer d'intérêt local ne s'appliquent qu'aux parties établies sur plateforme indépendante (terrains acquis par le concessionnaire) et pour indiquer la marche à suivre dans le cas où le chemin de fer emprunte, sur une partie de son parcours, le sol d'une voie publique, le décret du 13 février 1900 a ajouté l'alinéa suivant à la note relative au titre :

« Les dispositions ci-après s'appliquent spécialement
« aux voies ferrées n'empruntant pas le sol des voies
« publiques ; quand le chemin de fer projeté compor-
« tera des parties empruntant les voies publiques, il y
« a lieu d'y ajouter les articles du cahier des charges-
« type des tramways qui seraient utiles dans l'espèce.
« Les articles 6, 7 et 8 du cahier des charges-type des
« tramways prendraient alors les numéros 8 *bis*, 8 *ter*
« et 8 *quater*, et les articles 12 et 13, les numéros 29 *bis*
« et 29 *ter* ».

Article 2. — Délais d'exécution. — Cet article dit

que les travaux devront être commencés dans un délai
de..... à partir de la loi déclarative d'utilité publique.
Mais il résulte de l'article 3 que le concessionnaire ne
peut commencer aucun travail avant l'approbation du
projet d'ensemble, qu'il est tenu de présenter dans un
délai déterminé (généralement six mois) à partir de la
loi déclarative d'utilité publique. Il semblerait plus
logique de dire : « *Les travaux devant être commen-*
« *cés dans un délai de... à partir de la date de l'ap-*
« *probation du projet d'ensemble*». *Ils seront pour-*
suivis et terminés de telle façon que la section de....
à..., la section de.... à... soient livrées à l'exploitation
dans un délai de.... ans après la date de l'approba-
tion des projets d'exécution et au plus tard le....

L'article 2 du cahier des charges des chemins de fer
d'intérêt local du département des Côtes-du-Nord porte
que les travaux devront être commencés dans le délai
de six mois à partir de *l'arrêté préfectoral qui déter-*
minera les terrains à exproprier en vertu de l'article
11 de la loi du 3 mai 1841. Cette stipulation me paraît
rationnelle.

Article 3. — Approbation des projets. — Pour le
changement de rédaction à apporter à cet article si les
travaux doivent être exécutés par le département ou
par la commune, je me réfère à ce qui a été dit ci-dessus au sujet de l'article 1er du règlement d'administration publique. Il est clair que dans ce cas, la rédaction
doit être modifiée pour plusieurs articles du titre 1er du
cahier des charges. Des observations sont présentées à
ce sujet, à la fin de mon travail, sous la rubrique :
« Cas où les travaux sont exécutés par le département » (Voir également ce qui a été dit ci-dessus aux
observations générales).

Article 7. — Largeur de la voie ; gabarit du matériel roulant. — Cet article, qui est très important au point de vue de la construction de lignes locales, fixe divers éléments qui seront examinés successivement.

Largeur de la voie. — Le premier alinéa détermine la largeur de la voie, pour laquelle la première note que j'appellerai la note 7ª) n'indique d'après la rédaction de 1881, que trois largeurs : 1ᵐ,44, 1 mètre ou 0ᵐ,75.

La voie normale est désignée dans les notes des cahiers des charges types sous le nom de voie de 1ᵐ,44. En général l'écartement entre les bords intérieurs des rails diffère peu de 1ᵐ,45, sur nos grands réseaux. Il résulte des dispositions adoptées par la Conférence internationale de Berne et sanctionnées en France par l'arrêté ministériel du 31 mars 1887, que cet écartement peut varier entre 1ᵐ,435 et 1,465, chiffres dont la moyenne est de 1ᵐ,45.

Le choix à faire entre les diverses largeurs de voie dépend essentiellement des circonstances locales.

La voie normale est moins souvent employée que la voie étroite sur les chemins de fer d'intérêt local : il convient, en effet, de proportionner la dépense de construction à l'importance des revenus probables. La largeur de 1ᵐ,44 peut être recommandée pour les affluents d'un grand réseau qui sont caractérisés par leur faible longueur, sont appelés à desservir un gros trafic et traversent un pays peu accidenté.

La largeur la plus usitée en France, pour les lignes d'intérêt local est celle d'un mètre qui, en pays accidenté, permet une construction plus économique que celle qui correspond à la voie normale. Dans la partie de l'Algérie située à l'ouest du méridien d'Alger ; on a adopté l'écartement de 1ᵐ,055, tandis qu'à l'est de ce méridien la largeur est d'un mètre pour les lignes de Tébessa et d'Aïn-Beïda, ainsi que pour celles de la Tunisie. Il est fâcheux d'employer dans le même pays des largeurs de voie qui ne diffèrent que de quelques centimètres : ce fait provient de ce que la ligne, non garantie par l'Etat, d'Arzew à Saïda a été concédée en 1879 par le Gouverneur général de l'Algérie avec un écartement entre les rails de 1ᵐ,05 à 1ᵐ,06 (3 pieds et demi anglais) et que ce type a été ensuite admis pour les lignes voisines, en vue de faciliter les raccordements. Il est, en effet, très avantageux au point de vue de l'exploitation, que les lignes ayant une même largeur de voie et communiquant entre elles, forment un réseau d'une grande étendue.

La largeur de 0ᵐ,75 a été adoptée sur un réseau de 250 kilomètres en Saxe, avec vitesses maxima de 20 à 25 kilomètres à l'heure ; elle existe en Prusse, ainsi que la largeur de 0ᵐ,785 ; les chemins de fer de Bosnie, dont le développement est de plus de 700 kilomètres, ont la largeur de 0ᵐ,76, comme la ligne de Saint-Léon en Sardaigne. Ces largeurs ne sont pas usitées en France, où des raisons particulières ont amené l'établissement, dans le département des Ardennes, d'un réseau avec largeur de voie de 0ᵐ,80.

Les lignes construites par la Société nationale des chemins de fer vicinaux belges ont presque exclusivement la voie d'un mètre ; toutefois, cette Société a adopté l'écartement de 1ᵐ,057 pour certaines lignes avoisinant la Hollande, où cet écartement est adopté pour les lignes secondaires.

La réglementation de 1881 se prête mal à l'application de la voie de 0ᵐ,60 ; elle ne prévoit pas cette largeur. Aussi l'exploitation de la voie de 0ᵐ,60, qui desservait l'Exposition universelle de 1889, n'a fait l'objet que d'une autorisation provisoire. La voie de $0^m,60$ est actuellement employée sur diverses petites lignes, notamment dans le Loiret et le Calvados, à Royan, etc. Son usage peut cependant être considéré comme exceptionnel pour les lignes d'utilité publique et ne paraît justifié que si les difficultés techniques ou l'insuffisance des revenus à espérer s'opposent complètement à l'établissement d'une voie plus large, ou s'il est motivé par des raisons particulières, tirées soit du très petit rayon des courbes qu'on peut rencontrer sur des routes dont le sol sera emprunté, soit de l'extrême importance qu'on attache dans l'espèce à disposer d'une voie amovible, soit d'autres considérations spéciales, telles que le cas de lignes de faible longueur ne devant transporter les voyageurs que pendant l'été (lignes balnéaires), ou l'obligation de faciliter le raccordement de nombreux embranchements à voie de $0^m,60$ pénétrant dans des usines ou des carrières, ou établis à titre temporaire sur des chemins d'exploitation et dans les champs, pour enlever, sans transbordement, les betteraves ou d'autres récoltes.

La voie de $0^m,60$, qui est fort utile sur les chantiers des entrepreneurs, n'a pas la même capacité de chargement que la voie d'un mètre, notamment pour le transport des chevaux et du gros bétail.

Au Congrès international des chemins de fer de Saint-Pétersbourg, il a été dit que, tout en laissant une grande liberté dans le choix de la largeur des lignes secondaires, il y a intérêt à s'en tenir à quelques types déterminés, que la pratique a déjà sanctionnés, et ce Congrès n'a recommandé, en dehors de la voie normale, que les trois types de $1^m,00$, $0^m,75$ et $0^m,60$. Ce système

est celui qui est en vigueur dans l'empire d'Allemagne,
où un décret du 8 décembre 1892 prescrit de ne plus
admettre à l'avenir que les largeurs de voie de 1ᵐ,45,
1 mètre, 0ᵐ,75 et 0ᵐ,60.

Il convient, en effet, de ne pas laisser les concessionnaires multiplier trop les largeurs différentes de
voie : on n'a donc ajouté à celles figurant dans la règlementation de 1881 que celles qui sont déjà usitées en
France ; mais ces dernières sont toutes mentionnées,
bien qu'on puisse considérer comme exceptionnelles
les largeurs de voies autres que 1ᵐ,44 et 1 mètre. On a
été ainsi conduit à adopter la rédaction suivante pour
la note 7ᵃ concernant la largeur de la voie :

Note 7ᵃ. — 1ᵐ,44, 1 mètre, (1ᵐ,055 pour certaines
parties de l'Algérie), 0ᵐ,80, 0ᵐ,75 ou 0ᵐ,60.

Les modifications concernant la fixation du gabarit
maximum sont indiquées ci-après :

Note 7 ᵇ. — Largeur du matériel roulant.

La nouvelle rédaction ne comporte aucune innovation
en ce qui concerne la règle édictée en 1881 et consistant
à n'accorder qu'une largeur supplémentaire d'au plus
0ᵐ,30 pour toutes les saillies accessoires qui comprennent notamment celles des marchepieds et des lanternes.

Les locomotives rentrant dans l'expression générale
de matériel roulant et leur stabilité étant particulièrement satisfaisante en raison de la situation de leur
centre de gravité et de l'arrimage presque constant des
poids mobiles qu'elles comportent, on pourra, au
besoin, admettre qu'elles aient une largeur excédant de
quelques centimètres celle des caisses de voitures ; mais
cette dérogation devra être justifiée : elle l'est surtout
pour les voies très étroites.

Rédaction de 1881 pour la largeur des caisses et de leur chargement.

Largeur à déterminer dans chaque cas particulier ; toutefois, on n'admettra pas plus de 2ᵐ,80 pour la voie de 1ᵐ.44, ni de 2ᵐ,50 pour la voie de 1 mètre, ni de 1ᵐ,875 pour la voie de 0ᵐ,75.

Rédaction de 1900 pour la largeur du matériel roulant.

Largeur à déterminer dans chaque cas particulier.

Pour la voie de 1ᵐ,44, on se basera sur les dimensions admises pour le matériel des lignes d'intérêt général dans la même région, sans dépasser le maximum de 3ᵐ,20.

Pour les autres largeurs de voie, on se renfermera dans les maxima indiqués ci-après :

DÉSIGNATION	VOIE DE			
	1ᵐ,055 et 1 m.	0ᵐ80	0ᵐ75	0ᵐ60
Largeur du matériel roulant, toutes saillies comprises	2ᵐ80	2ᵐ40	2ᵐ30	2ᵐ10
Largeur des caisses des véhicules et de leur chargem.	2ᵐ50	2ᵐ10	2ᵐ »	1ᵐ80

Quoique le cahier des charges-type des chemins de fer d'intérêt local soit rédigé en vue des lignes à exécuter sur plate-forme indépendante, les terrains nécessaires étant acquis par le concessionnaire, il est préférable que ce cahier des charges-type ne renferme, pour le matériel roulant, aucune dérogation aux prescriptions du réglement d'administration publique, attendu qu'il peut arriver que certaines sections d'un chemin de fer d'intérêt local empruntent le sol des routes ou chemins. La rédaction proposée pour la note 7 ([b]) n'applique qu'aux véhicules de la voie d'un mètre la règle édictée en 1881 et consistant à prendre deux fois et demie la

largeur de la voie pour le maximum de largeur des
caisses des véhicules et de leur chargement; mais le
décret du 13 février 1900 a supprimé, dans la rédaction
de l'article 4 du réglement d'administration publique,
cette règle à laquelle on avait admis, en pratique, des
dérogations, parce que son application stricte aurait
entravé le développement des lignes dont la largeur de
voie est inférieure à un mètre.

Plus on diminue la largeur de la voie et plus les
nécessités du service conduisent à augmenter le rapport
entre la largeur des véhicules et celle de la voie, sauf à
veiller, dans l'intérêt de la stabilité, à ce que le centre
de gravité soit placé aussi bas que possible, que la
hauteur des véhicules soit réduite, que leur poids mort
par mètre courant soit suffisant, que la voie soit bien
établie et bien entretenue et que la vitesse des trains
soit modérée.

Les locomotives du type Péchot-Bourdon, qui desser-
vaient le tramway à voie de $0^m,60$ de l'Exposition universelle de 1889, avaient une largeur de $2^m,075$, soit
près de trois fois et demie la largeur de la voie ; ce rapport, semble excessif : mais une largeur de 2 mètres
n'est que suffisante pour le personnel de conduite de la
machine ; les saillies accessoires des locomotives, marchepieds, tuyauterie, abris, etc., ont des dimensions en
quelque sorte obligatoires, qui varient peu quelle que
soit la largeur de la voie : il est vrai que la largeur des
parties les plus pesantes de la locomotive Péchot-Bourdon
reste notablement inférieure au triple de la largeur de
la voie, puisque l'intervalle entre les parties extérieures
des caisses à eau n'est que de $1^m,60$.

Sur la voie d'un mètre, on relève les largeurs suivantes
pour le gabarit du matériel roulant : $3^m,19$ sur le Bône-

Guelma, $2^m,80$ sur l'Est algérien, $2^m,30$ sur les lignes concédées à la Compagnie d'Orléans, $2^m,63$ sur le réseau du Sud de la France, $2^m,50$ pour la Société des chemins de fer économiques et $2^m,40$ pour la Compagnie des chemins de fer départementaux. Pour la largeur des locomotives de la voie d'un mètre, on a adopté $2^m,54$ sur la ligne de Hermes à Beaumont, $2^m,56$ sur le réseau Corse et $2^m,65$ sur la ligne de Sfax à Gafsa, où les vitesses sont assez élevées.

Sur le réseau des Ardennes, à voie de $0^m,80$, le concessionnaires a porté la largeur des caisses des véhicules à $2^m,10$, parce que cette dimension est indispensable pour qu'on puisse trouver dans les voitures, avec le couloir central et les banquettes transversales, la largeur nécessaire pour asseoir convenablement les voyageurs en en plaçant respectivement deux et un sur chacune des deux banquettes transversales ; les voitures ainsi conditionnées sont très stables et donnent toute satisfaction. Il est vrai que les marchepieds situés à l'extrémité des voitures ne font aucune saillie sur la caisse, et que la voie est robuste pour sa largeur de $0^m,80$ (rail en acier de 18 kg., traverses en chêne espacées de $0^m,77$, ballast de $0^m,35$ d'épaisseur).

Le matériel Decauville (voie de $0^m,60$) a $2^m,03$ de largeur : cependant la rédaction proposée limite, pour cette voie, la largeur des voitures à $1^m,80$, soit au triple de la largeur de la voie. Une dérogation au cahier des charges-type peut d'ailleurs être proposée en cas de besoin, par les demandeurs en concession : si cette latitude paraît justifiée par les circonstances, il y aura lieu d'examiner si elle doit être compensée par des garanties spéciales, telles que la limitation de la vitesse et la fixation d'un minimum pour la tare, par mètre courant des

véhicules, ainsi que d'un maximum suffisamment
réduit pour leur hauteur.

L'article 12 de l'ordonnance du 12 novembre 1846
porte que les dimensions de la place offerte à chaque
voyageur devront être d'au moins $0^m,45$ en largeur,
$0^m,65$ en profondeur et $1^m,45$ en hauteur. Les dimensions qui varient avec la classe, sont, sur les grands
réseaux, supérieures à ces minima qui correspondent
à un volume d'au moins $0^{mc},424$. Les minima réglementaires sur les lignes anglaises sont de $0^m,46$ pour
la largeur et de $0^{mc},562$ pour le volume. La longueur
des banquettes des chemins de fer vicinaux belges est
calculée en admettant qu'il faut donner, par personne,
au moins $0^m,50$ en première classe et $0^m,45$ en
seconde.

On ne doit pas perdre de vue que, d'après la réglementation adoptée en France pour les chemins de fer
d'intérêt local, diverses dimensions des ouvrages de la
voie dépendent de celles du matériel roulant et qu'en
conséquence si on augmente la hauteur ou la largeur
du gabarit, il en résultera un accroissement de dépenses non seulement pour le matériel roulant mais encore
pour la construction du chemin de fer. Il importe donc
de n'insérer autant que possible à l'article 7, pour le
gabarit, que des dimensions inférieures à celles des
maxima correspondant à la largeur de la voie.

Note 7°. — *Hauteur du matériel roulant.* — La note
annexée au cahier des charges-type de 1881 porte que
la hauteur maxima sera de $4^m,20$ pour la voie de $1^m,44$
et que pour les autres voies, elle devra être déterminée
dans chaque cas particulier.

On voit que la hauteur maxima à admettre pour les
véhicules appelés à circuler sur les voies d'une largeur

inférieure à $1^m,44$ n'est pas indiquée dans la note du cahier des charges-type de 1881 ; cette hauteur paraît devoir être principalement basée, pour les voies très étroites, sur la résistance qu'ils doivent opposer à l'action du vent. En effet, si on comprend qu'on puisse, en réduisant la vitesse des trains, annihiler plus ou moins les facteurs tendant au renversement qui dépendent du mouvement, il est évident qu'on ne saurait exercer aucune action directe sur les effets de la poussée du vent, qui est particulièrement dangereuse pour les véhicules vides à panneaux pleins ; mais on peut en atténuer les conséquences soit en diminuant les surfaces sur lesquelles elle agit, soit en augmentant le poids des wagons, soit en abaissant le plus possible vers le sol le centre de figure dont la hauteur au-dessus des rails donne le bras de levier de l'effort tendant au renversement.

L'expérience démontre que, sur les grands réseaux, des véhicules même chargés ont été quelquefois renversés par le vent ; heureusement que le fait est rare. On doit se résigner à abandonner quelque peu de la stabilité réalisée sur les lignes à voie normale et à voie d'un mètre, pour fixer les hauteurs maxima des véhicules des voies très étroites, afin de rendre possible l'adaptation du matériel roulant au service qu'il doit faire, la stabilité tendant à décroître en même temps que la base d'appui : il faut donc s'en rapporter à l'expérience acquise dans l'exploitation.

Pour la voie la plus étroite, c'est-à-dire celle de $0^m,60$ on peut observer que la hauteur du matériel roulant de la ligne de Festiniog à Port-Madoc atteint $2^m,168$ au-dessus du rail et $2^m,363$ y compris la saillie des lanternes. Cette ligne fonctionne depuis très longtemps

dans le pays de Galles, où les coups de vent sont vio-
lents. La hauteur qui y a été adoptée pour les véhicules
peut ne pas être considérée comme une limite extrême,
parce qu'on s'y est peut-être trouvé commandé par la
hauteur des ponts par dessus, construits à l'époque des
débuts de l'exploitation, quand il s'agissait seulement
d'un plan incliné pour faire descendre des ardoises à
la mer; la hauteur des souterrains n'est que de $2^m,75$
sur l'axe. D'un autre côté, la hauteur de $2^m,88$ au-dessus du rail qui a été admise en France sur certaines
lignes, pour des chargements bien arrimés, paraît trop
forte pour être généralisée. En fait, la hauteur du matériel de la voie de $0^m,60$ desservant l'Exposition universelle de 1889, était de 3 mètres pour les locomotives
et de $2^m,41$ pour les voitures; le service des voyageurs
a été fait convenablement; on peut donc admettre, en
nombre rond, le maximum de $2^m,40$ pour la hauteur
des wagons sur la voie de $0^m,60$.

La hauteur de 3 mètres admise pour les locomotives
de la voie de $0^m,60$ est assez faible pour qu'elles puissent être transportées sur les plates-formes des grands
réseaux. Il ne semble pas utile de limiter l'élévation du
corps principal des locomotives, puisque nécessairement il sera toujours fort au-dessous de la hauteur
totale qui comprend celle de la cheminée, du dôme de
vapeur, des abris et autres accessoires indispensables.
D'ailleurs les locomotives dont le centre de gravité est
placé bas et qui acquièrent, du fait même de leur poids
et de leur construction, une grande stabilité sur les
rails, résistent mieux que les véhicules ordinaires à
l'action du vent.

La hauteur stipulée pour le matériel roulant, au
cahier des charges de la voie de $0^m,80$, dans le dépar-

tement des Ardennes, est de $3^m,40$ au-dessus des rails ; mais en fait, la hauteur, sur ce réseau, n'est que de $3^m,215$ pour les locomotives et de $2^m,89$ pour les voitures. On pourra adopter en nombres ronds, pour cette largeur de voie, $2^m,90$ pour les voitures et $3^m,30$ pour les locomotives.

Sur le réseau du Vivarais (chemins de fer d'intérêt général à voie d'un mètre, Compagnie des chemins de fer départementaux) la hauteur maxima au-dessus du rail est fixée à $2^m,99$ pour les voitures, à $2^m,90$ pour les fourgons et à $3^m,12$ pour les wagons couverts. On a adopté sur divers réseaux à voie de 1 mètre et de $1^m,055$ les dimensions suivantes, pour la hauteur du gabarit : $3^m,50$ pour la Compagnie des chemins de fer économiques, la ligne de Hermes à Beaumont, et les tramways de l'Aude ; $3^m,63$ pour la Compagnie du Sud de la France ; $3^m,60$ pour la ligne à crémaillère d'Aix-les-Bains au Revard ; $3^m,80$ pour l'Est algérien (ligne d'Aïn-Beïda) ; $3^m,90$ pour le réseau à voie d'un mètre concédé à la Compagnie d'Orléans ; 4 mètres pour le réseau de la Somme ; $4^m,20$ pour la Comqagnie franco-algérienne (ligne d'Arzew à Saïda) ; $4^m,30$ pour l'Ouest algérien (ligne de Blida à Berrouaghia) et pour la Compagnie Bône-Guelma (ligne de Tébessa). La hauteur des cheminées de locomotives au-dessus du rail est limitée à 3 mètres sur la ligne de Hermes à Beaumont, $3^m,40$ sur la Compagnie des chemins de fer départementaux, $3^m,65$ sur la Compagnie du Sud de la France (ligne de Draguignan à Meyrargues et à Nice) et $3^m,90$ sur l'Est algérien, ligne d'Aïn-Beïda, ainsi que sur la ligne de Sfax à Gafsa (Tunisie). La hauteur du gabarit est considérable sur les chemins de fer algériens, parce qu'on y transporte des chargements d'alfa, qui sont peu

pesants et solidement arrimés. Mais on augmente la
dépense de construction et on diminue la stabilité,
quand on admet une grande hauteur pour le gabarit :
il me paraît donc préférable de considérer généralement 3^m,90 comme un maximum pour la voie de
1 mètre et même de ne pas dépasser autant que possible 3^m,00 pour les caisses des voitures et 3^m,30 pour
les chargements. Pour les tramways électriques à voie
d'un mètre de Pau, on a admis (article 4 du cahier des
charges, décret du 3 novembre 1899) une hauteur de
3^m,80, non compris le levier de prise du courant.

Le maximum de 4^m,20, prescrit pour la voie normale par la réglementation de 1881, ne me paraît pas
devoir être maintenu d'une manière absolue ; car la
hauteur du gabarit est de 4^m,28 sur le Nord et l'Est,
de 4^m,30 sur le P.-L.-M. et l'Ouest, de 4^m,40 sur les réseaux de l'Etat, de l'Orléans et du Midi : or il convient
que le matériel roulant d'un chemin de fer d'intérêt
local puisse avoir les mêmes dimensions que celui de
la ligne avec laquelle il est raccordé et qui a la même
largeur de voie. Quant aux voies très étroites, les chiffres me paraissent devoir être établis en supposant
que le poids des véhicules ne soit pas inférieur à
450 kilogrammes par mètre courant de longueur de
véhicules.

Les indications pour les hauteurs maxima du matériel ont été formulées de la manière suivante, en 1900 :

« Note 7e. — 4^m,20 pour la voie de 1^m,44 ; pour les
autres largeurs de voie, on ne devra pas dépasser les
chiffres ci-après :

DÉSIGNATION	VOIE DE			
	1 m. 055 et 1 mètre	0 m. 80	0 m. 75	0 m. 60
Hauteur des locomotives....	3m,50	3m,30	3m,20	3m,00
Hauteur des autres véhicules et de leurs chargements..	3 , 30	2 , 90	2 , 70	2 , 40

Si on dépasse, pour le cahier des charges d'une concession, les maxima inscrits dans les tableaux des notes du cahier des charges-type, on devra indiquer les motifs pour lesquels on propose d'adopter des chiffres supérieurs à ces maxima.

Le maximum de hauteur du gabarit ne comprend pas les parties mobiles, telles que la perche en cas d'emploi de la traction électrique par trolley.

Note 7ᵈ. — *Entrevoie*. — Je me réfère aux observations présentées ci-dessus, pour l'entrevoie, au sujet de l'article 4 du règlement d'administration publique du 6 août 1881 ; aucune modification n'a été apportée par le décret du 13 février 1900, à la note 7ᵈ portant que la largeur de l'entrevoie sera telle qu'entre les parties les plus saillantes de deux véhicules qui se croisent, il y ait un intervalle libre d'au moins 0m,50.

Note 7ᵉ. — *Largeur des accotements en ballast*. — La note insérée à l'article 7 du cahier des charges-type des chemins de fer d'intérêt local de 1881 prescrit de calculer la largeur des accotements, c'est-à-dire des parties comprises de chaque côté entre le bord extérieur du rail et l'arête supérieure du ballast, de façon que cette arête se trouve sur la verticale de la partie la plus saillante du matériel roulant.

L'application de cette règle, en supposant l'emploi du

gabarit maximum donne, pour la largeur des accotements en ballast, les minima indiqués au tableau ci-après :

DÉSIGNATION	1 m. 44	1 m.055	1 m. »	0 m.80	0 m.75	0 m. 60
g = gabarit maximum....	3^m,20	2^m,80	2^m,80	2^m,40	2^m,30	2^m,10
l = largeur de voie, rails compris.............	1, 57	1, 155	1, 10	0, 89	0, 83	0, 66
d = différence.......	1. 63	1, 645	1, 70	1, 51	1, 47	1, 44
$\dfrac{d}{2}$ = largeur minimum d'accotement, d'après la réglementation de 1881...	0, 815	0,8225	0, 85	0, 75	0, 74	0, 72

L'accotement en ballast (1) a généralement une largeur d'un mètre sur les grandes lignes à voie normale; mais les dimensions sont moindres sur divers chemins de fer d'intérêt général en exploitation : ainsi la largeur d'accotement est de 0^m,70 sur les lignes à voie normale de l'Ouest algérien, de Bône-Guelma et de l'Est algérien. Pour les lignes ayant 1^m,055 de largeur de voie, on relève une largeur de 0^m,70 sur la ligne très accidentée de Blida à Berrouaghia et une largeur de 0^m,50 sur le réseau de la Compagnie franco-algérienne (département d'Oran). Quant aux lignes à voie d'un mètre, on peut citer les largeurs suivantes : 0^m,75 sur les lignes de la Corse et du Vivarais qui sont en pays de montagne, 0^m,70 sur les lignes à voie d'un

(1) On aurait pu fixer la largeur totale en couronne du ballast, au lieu d'imposer une largeur minimum d'accotement qu'il faut cumuler avec la largeur variable du champignon des rails et la largeur de la voie. Mais l'usage d'indiquer la largeur minimum d'accotement date de l'origine des chemins de fer (article 7 du cahier des charges des grands réseaux) et s'est toujours maintenue jusqu'ici.

mètre concédées à la Compagnie d'Orléans, ainsi que sur les lignes de Chateaumeillant à la Guerche et de Sancoins à Lapeyrouse, $0^m,60$ sur la ligne de Hermes à Beaumont, $0^m,55$ sur les déviations des tramways départementaux des Basses-Pyrénées (décret du 4 avril 1898) et $0^m,50$ sur les lignes de Tébessa et d'Aïn-Beïda (département de Constantine). Sur le réseau des Ardennes, où la largeur de voie est de $0^m,80$, on a déterminé la largeur d'accotement en ballast suivant la réglementation de 1881, ce qui donne, le gabarit étant de $2^m,10$, une dimension de :

$$\frac{2^m,10 - (0^m,80 + 2 \times 0^m,043)}{2} = 0^m,607$$

Sur les lignes à voie de $0^m,60$, la largeur d'accotement est généralement de $0^m,40$.

Il paraît rationnel de déterminer la largeur en couronne du ballast de manière à donner une assiette suffisante à la voie, plutôt que de faire dépendre cette largeur de celle du gabarit, quoique le matériel soit généralement d'autant plus lourd qu'il est plus large. La fixation du cube de ballast nécessaire est subordonnée à diverses circonstances, telles que la nature du sol et des remblais, la raideur des courbes et des déclivités, le type adopté pour les traverses, la charge maxima par essieu, plutôt qu'à la largeur du matériel roulant, dont on a à se préoccuper au point de vue de la sécurité des agents circulant sur la banquette, beaucoup plus qu'au point de vue des dimensions de la couche de ballast.

L'expérience des lignes en exploitation montre qu'il suffit généralement de donner à l'accotement en ballast sur les lignes secondaires, une largeur de $0^m,75$ pour la voie de $1^m,44$ et de $0^m,60$ sur les voies de $1^m,055$, 1 mètre et $0^m,80$ qui n'ont pas des déclivités excessives. Pour les voies plus étroites, il paraît prudent d'avoir au moins $0^m,50$ de largeur, parce qu'elles comportent généralement des courbes de très faible rayon : si le ballast ne dépasse pas notablement les abouts des traverses, on peut craindre qu'il n'oppose pas une résistance suffisante, dans les courbes très raides, au glissement des traverses sous l'action de la force centrifuge.

Les largeurs indiquées à l'alinéa précédent comme sanctionnées par l'expérience, sur diverses lignes en exploitation, ne permettent pas à la verticale des parties les plus saillantes du matériel roulant d'empiéter sur la banquette où circulent les agents : car la projection horizontale du talus du ballast dépasse 25 centimètres et la différence entre ces largeurs et celles qui résultent de l'application du gabarit maximum à la réglementation de 1884 n'excède pas $0^m,25$.

Si on suppose une largeur de voie de 1 mètre, des traverses ayant $1^m,70$ sur $0^m,12$, un rail de $0^m,09$ de hauteur sur $0^m,05$ de largeur et un accotement en ballast de $0^m,60$, l'épaisseur horizontale du ballast, vis-à-vis le centre de l'about de la traverse, sera de $0^m,45$.

La rédaction suivante a été adoptée en 1900 pour la note relative à la largeur des accotements en ballast :

« Note 7°. — En général, et à moins de circonstances
« exceptionnelles dont il devra être justifié, cette lar-
« geur sera d'au moins $0^m,75$ pour la voie de $1^m,44$,
« $0^m,60$ pour les voies de $1^m,055$, 1 mètre et $0^m,80$, et
« $0^m,50$ pour les voies de $0^m,75$ et de $0^m,60$ ».

Épaisseur du ballast. — Le cinquième alinéa de l'article 7, suivant la rédaction de 1884, porte que l'épaisseur de la couche de ballast, sera d'au moins 0ᵐ,35.

Les exploitants ont intérêt à avoir un ballast de bonne qualité et d'une épaisseur suffisante, pour donner une assiette stable à la voie et diminuer les frais d'entretien. Quand on emploie des traverses en bois, qui sont beaucoup plus usitées en France que les traverses métalliques, il convient d'avoir une épaisseur d'au moins 0ᵐ,35, même quand le ballast repose sur un terrain de bonne qualité ; elle serait insuffisante sur un terrain glaiseux. Cependant beaucoup de cahiers des charges approuvés réduisent l'épaisseur totale du ballast à 0ᵐ,30.

On peut, par raison d'économie, diminuer l'épaisseur du ballast, sans compromettre la stabilité de la voie, dans des cas particuliers, par exemple sur une voie de 0ᵐ,60, où la charge maximum ne dépasse pas trois tonnes et demie par essieu et où l'épaisseur du ballast peut être inférieure à 0ᵐ,30 quand on emploie des traverses métalliques embouties dont il est inutile de recouvrir la face supérieure avec du ballast.

La couche de ballast placée entre le niveau de la face supérieure et celui de la face inférieure des traverses sert à empêcher les déplacements horizontaux ; mais la partie vraiment utile et efficace pour répartir les pressions sur la plate-forme est celle qui est située au-dessous du niveau de la face inférieure des traverses : cette opinion a été très appuyée au congrès international des chemins de fer de Londres, où il a été dit que souvent en Angleterre les traverses ne sont pas noyées dans le ballast et qu'on y attache beaucoup plus d'importance à la couche sur laquelle reposent les traverses qu'à l'épaisseur totale du ballast ; il suffit généralement

que cette couche ait une épaisseur de 0^m,15 sous les
traverses en bois et de 0^m,20 sous les traverses métalliques.

Dans cet ordre d'idées, on a laissé en blanc, dans la
rédaction de 1900, l'épaisseur du ballast dans le texte
de l'article 7, et on a mis en note l'indication suivante :

« Note 7 (^{f}). — L'épaisseur totale du ballast doit être
« déterminée de manière qu'il existe une épaisseur de
« ballast d'au moins 0^m,15 sous les traverses en bois,
« sans que la différence de niveau entre le dessus du
« rail et la plate-forme puisse être inférieure à 0^m,30. »

On aurait ainsi, pour le cas le plus ordinaire, c'est-
à-dire celui des traverses en bois, une épaisseur d'environ 0^m,37 qui se décompose ainsi :

Rail	0^m,10
Traverse	0 12
Couche inférieure du ballast.	0 15
Total. . . .	0 37

Sur les tramways départementaux des Basses-Pyrénées, on a réduit sans inconvénient à 0^m,12 d'épaisseur du ballast sous les traverses.

Le cahier des charges de la ligne à crémaillère d'Aix-
les-Bains au Revard porte que, pour les parties en déblai dans le rocher compact, le ballast pourra être
supprimé, et que, dans ce cas, les traverses seront
scellées au roc par des crampons en fer.

Largeur de la banquette. — Il est dit au cinquième
alinéa de l'article 7 qu'on ménagera, au pied de chaque
talus du ballast, une banquette de largeur telle que
l'arête de cette banquette se trouve à 0^m,90 au moins
de la verticale de la partie la plus saillante du matériel
roulant. En répondant en 1889-1890 au questionnaire
envoyé sur la demande d'une Commission interminis-

térielle, nommée pour étudier la révision, de la loi du 11 juin 1880, plusieurs ingénieurs ont émis l'avis qu'il conviendrait de réduire ce minimum à 0ᵐ,70. La réduction de la cote de 0ᵐ,90 me paraît justifiée : car cela permettrait de réduire la largeur de la plate-forme des terrassements et par conséquent de diminuer les dépenses de construction, et d'un autre côté, l'adoption d'un minimum de 0ᵐ,75, au lieu de 0ᵐ,90, pour l'intervalle à réserver entre le matériel roulant et l'arête de la banquette, ne semble pas de nature à compromettre la sécurité des agents circulant sur la banquette ; d'ailleurs il a été dit ci-dessus que la zone occupée, au passage des trains, par le matériel roulant est moins large que la zone occupée par la couche de ballast. Sur les grands réseaux, la largeur de la banquette est de 0ᵐ,50, ce qui suffit pour le passage des agents de la voie ; ce passage sera même assuré si la largeur de la banquette n'est inférieure, en aucun point, à 0ᵐ,45. Il est vrai que, sur les grands réseaux, les courbes ont un plus grand rayon que sur certains chemins de fer d'intérêt local ; mais on peut exécuter les terrassements suivant les raccordements paraboliques, et régler la section transversale de la plate-forme, de manière à ce que le profil du ballast reste le même dans les parties en courbes de faible rayon et que la largeur de la banquette ne soit en aucun point inférieure à la dimension indiquée au profil-type.

Je pense que pour les lignes où l'on a un grand intérêt à réduire la largeur de la plate-forme des terrassements, notamment pour celles qui doivent être établies sur des terrains très déclifs, on pourrait proposer une dérogation consistant à indiquer, dans le cahier des charges de la concession, une largeur minima de la banquette, déterminée de manière à ce qu'elle ne soit, en aucun point, inférieure à $0^m,45$ et qu'il y ait un intervalle d'au moins $0^m,75$, entre l'arête de la banquette et la verticale de la partie la plus saillante du matériel roulant ».

Largeur de la plate-forme des terrassements. — En réduisant cette largeur, on réalisera une économie assez considérable : car elle portera sur les surfaces de terrains à acquérir, sur le cube des terrassements à exécuter, sur la hauteur des murs de soutènement et sur la longueur des ouvrages d'art. Les dimensions, adoptées sur diverses lignes en exploitation, sont indiquées ci-après au tableau A pour les lignes françaises d'intérêt général, et au tableau B pour des lignes algériennes d'intérêt général et pour des lignes d'intérêt local.

La première section des chemins de fer du Vivarais a été concédée par la loi du 27 juillet 1886 ; pour la deuxième section de ces chemins de fer qui lui a été concédée par la loi du 25 juillet 1898, la Compagnie des Chemins de fer départementaux proposé l'adoption du profil-type admis pour les réseaux des Charentes et des Deux-Sèvres, où les déclivités ne dépassent pas $0^m,023$; il a été décidé que la largeur de chaque banquette serait fixée à $0^m,50$, au lieu de $0^m,60$, mais que l'accotement de $0^m,75$ serait maintenu sur les parties en terrain très accidenté (la déclivité atteint $0^m,032$ avec rayons de 100 mètres). Les déclivités s'élèvent à $0^m,030$ sur les chemins de fer à voie d'un mètre concédés à la Compagnie d'Orléans, sur la première section du Vivarais et sur certaines lignes du Sud de la France, avec rayon minimum de 150 mètres pour le sud de la France, et de 100 mètres pour les autres lignes.

Tableau A. — Lignes d'intérêt général, à voie d'un mètre,
exploitées en France.

INDICATION DES DIMENSIONS	Compagnie d'Orléans	P.-L.-M. Orange à Vaison	Chemins de fer départementaux		Charente et Deux-Sèvres	Chemins de fer économiques — Sancoins à Lapeyrouse et Châteaumiellant à La Guerche.	Sud de la France : de Draguignan à Meyrargues et à Nice.
			Réseau Corse	Réseau du Vivarais (1ᵉ section)			
Épaisseur du ballast............	0ᵐ,35	0ᵐ,40	0ᵐ,40	0ᵐ,35	0ᵐ,35	0m,35	0ᵐ,35
Largeur de l'accotement en ballast	0 , 70	0 , 70	0 , 75	0 , 75	0 , 60	0 , 70	0 , 70
Projection horizontale du talus de ballast....................	0 , 40	0 , 55	0 , 45	0 , 33	0 , 35	0 , 52	0 , 52
Largeur de la banquette.........	0 , 55	0 , 40	0 , 50	0 , 60	0 , 50	0 , 38	0 , 40
Largeur de la plate-forme des terrassements..................	4 , 40	4 , 40	4 , 40	4 , 50	4 , 00	4 , 50	4 , 35

Tableau B. — Lignes à voie étroite d'Algérie et chemins d'intérêt local.

INDICATION DES DIMENSIONS	Ligne de Blida à Berrouaghia (Ouest Algérien)	Ligne d'Aïn-Beïda (Est Algérien)	Ligne de Tébessa (Bône-Guelma)	Compagnie Franco-Algérienne	Hermes à Beaumont — Intérêt local	Chemins de fer économiques : réseau de l'Allier — Intérêt local	Chemins de fer départementaux — Intérêt local
Largeur de la voie............	$1^m,05$	$1^m, »$	$1^m, »$	$1^m,05$	$1^m, »$	$1^m, »$	$1^m, »$
Maximum des déclivités	0 , 025	0 , 015	0 , 025	0 , 027	0 . 020	0 , 027	0 , 030
Minimum du rayon des courbes...	120 . »	110 , »	100 , »	137 , »	100 , »	100 , »	100 , »
Larg. du gabarit du matér. roulant	2 , 80	2 , 80	3 , 195	2 , 90	2 . 68	2 , 50	2 , 40
Epaisseur du ballast	0 , 40	0 , 35	0 , 35	0 , 40	0 . 40	0 , 35	0 , 35
Largeur de l'accotement en ballast.	0 , 70	0 , 50	0 , 50	0 , 50	0 , 60	0 , 70	0 , 60
Largeur en crête du ballast	2 , 55	2 , 10	2 , 10	2 , 20	2 , 30	2 , 50	2 , 30
Project. horizont. du talus de ballast	0 , 40	0 , 35	0 , 35	0 , 40	0 , 40	0 , 52	0 , 35
Largeur de la banquette.........	0 , 40	0 , 40	0 , 40	0 , 75	0 , 35	0 , 38	0 , 50
Larg. de la plate-forme des terrass.	4 , 15	3 , 60	3 , 60	4 , 50	3 , 80	4 , 30	4 , »
Dist. entre l'arête de la banquette et la verticale des parties les plus saillantes du matériel roulant ..	0 , 68	0 , 90	0 , 21	0 , 80	0 , 56	0 , 90	0 , 80

Le cahier des charges, article 8 *bis* des tramways départementaux des Basses-Pyrénées (décret du 4 avril 1898) porte que la plate-forme des déviations sera de $3^m,90$; la voie a un mètre de largeur.

Pour les lignes énumérées ci-dessus, le maximum de la largeur de la plate-forme des terrassements est de $4^m,50$ et le minimum (s'appliquant aux déblais en terrain ordinaire et aux remblais, mais non aux tranchées dans les parties rocheuses) est de 4 mètres pour les chemins de fer d'intérêt général exploités en France ; on relève des largeurs minima de $3^m,80$ pour la ligne d'intérêt local de Hermes à Beaumont, qui est ancienne, et de $3^m,60$ pour deux lignes d'intérêt général d'Algérie.

La largeur de $3^m,00$ ne serait pas compatible avec la réglementation actuellement en vigueur : car le paragraphe 5 de l'article 7 du cahier des charges-type de 1881 exige une largeur libre d'au moins $0^m,90$ entre l'arête de la banquette et la verticale de la partie la plus saillante du matériel roulant, ce qui donne pour la largeur extérieure de ce matériel :

$$3,80 - 2 \times 0,90 = 2^m,00$$

Or, aux termes de la circulaire ministérielle du 12 décembre 1887, la largeur intérieure de la caisse des véhicules doit être d'au moins 2 mètres sur la voie de un mètre ; pour cette voie, la largeur de $3^m,90$ constitue donc un minimum.

Pour que la voie puisse être bien entretenue et que la circulation du personnel y soit aisée, il est préférable de ne pas descendre au-dessous de $2^m,30$ pour la largeur en crête du ballast et de $0^m,35$ pour son épaisseur, ce qui, avec un talus de 45 degrés et une largeur de banquette de $0^m,50$, correspond à une largeur de 4 mètres pour la plate-forme : la largeur de la projection horizontale du talus de ballast varie quelque peu, suivant la nature du ballast employé.

On voit qu'en général une largeur de 4 mètres est admissible pour la plate-forme d'un chemin de fer secondaire, à voie d'un mètre, devant être construit aussi économiquement que possible. Pour le second réseau du Vivarais (intérêt général) dont le tracé présente des difficultés exceptionnelles (déclivités de $0^m,0325$ et courbes de 100 mètres de rayon), les dimensions récemment approuvées par l'Administration correspondent à une largeur de plate-forme de $4^m,30$.

Sur la ligne de Sfax à Gafsa (242 km. de longueur à voie de 1 mètre), la largeur de la plate-forme des terrassements est de $3^m,60$.

Obstacles isolés. — Les cahiers des charges des lignes françaises ne renferment aucune prescription au sujet de l'intervalle à réserver entre le matériel roulant et les obstacles isolés, tels que mâts de signaux, leviers de manœuvre, fils établis pour la transmission des signaux dans les souterrains, ou pour la suspension d'autres fils, candélabres, colonnes de grues hydrauliques, etc. L'intervalle résultant des dispositions adoptées par les constructeurs ne s'est pas toujours trouvé suffisant au point de vue de la sécurité : ces obstacles isolés sont nombreux et se trouvent le plus souvent dans les gares ; la distance qui les sépare du rail est beaucoup plus variable que celle des parapets ou culées ; il est donc difficile pour le personnel des trains de bien connaître la distance exacte de chacun d'eux ; si certains obstacles sont trop rapprochés des voies, ils peuvent être particulièrement dangereux pour les voyageurs et pour les agents des chemins de fer.

La détermination de la distance à ménager entre les obstacles isolés et le matériel roulant intéresse la sécurité qu'il est aussi important de sauvegarder sur les lignes secondaires que sur les chemins de fer d'intérêt général ; il convient donc de se référer, pour l'étude de cette question, aux éléments fournis par l'expérience de l'exploitation des grands réseaux.

Jusqu'en 1868, l'Administration n'avait pas mis à l'étude la fixation d'un minimum pour la distance des obstacles isolés au rail le plus voisin. Des accidents s'étant produits, des décisions ministérielles portant diverses dates (10 juin 1868 pour l'Est, 29 avril 1869, pour l'Orléans, 11 septembre 1869 pour l'Ouest, 30 décembre 1869 pour le Midi, 7 janvier 1870 pour le réseau P.-L.-M., et 22 mai 1874 pour le Nord), ont stipulé.

1° Qu'aucun obstacle s'élevant au-dessus du niveau des marchepieds, ne pourra dorénavant être placé à moins de 1^m,35 du bord extérieur du rail le plus rapproché de la voie principale ;

2° Que les obstacles placés à une distance moindre pourront être maintenus, à moins d'une décision contraire, spéciale à chaque cas, mais que la distance sera ramenée à 1^m,35, lorsque des modifications apportées à la consistance des gares le permettront.

Ces dispositions laissaient subsister, sur les lignes les plus importantes des grands réseaux, beaucoup d'obstacles situés à moins de 1^m,35 du rail. A la suite de nouveaux accidents, l'Administration a fait procéder par les services du contrôle à une révision générale des obstacles fixes et à l'évaluation des dépenses qu'entraînerait leur déplacement. Sur l'avis du Comité de l'exploitation technique des chemins de fer, qui a eu à examiner les résultats de cette enquête, la décision ministérielle du 31 décembre 1890 a prescrit de s'occuper seulement des obstacles isolés s'élevant au-dessus du niveau des marchepieds latéraux et situés le long des voies principales, à une distance inférieure à 1^m,35 du bord extérieur du rail le plus rapproché, et de les reporter à cette distance minimum, à moins d'autorisation spéciale donnée ou à donner par l'Administration supérieure.

La distance de 1^m,35 a donc été définitivement admise comme minimum à adopter sur les grands réseaux, sauf cas exceptionnels; si un intervalle supérieur a 1^m,35 avait été adopté, il aurait fallu procéder à des remaniements complets de certains ouvrages d'art et des plans de certaines gares, ce qui aurait entraîné de grandes dépenses.

La hauteur des marchepieds latéraux est d'environ 0^m,40 sur les grands réseaux ; elle varie entre 0^m,20 et 0^m,30 sur les lignes ayant le plus petit matériel (voie de 0^m,60). Les obstacles qui se trouvent au-dessous du niveau des marchepieds, tels que des dépôts temporaires de rails, présentent peu d'inconvénient au point de vue de la sécurité.

Si on se base sur cet intervalle minimum de.	1^m,35	
Et qu'on y ajoute, pour largeur du rail, environ.	0	06
On obtient pour la distance à ménager, à partir du bord intérieur du rail.	1	41
En y ajoutant la moitié de la largeur de la voie : $\frac{1,44}{2}$	0	72

On obtient pour distance à partir de l'axe
de la voie 2 13
Si le matériel roulant a 3^m,20 de largeur,
toutes saillies comprises, son bord extérieur
se trouve à 1 60
La différence. . . . 0 53

représente donc la marge qu'on a cru devoir réserver
pour les chemins de fer d'intérêt général, entre les
saillies du matériel roulant et les obstacles isolés.

On peut objecter que la largeur de 3^m,20, servant de
base au calcul ci-dessus, est déduite du matériel du
Nord et que la largeur moyenne du matériel circulant
sur les grands réseaux n'excède pas 3^m,10, ce qui correspond à un intervalle minimum d'environ 0^m,58.
Mais il n'en est pas moins vrai que l'intervalle implicitement admis pour le réseau du Nord, n'est que de
0^m,53.

En vue des instructions à donner aux constructeurs,
il convient de se rapporter au rail plutôt qu'au gabarit
pour déterminer la position à assigner aux obstacles
isolés. On a pris, pour les grands réseaux, le bord extérieur du rail comme point de départ pour la cote d'écartement de ces obstacles. Mais comme le rappelle l'article 4 du cahier des charges-type des chemins de fer
d'intérêt local, c'est entre les bords intérieurs des rails
que se mesure l'écartement qui caractérise la largeur
de la voie ; les divers types de rails usités présentent
de notables différences de largeur. Il me paraît préférable de se rapporter ici au bord intérieur du rail, plutôt qu'au bord extérieur : si on n'adopte pas ce dernier
système et s'il arrive qu'on soit amené à renforcer les
rails d'une ligne, ce qui peut entraîner une augmentation de la largeur du champignon, les obstacles qui

auraient été placés exactement à la distance réglementaire par rapport au bord extérieur du rail, se
trouveront trop rapprochés après la transformation de
la voie.

Le tableau ci-après indique les distances à ménager
entre les obstacles isolés et le rail, en supposant l'emploi du gabarit maximum qui correspond à chaque
largeur de voie, et en supposant que la distance ménagée entre les obstacles isolés et le matériel roulant soit
d'au moins 0^m,60, comme le prescrit l'alinéa ajouté
à l'article 7 du cahier des charges-type par le décret du
13 février 1900.

LARGEURS DE VOIE	1 m,44		1 m,055		1 m,00		0 m,80		0 m,75		0 m,60	
$g =$ gabarit maximum....	3^m,20		2^m,80		2^m,80		2^m,40		2^m,30		2^m,10	
$l =$ larg. de voie, rails comp.	1	57	1	155	1	10	0	89	0	83	0	66
$g - l$..............	1	63	1	645	1	70	1	51	1	47	1	44
$1/2\ (g - l)$............	0	82	0	82	0	85	0	75	0	74	0	72
Intervalle minimum.......	0	60	0	60	0	60	0	60	0	60	0	60
Distance minima extérieur à réserver entre du rail.	1	42	1	42	1	45	1	35	1	34	1	32
l'obstacle isolé intérieur et le bord.....) du rail.	1	48	1	47	1	50	1	40	1	38	1	35

En cas d'emploi d'un gabarit de 2^m,40 sur la voie
de 1 mètre, la distance minima serait de 1^m,30, au lieu
de 1^m,50,

Les cotes indiquées au tableau ci-dessus pour la distance minima à ménager entre les obstacles isolés et
les rails, supposent que les deux faces des rails de la
voie principale soient au même niveau ; mais quand
les véhicules passent sur une voie en dévers, ils s'incli-

nent vers le centre de la courbe ; de ce côté, leurs parties saillantes se rapprochent des obstacles qui bordent la voie : si donc on veut que l'intervalle réglementaire de $0^m,53$ soit respecté dans tous les cas, il faudra adopter, pour la distance entre l'obstacle et le rail, une majoration d'autant plus forte que le rayon de la courbe sera plus petit et que les véhicules seront plus longs. Sur des lignes à voie de $0^m,60$ où des wagons plats de 6 mètres de longueur portent des chargements d'au plus $2^m,20$ de largeur et reposent sur des bogies dont les chevilles ouvrières sont séparées par un intervalle n'excédant pas $4^m,80$, l'intervalle libre ménagé au passage des courbes de 100 mètres de rayon, entre le rail et les obstacles latéraux a été augmenté de $0^m,05$ pour le rayon de 50 mètres, de $0^m,10$ pour celui de 30 mètres et de $0^m,15$ pour celui de 20 mètres.

Les constructeurs de l'infrastructure devront donner à la plate-forme une largeur suffisante pour que les grues hydrauliques et autres engins nécessaires pour l'exploitation puissent être établis en ménageant un intervalle d'au moins $0^m,60$ entre le matériel roulant et l'obstacle isolé, afin de se conformer à la condition insérée au cahier des charges-type par le décret du 13 février 1900 ; mais cette condition peut être modifiée, comme pour les grands réseaux, avec une autorisation spéciale de l'Administration. Si donc la réalisation de la distance de $0^m,60$ présente de graves inconvénients, le concessionnaire pourra demander à l'administration de la réduire à $0^m,50$, minimum adopté sur divers réseaux de lignes secondaires.

En effet, si l'on ne prétend pas faire circuler le personnel des trains sur les marchepieds des voitures en marche, on ne voit pas pour quel motif il faut donner à la distance entre le matériel roulant et les obstacles isolés une valeur supérieure à celle de 0^m,50 qui doit exister entre deux voitures qui se croisent et sert à déterminer la largeur d'entre-voie. D'ailleurs il peut paraître un peu excessif d'exiger un intervalle de 0^m,60 pour les chemins de fer d'intérêt local quand on n'en demande qu'un de 0^m,53 pour les grands réseaux, où la distance entre l'obstacle isolé et le matériel roulant est même inférieure à 0^m,53 sur beaucoup de points.

Article 8. — *Alignements et courbes*; *pentes et rampes*. — Le minimum indiqué pour le rayon des courbes, dans la première note de l'article 8 du cahier des charges-type des chemins de fer d'intérêt local de 1881, est de 250 mètres pour les chemins à voie de 1^m,44, 100 mètres pour les chemins à voie d'un mètre et 50 mètres pour les chemins à voie de 0^m,75.

La détermination du minimum à adopter pour le rayon des courbes ne dépend pas uniquement de la largeur de la voie; elle est subordonnée à plusieurs autres éléments, tels que la vitesse qu'on désire être en mesure de réaliser pour les trains, l'importance de la ligne à construire et du trafic à espérer, le type du matériel à employer (suivant qu'il sera rigide ou à bogies, que l'empattement, c'est-à-dire l'écartement des essieux extrèmes sera plus ou moins grand). La diminution du rayon des courbes permet d'approcher le plus possible des centres à desservir, mais peut nécessiter un matériel en conséquence.

On a admis, sur les grands réseaux à voie normale, qu'il convient de ne pas descendre, pour le rayon des courbes, au-dessous de 800 mètres pour les lignes du premier ordre et de 500 mètres pour celles qui sont destinées à desservir un trafic important. Pendant un certain nombre d'années on a jugé préférable de ne pas descendre, même en pays de montagne au-dessous de 300 mètres. minimum inscrit à l'article 8 du cahier des charges des grands réseaux, ou au besoin 250 mètres, à moins de difficultés exceptionnelles. Il est clair que la réduction du rayon des courbes entraîne une diminution de la vitesse des trains ; ainsi, par exemple, sur le réseau d'Orléans, en 1893, on réalisait en service courant, avec une voie bien soignée, des vitesses maxima de :

100 kilomètres à l'heure, entre Angoulême et Bordeaux, avec rayon minimum de 800 mètres.

60 kilomètres à l'heure, entre Lexos et Montauban, avec rayon minimum de 290 mètres.

55 kilomètres à l'heure, entre Ussel et Clermont, avec rayon minimum de 250 mètres.

35 kilomètres à l'heure, entre Viviez et Decazeville, avec rayon minimum de 182 mètres.

Les voies diagonales parcourues à la vitesse d'environ 30 kilomètres à l'heure, comportent, sur les grands réseaux, des courbes de 180 et même de 150 mètres de rayon.

Une commission chargée d'étudier la circulation des machines et des trains dans les courbes, à voie normale, d'un rayon inférieur à 200 mètres, a constaté que des machines P.-L.-M. ayant un empattement de $3^m,37$ peuvent circuler sur des courbes de 150 mètres de rayon, à la vitesse de 35 kilomètres à l'heure et que des machines de gare ayant $2^m,60$ d'empattement y passent facilement ; elle a conclu de la manière suivante :

1° Pour la construction des lignes à faible trafic, il y a souvent grand avantage à établir la voie normale de

préférence à la voie étroite, et l'on peut, dans ce cas,
pour se maintenir dans les limites d'une économie
bien entendue, abaisser le minimum des rayons des
courbes à 150 mètres, particulièrement dans les régions
accidentées ;

2° On n'acceptera des rayons inférieurs à 150 mètres
que dans des cas exceptionnels ;

3° On facilitera les entrées en courbe par des raccordements paraboliques ;

4° La voie sera forte et stable, sans surécartement
dans les courbes, sauf dans des cas exceptionnels ;
elle reposera sur une plate-forme parfaitement assai-
nie et on répudiera tout ballast de qualité inférieure ;

5° On ménagera des dévers suffisants dans les courbes, sans cependant les exagérer ;

6° Les machines ordinaires à trois ou quatre essieux
et les types usuels des véhicules en service sur les chemins de fer français peuvent passer sans difficulté dans
les courbes de 150 mètres de rayon ; il sera toutefois
avantageux d'adopter des bandages appropriées pour
le matériel qui circulera habituellement dans les courbes, afin de faciliter le roulement en courbe et d'atténuer l'usure ; enfin, l'essieu d'avant des machines
devra pouvoir se déplacer un peu latéralement ; de
puissants organes de rappel le ramèneront à sa position normale ;

7° Dans ces conditions, on peut admettre que le sur-
croît de résistance à la traction dans les courbes, même
avec le matériel roulant ordinaire, équivaudrait au plus
à des rampes maxima de :

4 m/m par mètre dans les courbes de 200 mètres de
rayon ;

6 m/m par mètre dans les courbes de 150 mètres de
rayon.

Quant aux courbes de 100 mètres de rayon, si on les emploie exceptionnellement, on fera sagement de ne les admettre que dans de faibles déclivités ;

8° Enfin, il conviendra de limiter les vitesses de marche à des maxima en rapport avec le matériel employé : ces maxima, pour du matériel analogue à celui dont on s'est servi au champ d'expériences du dépôt de Noisy-le-Sec, pourront être de 35 kilomètres à l'heure dans les courbes de 150 mètres de rayon, et de 20 kilomètres à l'heure dans les courbes de 100 mètres de rayon.

On exploite en Autriche-Hongrie un réseau de chemins de fer à voie normale où le minimum de rayon est de 150 mètres et qui fonctionne convenablement. Ce minimum a été admis pour les lignes secondaires à voie normale de Villefranche à Olette et de Mende à la Bastide qui traversent des régions montagneuses et ne semblent appelées qu'à desservir un très faible trafic.

Le minimum de 150 mètres de rayon ayant été adopté, dans certains cas, pour les chemins de fer d'intérêt général, on pourra l'admettre également sur les chemins de fer d'intérêt local à voie normale, pour lesquels la réduction du maximum de vitesse à 25 kilomètres à l'heure présente généralement peu d'inconvénient. Toutefois, l'emploi d'un rayon de 150 mètres pour la voie normale me paraît devoir être considéré comme exceptionnel et je pense qu'il vaudrait mieux ne pas descendre au-dessous de 250 mètres comme minimum du rayon normal en voie courante.

Il a été dit ci-dessus que l'emploi d'un rayon de 150 mètres équivaut, pour la résistance à la traction, à environ 6 millimètres par mètre de déclivité ; si donc il s'agit d'une ligne où le maximum des pentes et rampes a été fixé à $0^m,025$ par mètre, on devra réduire la déclivité à $0^m,019$ par mètre pour les trajets où il sera fait emploi du rayon de 150 mètres.

La réduction des maxima de vitesse et de déclivité ne constitue pas le seul inconvénient devant résulter de la circulation d'un matériel rigide dans des courbes très raides ; elle exige une voie robuste et parfaitement entretenue et expose à une usure plus rapide du matériel : il sera donc préférable de ne pas descendre au-dessous de 250 mètres pour le rayon des courbes en voie normale, toutes les fois que la configuration des lieux et l'importance du trafic à espérer permettent d'admettre la dépense de construction qu'imposera l'adoption du minimum de 250 mètres.

D'ailleurs il convient de faire en sorte que l'origine des courbes de rayon minimum ne coïncide pas avec les changements de fortes déclivités.

On a adopté pour les lignes à voie d'un mètre concédées à la Compagnie d'Orléans, un minimum de 100 mètres qui correspond à peu près à celui de 300 mètres en voie normale. Il importe, afin de ne pas créer de sujétions pour l'exploitation, de ne pas descendre au-dessous de ce minimum de 100 mètres, quand il n'impose pas des excédents de dépense trop considérables pour la construction. Pour les rayons des courbes sur les chemins de fer à voie d'un mètre, on peut citer les minima suivants : 150 mètres sur le réseau du Sud de la France, ainsi que sur les lignes de Chateaumeillant à la Guerche et de Sancoins à Lapérouse (chemins de fer économiques), de $137^m,50$ à 100 mètres sur diverses lignes d'Algérie, 100 mètres sur la Compagnie des chemins de fer départementaux.

Pour les lignes à crémaillère, on a admis des rayons de 180 mètres en voie normale (Rigi), de 120 mètres sur la ligne à voie de 1 mètre de Langres, de 100 mètres sur la ligne à voie de 1 mètre de Viège à Zermatt et de 50 mètres (mais avec vitesse maximum de 10 kilomètres à l'heure) sur la ligne à voie de 1 mètre d'Aix-les Bains au Revard.

Pour les chemins de fer vicinaux de Belgique, une circulaire du 12 octobre 1888 porte que, pour les voies à section réduite de 1 mètre ou de 1^m,067, les courbes de rayon inférieur à 50 mètres ne seront plus admises, en dehors des agglomérations bâties, sauf des cas spéciaux, tels que l'approche d'une station, d'un pont mobile ou de points dangereux qui nécessitent l'arrêt ou le ralentissement dans la marche des trains.

Des rayons de 50 mètres présentant des inconvénients très sérieux pour la traction, il paraît convenable de ne pas descendre pour le rayon minimum des courbes, sur les voies de 1^m,055 et de 1 mètre, au-dessous de 100 mètres. Le rayon de 75 mètres a cependant été adopté dans les cahiers des charges d'un certain nombre de chemins de fer d'intérêt local.

Pour le réseau des Ardennes, dont la largeur de voie est de 0^m,80, le cahier des charges porte 60 mètres comme rayon minimun en pleine voie, et 30 mètres aux abords des gares et à la traversée des villages. Mais en exécution, on a porté ces minima à 100 mètres en pleine voie et à 40 mètres près des gares, en vue de faciliter le passage des locomotives, qui ont trois essieux moteurs, et de pouvoir utiliser les transporteurs.

En ce qui concerne la voie de 0^m,60, on peut citer les résultats d'expérience suivants. Au chemin de fer de Festiniog à Port-Madoc, dont la construction primitive remonte à 1832, le rayon minimum est de 35 mètres. Au chemin de fer de Darjeeling (Himalaya) établi en partie sur le sol d'une route, les courbes, à l'exception de trois, n'ont pas un rayon inférieur à $21^m,34$; le trafic de cette ligne étant assez important, les ingénieurs anglais (*Indian engineering*, 26 octobre 1889), estiment qu'il aurait mieux valu ne pas admettre de rayon inférieur à 100 pieds anglais, ou $30^m,48$. Au chemin de fer de l'Exposition universelle de 1889, les courbes de sortie de gare comportaient le rayon de 20 mètres ; le rayon minimum de pleine voie était de 30 mètres, une déclivité de $0^m,028$ coïncidant avec une courbe et une contre-courbe de ce rayon. Au chemin de fer de la carrière des Maréchaux qui est exploité par la ville de Paris et où le tonnage annuel dépasse 40.000 tonnes, le plus petit rayon est de $28^m,52$, les travées courbes de la voie Decauville ont un rayon de 30 mètres et la vitesse de marche est de 15 à 20 kilomètres à l'heure.

Pour les lignes de l'empire d'Allemagne à voie de $0^m,60$, établies en dehors des routes et à traction de machines, le décret du 8 décembre 1892 porte que le plus petit rayon de courbe doit être de 30 mètres. Ce minimum ne me paraît pouvoir être également admis pour les lignes françaises à voie de $0^m,60$, qu'à la condition que la vitesse maxima de pleine marche ne dépassera, en aucun cas, 24 kilomètres à l'heure et que les concessionnaires augmenteront, au besoin, la tare, c'est-à-dire le poids des véhicules vides, ou auront soin de les lester, et prendront toutes les précautions nécessaires pour assurer la stabilité des véhicules. Il est clair que le cahier des charges devra indiquer un minimum d'au moins 40 mètres, pour la voie de $0^m,60$, quand les circonstances locales le permettront, par exemple dans les pays peu accidentés.

Le décret du 13 février 1900 adopte la rédaction suivante pour la note devant accompagner le premier alinéa de l'article 8 et concernant le rayon minimum des courbes.

« Note 8ᵃ. — En général et à moins de circonstances « exceptionnelles dont il devra être justifié, 150 mètres « pour les chemins de fer de $1^m,44$, 75 mètres pour « les chemins à voie de $1^m,055$ et de 1 mètre, 60 mè- « tres pour les chemins à voie de $0^m,80$, 50 mètres « pour les chemins à voie de $0^m,75$ et 40 mètres pour « les chemins à voie de $0^m,60$. »

Le minimum inscrit dans le cahier des charges s'applique aux courbes en pleine voie ; il est clair que l'autorité compétente pour statuer sur les projets d'exécution pourra admettre des rayons plus petits dans des cas spéciaux, par exemple dans les gares. Le dernier alinéa de l'article 8 porte que le concessionnaire aura la faculté, dans des cas exceptionnels, de proposer aux dispositions de cet article les modifications qui lui paraîtraient utiles, mais que ces modifications ne pourront être exécutées que moyennant l'approbation préalable du Préfet. Il ne faut pas perdre de vue que le chiffre à inscrire dans le cahier des charges ne doit pas se rapporter à ces cas spéciaux ; le cahier des charges indique seulement le minimum normal qui est d'un usage courant en pleine voie, qui n'impose pas de sujétions graves pour l'exploitation et qui n'oblige pas à réduire les vitesses usitées sur le reste de la ligne.

Il peut arriver que les constructeurs d'un chemin de fer, surtout s'ils ne doivent pas être chargés d'en diriger l'exploitation, s'attachent, dans la rédaction des projets, à recourir constamment à l'emploi des dimensions minima indiquées à l'article 8 du cahier des charges de la concession, en vue de réaliser des économies sur les terrassements. Il convient à ce point de vue de ne pas inscrire des chiffres trop faibles à l'article 8, afin qu'on ne puisse en exécution descendre au-dessous de ces minima qu'en justifiant l'utilité et l'innocuité de ces dérogations.

Alignement droit à ménager entre deux courbes de sens contraire. — Il résulte de la note annexée au second alinéa de l'article 8 du cahier des charges-type des chemins de fer d'intérêt local de 1881 que la partie droite à ménager entre deux courbes consécutives, lorsqu'elles sont dirigées en sens contraire, doit avoir en général une longueur de 60 mètres pour la voie de $1^m,44$ et de 40 mètres pour les voies de 1 mètre et de $0^m,75$.

Le cahier des charges des grands réseaux fixe pour cet alignement droit un minimum de 100 mètres. Pour l'avant-projet de prolongement du chemin de fer du Nord dans Paris, vers l'Opéra et les Halles, on avait admis un minimum de 50 mètres qui a été également adopté pour des lignes secondaires à voie normale, concédées en 1892 à la Compagnie d'Orléans : cette dimension me paraît donc admissible pour les chemins de fer d'intérêt local à voie normale, si elle permet de rendre la construction beaucoup plus économique.

Quant aux lignes à voie de $1^m,055$ et 1 mètre, on peut relever dans les cahiers des charges, pour l'alignement entre deux courbes de sens contraire, les minima suivants : 50 mètres pour le chemin de Blida à Berroua-ghia et 40 mètres pour les lignes à voie d'un mètre concédées à la Compagnie d'Orléans, les lignes du Vivarais, celles de la Guerche à Châteaumeillant, Arzew à Saïda, etc., 20 mètres pour les déviations des tramways de l'Aude, ainsi que pour la ligne à crémaillère du Revard.

Le cahier des charges du réseau des Ardennes, à $0^m,80$ de largeur de voie, indique un minimum de 40 mètres, mais les Ingénieurs des Ardennes considèrent cette longueur comme excessive. En Saxe, l'alignement n'a que 12 mètres de longueur sur des voies de $0^m,75$.

Sur diverses lignes à voie de $0^m,60$, exploitées avec le matériel Decauville, l'alignement droit n'a qu'une longueur de 15 mètres, correspondant à trois longueurs de rail : le maximum des dévers est de $0^m,05$ sur cette voie extrêmement étroite et cette différence de 0,05 peut être aisément regagnée.

En donnant une longueur suffisante à la partie droite intercalée entre deux courbes de sens contraire, on facilite la transition entre les dévers ; l'entrée en courbe est plus douce, elle peut s'opérer sans grippement et les ressorts ont le temps de réaliser les variations inévitables de leurs tensions : un raccordement trop brusque des dévers pourrait occasionner une rupture de rails sous l'action d'un coup de lacet. Un alignement de peu de longueur entre courbes de sens contraire n'est admissible que pour des trains de faible longueur circulant avec une faible vitesse. D'un autre côté, l'obligation de créer un alignement d'une certaine longueur augmente la dépense de construction, surtout en pays accidenté, et s'il est permis de diminuer la longueur de l'alignement entre deux courbes de sens

contraire, on pourra profiter de cette faculté pour rendre les courbures moins raides (1).

Le décret du 13 février 1900 a adopté la rédaction
suivante pour les longueurs minima d'alignement droit
à ménager entre deux courbes de sens contraire ; ces
longueurs seront adoptées, sauf cas exceptionnels et
dûment justifiés :

« Note 8[b]. — En général, 60 mètres pour la voie de
« 1^m,44, 40 mètres pour les voies de 1^m,055 et de
« 1 mètre,30 mètres pour la voie de 0^m,80 et 25 mètres
« pour les voies de 0^m,75 et de 0^m,60 ».

Le minimum de 30 mètres figure à l'article 8 du
cahier des charges du chemin de fer d'intérêt local, à
voie de 1 mètre, de Corbigny à Saulieu (décret du
11 août 1897). Le minimum de 30 mètres a été également adopté pour des lignes à voie de 1 mètre de
Saône-et-Loire : on pourrait, au besoin, admettre 30 mètres pour la voie de 1 mètre et 20 mètres pour la voie
de 0^m,60.

Maximum des déclivités. — Le cahier des charges
des grands réseaux fixe ce maximum à 0^m,015 par
mètre. La réglementation de 1881 indique un maximum de 30 millièmes; l'expérience prouve qu'il peut
être un peu dépassé, en adoptant les précautions voulues : d'ailleurs l'adhérence est indépendante de la largeur de la voie.

La déclivité de 30 millimètres est assez fréquemment
employée sur les lignes d'intérêt général en pays de
montagne et à faible trafic; elle a été réalisée sur diver-

(1) Le minimum de longueur d'alignement me paraît devoir être appliqué
à la droite reliant les arcs de cercle théoriques, la longueur d'alignement droit
étant modifiée en réalité par les raccordements paraboliques : si on n'admettait pas ce système, un constructeur pourrait renoncer à employer les raccordements paraboliques afin d'observer plus facilement le cahier des charges.

ses lignes à voie d'un mètre concédées à la Compagnie d'Orléans, au Sud de la France et à la Compagnie des chemins de fer départementaux. On a adopté 35 millimètres pour la traversée des Apennins par la ligne à voie normale de Turin à Gênes, ainsi que pour la rampe de Saint-Germain qui n'a environ qu'un kilomètre de longueur et pour la ligne de Laqueuille au Mont-Dore, ouverte en 1899. Sur la ligne à voie de $0^m,60$ d'Illigori à Darjeeling (Inde anglaise), on gravit des rampes presque continues de 35 millimètres par mètre.

Pour apprécier les déclivités maxima, il ne suffit pas de tenir compte de l'inclinaison du rail : on obtient les déclivités nettes ou virtuelles en ajoutant à la déclivité effective le nombre de millimètres correspondant à la déclivité supplémentaire qui est considérée comme équivalant à la résistance de la courbe à la traction. Si par exemple, on rencontre une courbe de 250 mètres de rayon, en voie normale, sur une déclivité de 30 millimètres, on comptera 36 millimètres comme déclivité nette.

Il est certain qu'en augmentant les déclivités, ce qui diminue les dépenses de construction, on réduit beaucoup le poids que les locomotives sont susceptibles de remorquer : on grève donc l'exploitation, surtout pour les trains circulant à pleine charge. Le maximum admissible pour les déclivités n'est pas subordonné à la largeur de la voie; s'il est trop élevé, les locomotives ne peuvent presque plus rien traîner, dans les rampes, ce qui constitue un grave inconvénient pour l'exploitation, surtout si le trafic est actif dans les deux sens : il ne faut donc pas abuser des fortes déclivités, à moins qu'elles ne soient courtes, précédées de paliers et pouvant être franchies par élan, en forçant sur ceux-ci. On ne peut dépasser 30 millimètres, avec emploi de machines à vapeur, que dans des cas tout à fait exceptionnels. Les ingénieurs auront à fixer le maximum, dans le cahier des charges de chaque concession, d'après les circonstances locales et l'importance du trafic probable : il semble donc qu'au point de vue de la réglementation, il convient de se borner à demander que les moyens de freinage soient suffisants pour que les trains à la descente puissent, au besoin, être arrêtés rapidement.

En ce qui concerne le troisième alinéa de l'article 8 du cahier des charges, pour le maximum de déclivité, la note suivante a été ajoutée par le décret du 13 février 1900.

« Note 8ᵉ. — A fixer dans chaque cas particulier et
« de façon à satisfaire, lorsqu'il y aura lieu, aux obli-
« gations imposées par l'article 33 du règlement d'ad-
« ministration publique relatif aux chemins de fer
« empruntant le sol des voies publiques ».

Palier entre deux déclivités de sens contraire.

Rédaction du cahier des charges-type de 1881.	*Rédaction adoptée dans le décret du 13 février 1900.*
Une partie horizontale de... (4) mètres au moins devra être ménagée entre deux déclivités consécutives de sens contraire.	Une partie horizontale de... (d) mètres au moins devra être ménagée entre deux déclivités consécutives de sens contraire et versant leurs eaux au même point.
Note (¹). — En général 60 mètres pour la voie de 1ᵐ,44 et 40 mètres pour les voies de 1 mètre et de 0ᵐ,75.	Note 8(d). — En général, 60 mètres pour la voie de 1ᵐ,44, 40 mètres pour les voies de 1ᵐ,055, de 1 mètre, de 0ᵐ,80 et 30 mètres pour les voies de 0ᵐ,75 et de 0ᵐ,60.

Les mots « versant leurs eaux au même point » ont été ajoutés au texte, parce qu'ils se trouvent dans le cahier des charges des grandes Compagnies. Il est vrai qu'il peut y avoir utilité, pour les attelages des trains, à raccorder par un palier deux déclivités en sens contraire, partant d'un même sommet, quand ces déclivités sont fortes; mais en fait, les terrassements sont exécutés de manière à ce qu'il y ait toujours un certain raccordement entre deux déclivités de sens contraire et il ne semble pas qu'on doive se montrer plus exigeant pour les chemins de fer d'intérêt local que pour les grands réseaux.

La longueur minima du palier à ménager entre deux déclivités de sens contraire s'élève à 60 mètres d'après les cahiers des charges des lignes à voie d'un mètre concédées à la Compagnie d'Orléans et des lignes du Vivarais. Elle est de 80 mètres pour le chemin de fer de Corbigny à Saulieu (décret du 11 août 1897) et seulement de 15 mètres d'après le cahier des charges des tramways de l'Aude (voie d'un mètre).

L'article 8 du cahier des charges-type porte que le concessionnaire aura la faculté, dans des cas exceptionnels et moyennant l'approbation préalable du Préfet, de proposer aux dispositions de cet article les modifications qui lui paraîtraient utiles.

Enfin, il est dit à la fin de l'article 8 du cahier des charges du réseau du Vivarais (loi du 27 juillet 1886) que la Compagnie aura la faculté de proposer aux dispositions de cet article *et à celles de l'article précédent* les modifications qui lui paraîtraient utiles et qu'elle ne peut exécuter qu'après approbation. Cette addition à la rédaction du cahier des charges permet à l'autorité compétente pour statuer sur les projets d'exécution de régulariser, au besoin, quelques dérogations aux prescriptions de l'article 7, quand elles sont bien justifiées par les circonstances locales.

Article 9. — *Gares et stations*. — Des arrêts facultatifs des trains pourront être autorisés aux passages à niveau les plus importants; le fonctionnement de ces arrêts n'exige aucune installation spéciale (en dehors d'un trottoir en terre), limité par une bordure gazonnée) quand les billets peuvent être délivrés par le conducteur du train.

En rédigeant le cahier des charges d'un chemin de fer d'intérêt local projeté, on pourra examiner, s'il convient d'introduire à l'article 9 l'alinéa qui a été ajouté par le décret du 13 février 1900 à l'article 33 du règlement d'administration publique régissant les voies ferrées sur les voies publiques et qui est ainsi libellé :

Le Préfet peut autoriser sur la demande du concessionnaire et sur la proposition du service du contrôle, l'arrêt de certains trains pendant le temps déterminé par l'horaire, pour prendre ou laisser des voyageurs ou des marchandises, sur des points de la voie ferrée situés en dehors des gares, stations ou haltes. Cette autorisation ne peut être donnée qu'à titre précaire et révocable.

Des arrêts en pleine voie ont été autorisés par le Ministre des travaux publics, sur le réseau d'intérêt général à voie d'un mètre de la Corse, pour faciliter le transport des bois : l'autorisation indique les précautions à prendre dans l'intérêt de la sécurité.

Ainsi qu'il a été dit ci-dessus au sujet de l'article 10 du règlement d'administration publique, le concessionnaire devra produire non seulement les élévations, mais encore les plans et coupes des bâtiments projetés pour les stations.

Les stations des lignes à faible trafic doivent être

construites aussi simplement et aussi économiquement que possible ; il suffit souvent d'établir des bâtiments provisoires, mais susceptibles d'être agrandis ultérieurement et en cas de besoin.

Article 11. — *Passages au-dessus des routes et chemins.*

1° Ouvertures et hauteurs sous clefs des viaducs.

Rédaction du cahier des charges-type de 1881.	*Rédaction adoptée dans le décret du 13 février 1900.*
Lorsque le chemin de fer devra passer au-dessus d'une route nationale ou départementale, ou d'un chemin vicinal, l'ouverture du viaduc sera fixée par le Ministre des Travaux publics ou le Préfet, suivant le cas, en tenant compte des circonstances locales ; mais cette ouverture ne pourra, dans aucun cas, être inférieure à 8 mètres pour la route nationale à 7 mètres pour la route départementale, à 5 mètres pour un chemin vicinal de grande communication et à 4 mètres pour un simple chemin vicinal.	Lorsque le chemin de fer devra passer au-dessus d'une route nationale ou départementale, ou d'un chemin vicinal, l'ouverture du viaduc sera fixée par le Ministre des Travaux publics ou le Préfet, suivant le cas, en tenant compte des circonstances locales ; mais cette ouverture ne pourra être inférieure à 8 mètres pour la route nationale, à 6 mètres pour la route départementale et pour un chemin vicinal de grande communication et à 4 mètres pour un simple chemin vicinal ou rural.
Pour les viaducs de forme cintrée, la hauteur sous clef, à partir du sol de la route, sera de 5 mètres au moins. Pour ceux qui seront formés de poutres horizontales en bois ou en fer, la hauteur sous poutre sera de 4ᵐ,30 au moins.	Pour les viaducs, la hauteur libre au-dessus de la chaussée, dans toute sa largeur, ne sera pas inférieure à 4ᵐ,30.
	Note 11ᵃ. — Ces largeurs, devront être augmentées suivant les besoins, notamment aux abords des grands centres de population et dans les pays où on peut prévoir l'emploi des machines agricoles.

La rédaction adoptée en 1881 et ci-dessus transcrite est celle de l'article 11 du cahier des charges des grandes Compagnies ; elle est critiquable parce que la distinction des voies de terre d'après leur classement ne présente pas un caractère absolument fixe : car des routes départementales, ainsi que des chemins vicinaux d'intérêt commun ou ordinaires peuvent être transformés, par une décision du Conseil général du département, en chemins vicinaux de grande communication ; d'ailleurs il peut arriver qu'une section de route nationale ait moins de circulation que certaines sections de chemins de grande communication. Il semblerait plus logique, pour déterminer la largeur à donner aux ouvrages destinés à rétablir la circulation sur les voies de terre, de les distinguer en deux catégories, savoir celles qui n'ont qu'une seule voie charretière et celles qui ont une largeur plus considérable : c'est ainsi que, pour les chemins de fer, il y a les lignes à voie unique et les lignes à double voie. Mais la simplification consistant à ne dénommer, à l'article 11, que ces deux catégories de voies de terre paraît peu admissible, parce que leur importance et leur largeur sont beaucoup plus variables que pour les chemins de fer; en effet, les chemins vicinaux ordinaires ont généralement une largeur suffisante pour permettre le croisement de deux voitures ; il ne convient pas cependant de les traiter de la même façon que les routes, au point de vue de la largeur du viaduc, attendu que l'adoption de ce système augmenterait notablement les frais de construction des chemins de fer d'intérêt local et que d'ailleurs la largeur des passages à construire, à la traversée des chemins de fer, doit dépendre essentiellement de l'importance de la circulation des voitures sur la voie de terre.

Toutefois, l'objection relative à la variabilité des classements peut être retenue en ce sens qu'il convient de placer les routes départementales et les chemins vi-

cinaux de grande communication dans une catégorie
unique, attendu que dans beaucoup de départements,
les routes départementales ont été ou pourront être
bientôt converties en chemins de grande communication. La rédaction de 1881 fixe un minimum de largeur de 7 mètres pour la route départementale et de
5 mètres pour le chemin de grande communication: or
une ouverture de 5 mètres est insuffisante pour deux
voies charretières et trop grande pour une seule. Il
serait préférable de n'admettre comme minima, en
dehors des routes nationales, que deux types d'ouverture, savoir : 6 mètres (une chaussée de $4^m,50$ et deux
trottoirs de $0^m,75$) pour les routes départementales et
les chemins de grande communication, 4 mètres (une
chaussée de $2^m,50$ et deux trottoirs de $0^m,75$), pour les
chemins vicinaux ordinaires (1). Cette modification
serait avantageuse pour les chemins de grande communication, qui constituent les artères les plus importantes du réseau de la vicinalité. D'autre part, la
note 11a rappelle et précise que ces chiffres sont des
minima, qui peuvent être augmentés en vue de donner
satisfaction aux besoins de la circulation publique.

L'ouverture de 8 mètres pour les routes nationales
est celle qui est indiquée pour les grands réseaux dans

---

(1) La dimension de 6 mètres est celle qui est fixée à l'art. 13 pour les
passages à niveau des routes nationales et départementales et des chemins de
grande communication.

On peut observer qu'il y a une lacune dans la rédaction du premier alinéa
de l'article 11 puisqu'elle ne mentionne pas les chemins d'intérêt commun ;
quand il s'agit de départements où ces chemins sont peu importants, on
pourra leur attribuer, dans le cahier des charges de la concession, le même
minimum de largeur qu'aux chemins vicinaux ordinaires ; mais cela dépend
des circonstances locales : ainsi, par exemple, il y aurait lieu de fixer un
minimum de 6 mètres pour les chemins d'intérêt commun du département
de l'Aveyron, qui a transformé tous ses chemins de grande communication
en chemins d'intérêt commun, dont le réseau comprend les anciennes routes
départementales.

les cahiers des charges de 1857 ; mais on a admis une
largeur moindre pour les lignes secondaires : ainsi,
dans le cahier des charges des lignes du Vivarais (loi
du 27 juillet 1886) cette largeur est fixée à 7 mètres,
chiffre permettant de donner aux voitures un passage
à deux voies et aux piétons deux trottoirs, ayant chacun 1^m,25 de largeur ; le minimum de 7 mètres peut
même être excessif dans certains cas particuliers, par
exemple dans les pays de montagne, où on a construit
des routes nationales n'ayant que 5 mètres de largeur.
C'est pour ce motif que je propose d'ajouter, après la
fixation du minimum des ouvertures de viaducs, pour
les pays où les routes n'ont qu'une faible largeur, les
mots « *sans toutefois dépasser la largeur de la route
ou du chemin aux abords si ces voies sont ouvertes et
non en lacune* » : l'usage de cette restriction sera subordonné à une autorisation préalable de l'Administration
puisque c'est à elle qu'il appartient de fixer l'ouverture
des viaducs à construire : elle conserve d'ailleurs la
faculté de prescrire, au besoin, une largeur supérieure
au minimum.

La rédaction du second alinéa est modifiée afin qu'on
soit certain d'avoir, pour les viaducs de forme cintrée,
au moins 4^m,30 de hauteur libre au-dessus de la chaussée des routes ou chemins, dans toute sa largeur. La
rédaction de 1881 est critiquable en ce qui concerne la
hauteur sous clef des viaducs ou ponts ; car pour prendre un cas extrême, une voûte en ogive pourrait donner
satisfaction aux prescriptions et cependant entraver la
circulation de voitures portant des chargements d'une
hauteur admissible.

Il arrive quelquefois qu'un concessionnaire demande
à diminuer la hauteur d'un passage inférieur, par

exemple à le réduire à 3^m,50, afin d'éviter que le sol d'un chemin peu important, tel qu'un chemin rural, ne soit, sous le passage, envahi fréquemment par les eaux, ce qui gêne la circulation : une autorisation de ce genre ne peut être accordée que par l'autorité compétente pour statuer sur les projets d'exécution, et après enquête.

D'un autre côté, la hauteur libre de 4^m,30, indiquée au cahier des charges-type, est insuffisante dans certains cas : ainsi, par exemple, les grandes voitures de foin qui sont usitées aux environs de Paris, ne peuvent vent passer, que si la hauteur libre est portée à environ 4^m,70.

Largeur entre les parapets. — Cette largeur était indiquée en 1881, dans une note annexée au troisième alinéa de l'article 11 du cahier des charges-type des chemins de fer d'intérêt local, dans les termes suivants :

« Cette largeur sera telle qu'il y ait un intervalle de « 0^m,70 au moins entre les parapets et les parties les « plus saillantes du matériel roulant, d'après la largeur « maximum qui est fixée dans le deuxième paragraphe « de l'article 7 ».

Voici les résultats auxquels on arrive, pour l'emploi de cette formule, avec le gabarit maximum admis dans la note de l'article 7 et en alignement droit.

Au passage des courbes de faible rayon, on pourrait être obligé d'augmenter ces dimensions minima, afin de ménager un intervalle d'au moins 0^m,70 entre les parapets et les parties les plus saillantes du matériel roulant ; or les chiffres inscrits au tableau ci-après sont supérieurs aux dimensions généralement adoptées sur la plupart des lignes en exploitation,

LARGEUR DE LA VOIE	CAS DE LA VOIE UNIQUE	CAS DE LA DOUBLE VOIE
1^m44	$3^m20 + 2 \times 0^m70 = 4^m60$	$2 \times 3^m20 + 0^m50 + 2 \times 0^m70 = 8^m30$
1^m055 et 1^m »	$2\ 80 + 2 \times 0\ 70 = 4\ 20$	$2 \times 2\ 80 + 0\ 50 + 2 \times 0\ 70 = 7\ 50$
0^m80	$2\ 40 + 2 \times 0\ 70 = 3\ 80$	$2 \times 2\ 40 + 0\ 50 + 2 \times 0\ 70 = 6\ 70$
$0\ 75$	$2\ 30 + 2 \times 0\ 70 = 3\ 70$	$2 \times 2\ 30 + 0\ 50 + 2 \times 0\ 70 = 6\ 50$
$0\ 60$	$2\ 10 + 2 \times 0\ 70 = 3\ 50$	$2 \times 2\ 10 + 0\ 50 + 2 \times 0\ 70 = 6\ 18$

L'article 11 du cahier des charges des grandes Compagnies n'exige que 8 mètres de largeur (au lieu de $8^m,30$) pour les ouvrages à double voie et cette dimension de 8 mètres a été universellement adoptée pour les lignes d'intérêt général. Sur les lignes à voie unique des grands réseaux, la largeur varie entre 4 mètres (Ouest) et $4^m.80$ (Ceinture rive droite de Paris). La largeur de $4^m,50$ est presque constamment admise pour la voie unique : il semblerait peu logique d'exiger des dimensions plus fortes pour les chemins de fer d'intérêt local à voie normale de $1^m,44$.

Pour les lignes à voie d'un mètre de largeur et à voie unique, on a admis les dimensions suivantes : $4^m,25$ pour le réseau du Finistère; $4^m,20$ pour les lignes concédées en 1892 à la Compagnie d'Orléans ; 4 mètres pour les chemins de fer corses, les lignes du Vivarais, celles de Châteaumeillant à la Guerche et de Sancoins à Lapeyrouse et les lignes algériennes à voie de $1^m,055$ et de 1 mètre; $3^m,50$ pour les lignes qui ont été concédées dans la Sarthe par décret du 4 mai 1895 et où le gabarit est notablement inférieur au maximum. Pour les parties en double voie, on a admis les largeurs suivantes entre les parapets : $7^m,50$ sur le réseau du Finistère et le réseau concédé en 1892 à la Compagnie d'Orléans, $7^m,10$ sur les chemins de fer corses, 7 mètres sur les chemins de fer algériens à voie de $1^m,055$ et de un mètre.

Sur le réseau des Ardennes, à voie de $0^m,80$, la largeur entre parapets est fixée à $3^m,70$: les ingénieurs pensent qu'elle pourrait être réduite à $3^m,50$, parce que le gabarit est de $2^m,10$ et qu'il resterait une largeur libre de $0^m,70$, supérieure à celle qui est usitée sur les grandes lignes. En effet, avec le gabarit maximum de $3^m,25$ (employé pour certains véhicules du réseau du Nord) et l'entre-voie de 2 mètres, qui correspond pour ce gabarit à une distance de $0^m,32$ entre deux véhicules circulant en sens contraire, l'intervalle entre les parapets et les parties les plus saillantes du matériel roulant, qui n'a occasionné aucun accident, se réduit à $0^m,59$:

$$\frac{1}{2} \times (8,00 - 2 \times 3^m,25 - 0^m,32) = 0^m,59.$$

Il a été dit ci-dessus que, sur les chemins de fer d'intérêt général, on doit réserver un intervalle libre d'au moins $0^m,53$ entre le gabarit et les obstacles isolés ; mais il convient d'avoir un peu plus de marge pour un obstacle régnant sur une certaine longueur, comme un parapet, et on doit se baser principalement sur les dimensions que l'expérience et la pratique ont consacrées sur les grandes lignes, puisqu'il s'agit surtout ici d'une question de sécurité pour les agents circulant à pied sur la voie, c'est-à-dire d'une question qui n'est nullement subordonnée à l'importance du trafic.

Pour le métropolitain de Paris, il est spécifié qu'un intervalle d'au moins $0^m,70$ sera réservé sur 2 mètres de hauteur au-dessus du niveau du rail, entre les piédroits ou parapets des ouvrages et les parties les plus saillantes du matériel roulant. Mais il est admis que, pour les lignes métropolitaines, où les trains se succèdent constamment, cet intervalle doit être plus grand que sur les chemins de fer ordinaires, établis en rase campagne.

Quand les obstacles continus présentent une grande longueur, on y établit des garages.

Les largeurs entre parapets de $4^m,50$ pour la voie de $1^m,44$ et de 4 mètres pour la voie d'un mètre ont été adoptées sur un très grand nombre de lignes à voie unique; elles correspondent, pour l'emploi du gabarit maximum, à des intervalles entre le matériel roulant et les parapets variant entre $0^m,60$ et $0^m,65$.

$$\frac{1}{2} \times (4^m,50 - 3^m,20) = 0^m,65$$

$$\frac{1}{2} \times (4^m,00 - 2^m,80) = 0^m,60$$

L'expérience montre donc que ces intervalles sont admissibles et on ne doit pas se montrer plus exigeant pour les chemins de fer d'intérêt local que pour les grandes lignes. Mais il paraît convenable d'exiger un intervalle un peu supérieur à $0^m,70$ pour la voie très étroite de $0^m,60$; car le matériel y est moins stable et on est exposé à y rencontrer des courbes de très faibles rayons : or les calculs ci-dessus s'appliquent au cas du passage en alignement droit et l'intervalle libre se trouve réduit du côté concave si de longs véhicules passent dans les courbes raides et du côté convexe, à cause du porte-à-faux des véhicules.

Le tableau ci-après correspond à l'emploi du gabarit maximum et aux largeurs entre parapets indiquées dans la note de l'article 11 (décret du 13 février 1900).

TYPE du chemin de fer	LARGEUR DE LA VOIE	INTERVALLE MINIMUM ENTRE LES PARAPETS et les parties les plus saillantes du matériel roulant
Voie unique.	1m44	$\frac{1}{2} \times (4^m50 - 3^m20) = 0^m65$
	1m055 et 1m »	$\frac{1}{2} \times (4\ 00 - 2\ 80) = 0\ 60$
	0m80	$\frac{1}{2} \times (3\ 70 - 2\ 40) = 0\ 65$
	0 75	$\frac{1}{2} \times (3\ 60 - 2\ 30) = 0\ 65$
	0 60	$\frac{1}{2} \times (3\ 60 - 2\ 10) = 0\ 75$
Double voie.	1 44	$\frac{1}{2} \times (8\ 00 - 2 \times 3\ 20 - 0\ 50) = 0\ 55$
	1m055 et 1m »	$\frac{1}{2} \times (7\ 30 - 2 \times 2\ 80 - 0\ 50) = 0\ 60$
	0m80	$\frac{1}{2} \times (6\ 60 - 2 \times 2\ 40 - 0\ 50) = 0\ 65$
	0 75	$\frac{1}{2} \times (6\ 30 - 2 \times 2\ 30 - 0\ 50) = 0\ 60$
	0 60	$\frac{1}{2} \times (6\ 30 - 2 \times 2\ 10 - 0\ 50) = 0\ 80$

L'intervalle libre le plus faible correspond aux largeurs de voie de 1^m,44, 1^m,055 et 1 mètre, pour lesquelles les largeurs entre parapets proposées sont suffisantes, puisqu'elles sont sanctionnées par l'expérience.

L'intervalle entre les parapets et le gabarit n'est inférieur à 0^m,60 que pour le cas d'adoption d'une largeur de 8 mètres pour la double voie, avec largeur de 1^m,44 entre les rails : cela tient à ce que l'observation de la règle consistant à exiger 0^m,50 de largeur libre entre deux véhicules qui se croisent conduit à admettre pour les chemins de fer d'intérêt local ayant un gabarit égal au maximum compatible avec cette largeur de voie, une largeur de plus de 2 mètres pour l'entrevoie ; mais cela ne doit pas faire obstacle au maintien de la largeur de 8 mètres, qu'il ne convient pas d'augmenter, puisqu'elle est d'une pratique constante sur les grandes lignes. D'ailleurs la double voie, dont l'emploi est rare sur les chemins de fer d'intérêt local, donne beaucoup plus d'aisance que la voie unique ; les agents et les ouvriers de la voie s'y garent plus facilement.

Pour la voie unique, qui est presque exclusivement employée sur les chemins de fer d'intérêt local en dehors des stations, on peut observer que les largeurs entre parapets inscrites au tableau ci-dessus, sont toutes supérieures à $3^m,20$, quelle que soit la largeur de la voie : on aurait ainsi la faculté d'employer un système de transbordeurs permettant de faire circuler les wagons des chemins de fer à voie normale, ou de transporter, avec les précautions qu'exigent les chargements exceptionnels, des objets, tels que bois ou pièces provenant d'usines et ayant une largeur égale à celle que comporte le gabarit de la voie normale.

Le décret du 13 février 1900 se prononce de la manière suivante pour la largeur entre parapets :

Il résulte du texte de l'article 11 du cahier des charges-type que la largeur entre les parapets sera de... (b)... et la note 11^b est ainsi formulée :

« En général, dans le cas de la voie unique, $4^m,50$
« pour la voie de $1^m,44$, 4 mètres pour les voies de
« $1^m,055$ et de 1 mètre, $3^m,70$ pour la voie de $0^m,80$,
« $3^m,60$ pour les voies de $0^m,75$ et de $0^m,60$. Dans le
« cas d'une ligne à double voie, 8 mètres pour la voie
« de $1^m,44$, $7^m,30$ pour les voies de $1^m,055$ et de 1 mè-
« tre, $6^m,60$ pour la voie de $0^m,80$ et $6^m,30$ pour les
« voies de $0^m,75$ et de $0^m,60$ ».

Ces dimensions sont celles dont il a été fait usage pour dresser le tableau ci-dessus : elles sont un peu fortes pour la voie de $0^m,60$.

Je pense que la largeur entre parapets doit s'appliquer non seulement aux ouvrages en maçonnerie, mais encore aux ouvrages métalliques : l'emploi de garde-corps en métal permet de réaliser souvent une économie dans la construction en réduisant soit la largeur entre les têtes s'il s'agit d'un viaduc, soit la largeur de plate-forme si elle est limitée par un mur de soutènement ; cette diminution de la largeur de plate-forme présente de l'importance dans les terrains très déclifs.

Pour le cas d'un mur de soutènement, l'intervalle entre l'axe de la voie ferrée et la face intérieure du parapet ou du garde-corps couronnant ce mur, sera obtenu en prenant la moitié de la largeur réglementaire entre parapets.

Si on fixe les dimensions d'un chemin de fer d'intérêt local en se basant sur le gabarit maximum, tous les véhicules d'autres lignes ayant même largeur de voie peuvent y circuler sans inconvénient, pourvu bien entendu, que cette condition soit remplie pour tous les ouvrages, tant en hauteur qu'en largeur ; en outre, le concessionnaire conserve en ce cas la faculté de demander ultérieurement, s'il y a lieu, l'autorisation d'augmenter les dimensions de son gabarit, s'il est inférieur au maximum correspondant à sa largeur de voie. Ce sont là des avantages sérieux ; mais on doit observer que la rédaction de 1881 se rapportait à la largeur maximum fixée dans le deuxième paragraphe de l'article 7, c'est-à-dire au gabarit maximum indiqué dans le cahier des charges régissant la concession, et non au maximum que comporte la largeur de voie. Il y a des cas assez fréquents où on réalisera une économie importante dans la construction en conservant la latitude accordée par la rédaction de 1881 aux concession-

8

naires qui emploient un gabarit notablement inférieur
au maximum indiqué dans la note 7[b], car on peut ainsi
diminuer de plus d'un mètre la largeur des ouvrages
d'art, ce qui est important s'ils sont fort nombreux, ou
si on a à édifier de longs viaducs, ce qui se présente
pour certains chemins de fer d'intérêt local ayant à
traverser une vallée large et profonde. Il est clair qu'il
n'y a pas lieu d'user de cette latitude quand on prévoit
le raccordement de la ligne projetée avec d'autres
lignes ayant même largeur de voie et faisant usage de
véhicules d'un gabarit plus large ; on pourra objecter
qu'il sera difficile de prévoir avec certitude les raccordements de ce genre ; mais il n'y aura pas d'hésitation
à cet égard pour les lignes où le gabarit est limité uniquement par la considération de la largeur insuffisante
des rues où circulera le matériel roulant d'un chemin
de fer d'intérêt local ou d'un tramway établi en partie
sur plate-forme indépendante et en partie sur voies
publiques. On peut donc, à mon avis, admettre que
s'il n'y a pas lieu de prévoir le raccordement de la
ligne projetée avec d'autres lignes ayant même lar-
geur de voie, mais faisant usage de gabarits plus
larges, il conviendra d'indiquer, au cahier des char-
ges de la concession, une largeur entre parapets
calculée de manière à ce qu'il y ait un intervalle d'au
moins 0m,70 entre la face intérieure des parapets ou
garde-corps, et les parties les plus saillantes du ma-
tériel roulant, d'après la largeur maximum qui est
fixée dans le deuxième paragraphe de l'article 7 du
cahier des charges.

Article 11. — Passages au-dessus des routes et
chemins. — Largeur entre les parapets du pont sup-
portant la chaussée. — Tout ce qui a été dit ci-dessus

au sujet du premier alinéa de l'article 11, s'applique à cette largeur ; l'addition proposée pour l'article 11, « *sans toutefois dépasser la largeur de la route ou* « *du chemin aux abords, si ces voies sont ouvertes* « *et non en lacune* », me paraît également trouver sa place à l'article 12.

Ouverture du pont entre les culées. — Cette ouverture est celle qui est nécessaire pour laisser passer les trains ; elle est donc égale à la largeur à réserver entre les parapets.

Distance verticale à ménager au-dessus des rails pour le passage des trains. — D'après la rédaction de 1881, cette hauteur doit être calculée en ajoutant $0^m,60$ à la hauteur maximum du matériel roulant ; la rédaction approuvée par le décret du 13 février 1900 maintient la même base de calcul, mais dit qu'elle ne sera appliqué qu'en général et à moins de circonstances exceptionnelles dont il devra être justifié. Il est ainsi établi que des dérogations à cette règle peuvent être admises dans certains cas.

LARGEUR DE LA VOIE	MAXIMUM DE LA HAUTEUR DU MATÉRIEL ROULANT (locomotives)	DISTANCE VERTICALE à ménager au-dessus des rails, en cas d'application du gabarit maximum
1^m00	3^m50	4^m10
0 80	3 30	3 90
0 75	3 20	3 80
0 60	3 »	3 60

Il s'agit ici de la hauteur maximum du matériel roulant, telle qu'elle est fixée à l'article 7 du cahier des charges régissant la concession. Je crois cependant devoir donner, à titre de renseignement, les résultats correspondant au cas où les dimensions du gabarit atteignent les maxima déterminés pour chaque largeur de voie : les hauteurs résultant de l'emploi du gabarit maximum sont indiquées au tableau ci-dessus, pour les largeurs de voie inférieures à 1^m,44 :

Pour les voies de 1^m,055 (Algérie) et d'un mètre, les cahiers des charges ont fixé de la manière suivante la distance verticale à ménager au-dessus des rails extérieurs de chaque voie : 4^m,30 pour diverses lignes d'Algérie, 4 mètres pour les lignes de la Guerche à Châteaumeillant et de Sancoins à Lapeyrouse et enfin, pour le réseau à voie d'un mètre concédé à la Compagnie d'Orléans, 4^m,30 sous les ponts à poutres droites, 4^m,50 sous les ponts en arc et 5 mètres sous les tunnels.

Sur le réseau des Ardennes, à voie de 0^m,80 la distance verticale ménagée au-dessus des rails pour le passage des trains, n'est que de 3^{m}60 ; il est vrai que la hauteur du matériel est inférieure au maximum fixé par le cahier des charges : elle ne dépasse pas 2^m,89 pour les véhicules et 3^m,215 pour la cheminée des locomotives.

La hauteur de 4^m,80 est celle qui est prescrite par les cahiers des charges de 1857 ; mais on ne dispose pas d'une hauteur libre aussi considérable sur les lignes qui ont été construites avant 1857 et qui sont les plus importantes : ainsi le cahier des charges de 1835 pour la ligne de Paris à Lyon ne demandait que 4^m,30 ; pour ne pas gêner la circulation du matériel, il convient d'avoir au moins 4^m,50, sur la voie normale de 1^m,44.

On voit que la marge de 0^m,60 n'a pas toujours été appliquée et cette condition est de nature à augmenter les dépenses de la construction : c'est pour ces motifs qu'il a été donné à l'administration, par la rédaction de la note 12ᶜ, la faculté d'autoriser des dérogations, pourvu qu'elles soient bien justifiées dans les rapports proposant l'approbation du cahier des charges d'une concession.

D'un autre côté, il peut arriver que le concessionnaire juge utile de prévoir des hauteurs suffisantes pour satisfaire à des conditions spéciales, par exemple pour permettre l'emploi d'un système de transbordeurs (ainsi que cela a été fait pour le réseau des Ardennes), permettant de faire circuler sur sa voie étroite les wagons des chemins de fer à voie normale, ou pour transporter moyennant les précautions voulues des pièces présentant des dimensions exceptionnelles, ou pour charger sur des trucks le matériel de la voie étroite quand on juge avantageux de le faire réparer dans des ateliers desservis par un chemin de fer à voie large, etc.

A la traversée des gares importantes, il convient dans l'intérêt de la sécurité des agents, notamment des allumeurs, que les tabliers des passerelles soient élevés à une hauteur suffisante pour qu'un homme, debout sur un wagon en mouvement, ne risque pas d'être atteint.

Article 13. — *Passages à niveau.* — La rédaction approuvée, pour le cahier des charges-type, par le décret du 13 février 1900 a ajouté au troisième alinéa de l'article 13, indiquant le minimum de largeur exigible pour les passages à niveau, une note portant que le minimum devra être augmenté suivant les besoins, notamment aux abords des grands centres de population et dans les pays où on peut prévoir l'emploi de machines

agricoles. Cet énoncé est le même que celui qui a été
adopté pour la largeur des passages, dans les notes
accompagnant le premier alinéa des articles 11 et 12.

Le quatrième alinéa de l'article 13 porte que le Préfet
pourra dispenser de poser des barrières au croisement
des chemins peu fréquentés ; ces derniers mots donnent une grande latitude pour l'appréciation : en fait,
il n'est pas posé de barrières sur le plus grand nombre
de routes ou chemins traversés à niveau par des lignes
d'intérêt local.

Il est dit au second alinéa de l'article 13 que le croisement à niveau du chemin de fer et des routes ne
pourra s'effectuer sous un angle inférieur à 45°, à
moins d'une autorisation formelle de l'Administration
supérieure. C'est, en effet, au ministre des Travaux publics qu'il appartient de statuer sur les projets d'exécution intéressant les routes nationales ; mais il résulte
de la circulaire ministérielle du 1er juillet 1896 que ce
pouvoir se trouve généralement délégué aux Préfets,
pour ce qui concerne les passages à niveau. D'ailleurs
le Ministre des Travaux publics n'a pas à se prononcer
sur la traversée des routes départementales et des chemins vicinaux ou ruraux par un chemin de fer d'intérêt local. C'est donc l'autorité compétente pour statuer
sur les projets d'exécution qui aura le plus souvent à
décider si un angle inférieur à 45° peut être admis pour
le croisement. Il importe qu'il ne s'opère pas sous un
angle trop aigu, afin que les roues des voitures ordinaires ne s'engagent pas entre le rail et le contre-rail :
mais pour cela il paraît suffisant que l'angle ne soit pas
inférieur à 35 degrés ; quand la route est très oblique,
la déviation opérée de manière à obtenir un angle de
45 degrés pour le croisement présente fréquemment
un aspect disgracieux.

Les premiers alinéas de l'article 13 reproduisent la rédaction de l'article 13 du cahier des charges des grands réseaux ; mais on n'avait pas inscrit dans ce cahier des charges la prescription contenue dans le dernier alinéa du cahier des charges-type et portant que : « la déclivité des routes et chemins aux abords des « passages à niveau sera réduite à vingt millièmes ou « plus sur dix mètres de longueur de part et d'autre « de chaque passage ». Des conditions analogues sont généralement insérées dans les décisions approbatives pour les ouvrages d'art des chemins de fer d'intérêt général. Elles ont pour but de faciliter le stationnement des voitures ordinaires aux abords des passages à niveau, avant le passage d'un train ; mais elles ne sont vraiment utiles que lorsque la pente de la route se dirige vers la voie ferrée. C'est seulement par raison de symétrie que la rédaction admise pour le dernier alinéa de l'article 13 du cahier des charges-type demande que le palier soit établi des deux côtés, même quand il s'agit de voitures ne pouvant arriver auprès du passage à niveau qu'en gravissant une montée.

D'ailleurs il arrive assez fréquemment en pays de montagne qu'on ne puisse réaliser le quasi-palier des deux côtés de la voie ferrée que moyennant des dépenses excessives et s'appliquant à des chemins peu fréquentés. Pour ces motifs, je pense qu'il conviendrait pour les lignes devant traverser des terrains accidentés, de rédiger le dernier alinéa de l'article 13 de la manière suivante : « *Lorsque les routes et chemins présentent* « *une pente vers le chemin de fer, leur déclivité sera* « *réduite à 20 millimètres au plus par mètre, sur* « *10 mètres de longueur* ».

Article 15. — Écoulement des eaux, débouché des

ponts. — Cet article porte que la hauteur des parapets sur les viaducs à construire à la rencontre des rivières, canaux et cours d'eau ne pourra être inférieure à 1 mètre; il suppose que tous les ouvrages de ce genre seront munis d'un parapet en maçonnerie ou d'un garde-corps en métal, ce qui impose une assez forte dépense, lorsque ces ouvrages sont très nombreux : en Algérie, on supprime fréquemment les garde-corps des tabliers métalliques de moins de 10 mètres d'ouverture, lorsque les culées supportant ces tabliers n'ont pas plus de 5 mètres de hauteur.

L'article 15 du cahier des charges du chemin de fer de Sfax à Gafsa (Tunisie) à voie d'un mètre, porte que les viaducs à construire à la rencontre des cours d'eau auront au moins 3^m,60 de largeur entre les parements extérieurs des murs de tête ; que le concessionnaire aura la faculté de supprimer les garde-corps des viaducs ; que toutefois, pour les ouvertures supérieures à 10 mètres, il sera tenu d'en établir au moins un ; que les tabliers métalliques de moins de 10 mètres de portée pourront ne pas comporter de trottoirs; que dans ce cas, un simple passage de 0^m,45 de largeur sera établi au milieu de la voie et que ce passage pourra être formé de deux madriers de sapin de 0^m,07 d'épaisseur.

Article 16. — *Souterrains.* — La rédaction adoptée en 1881 pour l'article 16 n'a pas été modifiée. La première note du cahier des charges-type pour cet article porte que la largeur des souterrains entre les pieds-droits, au niveau des rails, sera la même que celle indiquée à l'article 12 : sur les lignes à voie étroite, la largeur des souterrains à 2 mètres au-dessus de la surface des rails excède généralement de 0^m,30 à 0^m,60 la largeur que ces ouvrages présentent au niveau du champignon des rails.

Il est dit à la seconde note que la hauteur sous clef des souterrains sera égale à la hauteur maximum du gabarit du matériel roulant, augmentée d'un intervalle libre, nécessaire pour l'aérage, d'au moins 1m,20 pour une ou deux voies. L'application de cette règle conduirait à fixer, les dimensions indiquées à la seconde ligne du tableau ci-après :

INDICATION DES DIMENSIONS POUR SOUTERRAINS À VOIE UNIQUE	Compagnie d'Orléans (voie de 1 m.)	Chemins de fer départementaux (voie de 1 m.)	Sud de la France (voie de 1 m.)	Ouest Algérien (voie de 1 m.055)
Hauteur maximum du matériel roulant.............	3m90	3m40	3m75	4m30
Hauteur obtenue en ajoutant 1m20 à celle du matériel roulant	5 10	4 60	4 95	5 50
Hauteur sous clef, d'après l'exécution	5 07	5 »	5 »	5 02
Longueur du plus grand souterrain...............	1.350 »	300 »	1.494 »	937 »

Puisque l'expérience de beaucoup de lignes secondaires en exploitation montre qu'on adopte des dimensions à peu près constantes savoir : 6 mètres pour la double voie comme sur les grands réseaux, et environ 5 mètres pour la voie unique, il paraît préférable de ne pas faire varier la hauteur du souterrain, pour la voie normale et pour la voie d'un mètre, suivant les dimensions admises, sur chaque réseau, pour le matériel roulant.

La hauteur libre ménagée en vue du passage des trains dans les souterrains est fixée à 4m,80 au-dessus des rails extérieurs, par les cahiers des charges en vigueur pour les grands réseaux ; elle varie entre 3^m,90 (anciennes lignes du réseau P.-L.-M.) et 5^m,10 (grande Ceinture de Paris) ; sur diverses lignes algériennes, on s'est contenté de 4^m,30.

La hauteur des souterrains peut être un peu réduite en cas d'adoption de la traction électrique. D'un autre côté, l'aérage peut exiger une augmentation de cette hauteur pour les souterrains parcourus par des locomotives, quand ils ont une grande longueur. Je ferai observer à cet égard que la hauteur sous clef de 5 mètres a été adoptée sans inconvénient sur l'Ouest algérien (ligne de Blida à Berrouaghia) quoiqu'on y rencontre quatre souterrains contigus qui ont 937, 224, 679 et 639 mètres de longueur et ne sont séparés que par des ponts métalliques : mais le climat est sec.

Il a été rappelé ci-dessus que sur les grands réseaux la distance verticale entre l'intrados et le rail extérieur est fixée à 4^m,80. Le matériel roulant faisant saillie sur le bord de ce rail on peut, en se basant sur la note jointe à l'article 12, indiquer un minimum de 4^m,80 en voie normale, pour la hauteur libre à ménager au-dessus des voitures, dans toute leur largeur.

En se basant sur les dimensions usitées pour la voie normale et pour la voie d'un mètre, on pourrait donner les indications suivantes pour la note 16^b (hauteur sous clef) et pour la note 16^c (minimum de distance verticale à ménager entre l'intrados et le dessus des rails, pour le passage des trains, dans une largeur égale à celle qui est occupée par les voitures) :

Note 16^b. — *Cette hauteur sera, sur les lignes de* 1^m,44, 1^m,055 *et* 1 *mètre de largeur de voie, d'au moins* 6 *mètres pour les sections à double voie et* 5 *mètres*

pour les sections à voie unique. Pour les autres lar-
geurs de voie, elle sera égale à la hauteur maximum
du gabarit du matriel roulant augmentée d'un inter-
valle libre, nécessaire pour l'aérage d'au moins 1^m,20.

Note 16e. — 4^m,70 pour la voie normale, 4^m,30 pour
les voies de 1^m,055 et 1 mètre ; pour les autres largeurs
de voie, même distance verticale qu'à l'article 12.

L'intervalle à ménager entre la partie la plus élevée
du gabarit et l'intrados des souterrains est fonction de
divers éléments : climat, longueur du tunnel, déclivités, etc.

Sur un palier, les locomotives émettent peu de vapeur et peu de fumée. Mais quand les déclivités atteignent plusieurs centimètres sur les lignes à adhérence
(ou plusieurs décimètres, comme sur les lignes à crémaillère), les machines ne peuvent gravir les rampes
qu'en produisant un grand travail et alors elles déga-
gent une quantité telle de vapeur et de fumée que le
souterrain deviendrait dangereux s'il avait une section insuffisante et une certaine longueur : il faut donc
en ce cas augmenter la hauteur sous clef du tunnel
dans une assez grande proportion.

Article 20. — Clôtures. — La seule modification
apportée pour cet article par le décret du 13 février
1900 consiste en ce que la limitation des clôtures à
10 mètres de chaque côté des stations est remplacée
par la condition que des clôtures devront, sauf justifications spéciales, être posées aux abords des stations :
en effet, l'étendue des clôtures à établir auprès des stations dépend des circonstances locales.

L'article 20 de la loi de 1880 porte que, par dérogation aux dispositions de la loi du 15 juillet 1845, le Préfet peut dispenser de poser des clôtures sur tout ou

partie de la voie ferrée et qu'il peut également dispenser de poser des barrières au croisement des chemins peu fréquentés.

La question des clôtures a été réglée pour les chemins de fer d'intérêt général, d'abord par la loi du 15 juillet 1845, ensuite par celle du 27 décembre 1880, actuellement remplacée par la loi du 26 mars 1897, qui a formellement et explicitement abrogé la loi du 27 décembre 1880; mais ces lois ne s'appliquent qu'aux lignes classées ou incorporées dans le réseau d'intérêt général. Il n'y a donc pas lieu d'appliquer, par analogie, les dispositions de la loi de 1897 aux chemins de fer d'intérêt local pour lesquels la question des clôtures n'est régie que par la loi du 11 juin 1880, permettant au Préfet d'accorder la dispense de clôture pour toute l'étendue de la voie ferrée.

Sur les chemins de fer secondaires d'Autriche, un arrêté du Ministre du Commerce, du 1er août 1883 autorise la suppression des clôtures de la voie courante et des gares, à l'exception de cas exceptionnels où leur maintien est exigé par le Ministre.

Au point de vue du passage des bestiaux parcourant un chemin sur lequel est établi un passage à niveau, les clôtures présentent cet inconvénient que s'ils s'engagent sur la voie, ils ont de la peine à en sortir. Mais il convient que les herbages soient clos, pour empêcher la divagation des bestiaux. Dans plusieurs départements on a compris la question de clôture des herbages dans le règlement des indemnités et on a laissé à l'Administration la faculté soit d'exécuter elle-même les clôtures (si cette solution lui semble plus économique), soit de charger le propriétaire riverain de pourvoir lui-même à l'exécution et à l'entretien de l'ouvrage devant clore sa prairie, en payant à ce propriétaire l'indemnité réglée à l'amiable ou fixée par le jury, à qui on pose la question de l'indemnité alternative. Cependant la disposition consistant à faire clore l'herbage par le propriétaire et à ses frais doit, à mon avis, être subordonnée à la condition que cette clôture ne sera pas établie sur le sol de la déviation du tramway, afin de ne pas grever le domaine public d'une servitude.

En dehors des herbages, la clôture est l'exception et non la règle pour les chemins de fer d'intérêt local, où les trains sont peu nombreux et ne circulent qu'à une faible vitesse ; beaucoup de passages à niveau n'y sont pas gardés. Pour les lignes ne devant avoir qu'un très faible trafic, on pourrait, à mon avis, dans les régions où la circulation est peu intense, modifier la rédaction de la fin de l'article 20 du cahier des charges-type en définissant de la manière suivante les points sur lesquels le concessionnaire doit fournir des justifications spéciales pour être dispensé d'établir des clôtures :

« 1º Dans la traversée des agglomérations d'habita-
« tions ;

« 2º Dans les parties contiguës à des chemins publics
« *non pourvus de banquettes de sûreté* ;

« 3º Sur 10 mètres de longueur au moins de chaque
« côté des passages à niveau *gardés* et aux abords des
« stations ».

Mais la solution la plus commode consiste à s'en tenir purement et simplement à l'exécution de l'art. 20 précité de la loi du 11 juin 1880, sans indiquer les points où la pose des clôtures peut être particulièrement utile. Il existe des précédents en ce sens, puisque l'article 20 a été supprimé dans le cahier des charges du chemin de fer de Dôle à Gray (départements du Jura et de la Haute-Saône).

Article 23. — Servitudes militaires. — Je me réfère
pour cet article, à ce qui a été dit ci-dessus au sujet de
l'article 13 du règlement d'administration publique.

Article 28. — Bornage. — Il est dit à cet article que
le concessionnaire fera à ses frais un bornage contradictoire avec chaque propriétaire riverain, en présence
d'un représentant du département, tandis que l'art. 18,
du règlement d'administration publique du 6 août 1881
porte que le bornage sera fait en présence *du Préfet
ou de son représentant* : cette dernière rédaction m'aurait paru préférable pour l'article 28 du cahier des
charges-type, parce qu'elle est plus précise et qu'il convient d'avoir pour un même objet un texte unique.

On peut, en outre, observer que le texte actuel
oblige le concessionnaire à faire le bornage contradictoirement avec chaque propriétaire riverain, qu'en conséquence, des propriétaires peuvent demander au concessionnaire de placer des bornes à leurs limites
transversales aux points où elles coupent les lignes
d'emprise, et que si, comme il arrive souvent, les propriétaires voisins ne sont pas d'accord sur leurs limites, il en résulte des difficultés et des pertes de temps:
or, le bornage n'a pour objet que de délimiter l'emprise
du chemin de fer dans les propriétés traversées et non
pas de délimiter ces dernières entre elles. On éviterait
ces inconvénients en adoptant la rédaction suivante
pour la première phrase de l'article 28 :

*Immédiatement après l'achèvement des travaux et
au plus tard un an après la mise en exploitation de
la ligne ou de chaque section, le concessionnaire fera
faire à ses frais un bornage du chemin de fer en présence du Préfet ou de son représentant. Aussitôt après
que ce travail aura été accepté par l'administration*

départementale, le concessionnaire fera appeler les propriétaires des terrains traversés en vérification de bornage.

Article 31. — *Matériel roulant.* — Le décret du 13 février 1900 ajoute au premier alinéa de l'article concernant le matériel roulant, la prescription suivante : « Il devra satisfaire aux conditions fixées ou à « fixer pour les transports militaires ».

Il a paru préférable de se borner à insérer une clause générale en ce sens, parce que l'insertion de ces conditions aurait allongé beaucoup le cahier des charges-type : d'ailleurs elles sont susceptibles d'être modifiées. Je pense que la prescription ne devra avoir, en aucun cas, un effet rétroactif, c'est-à-dire qu'elle doit être interprétée en ce sens, que le matériel devra satisfaire, *lors de sa mise en service,* aux conditions fixées pour les transports militaires. On ne doit pas imposer à un concessionnaire l'obligation de renoncer à se servir d'un matériel roulant qui aurait été mis en service, ou dont la commande aurait fait l'objet d'une homologation administrative avant la date de l'envoi de la circulaire ministérielle fixant des conditions à remplir pour les transports militaires.

Ces conditions ont été fixées par la circulaire ministérielle du 12 décembre 1887 pour les lignes d'intérêt local, soit à voie normale, soit à voie de 1 mètre de largeur ; elles répondent à l'utilité qu'il y a de ne pas rendre impossibles certains transports auxquels l'Administration de la guerre attache de l'importance ; elles visent donc principalement les dimensions minima que doivent présenter les véhicules. Je résume dans le tableau ci-après les prescriptions concernant les maxima à observer dans la construction des wagons à mar-

chandises, qui résultent de la circulaire ministérielle
du 12 décembre 1887 pour les lignes d'intérêt local à
voie normale et à voie de 1 mètre, et que la circulaire
ministérielle du 18 février 1888 a rendues applicables
aux lignes à voie de 1ᵐ,055 ; j'indique également dans
ce tableau les conditions qui me sembleraient pouvoir
être imposées dans le même ordre d'idées pour la voie
de 0ᵐ,60.

En outre, il serait utile que le concessionnaire d'une
voie de 0ᵐ,60, destinée au transport des marchandises,
fût muni de divers accessoires, tels que douilles destinées à recevoir les ranchets mobiles pour les wagons
plats, et d'un approvisionnement de maillons de raccordement, afin de permettre la circulation de son matériel roulant en dehors de son réseau, sur les lignes
ayant même largeur de voie (1).

Les propositions indiquées dans le tableau p. 130-131
pour la voie de 0ᵐ,60, sont basées sur les considérations suivantes :

On peut imposer à chaque essieu une charge utile
de 2 tonnes, sans que la charge totale par essieu dépasse 3 tonnes 1/2, chiffre admis généralement pour la
voie de 0ᵐ,60.

La longueur intérieure minima et utilisable de 5 mètres pour les wagons couverts ne s'applique qu'aux
wagons qui sont portés sur bogies, ou en général sur
plus de deux essieux ; les constructeurs la dépassent
généralement et les concessionnaires ne seraient sou-

---

(1) Il existe divers systèmes de tampons de choc pour les voies extrêmement étroites (attelage en tulipe, appliqué par la Société des établissements
Decauville, attelage Brown, etc.). Pour jonctionner deux véhicules n'ayant
pas le même type de tampon, il suffit d'employer des maillons de raccordement dissymétriques, ayant à chaque extrémité des formes en rapport avec
celles des tampons à réunir.

mis à aucune condition pour la longueur intérieure des véhicules ordinaires, montés sur deux essieux seulement.

Plus les caisses sont larges et plus il faut apporter d'attention à ce que le centre de gravité soit aussi voisin que possible du plan longitudinal médian : car l'effet du chargement du wagon sera favorable à la stabilité tant que le centre de gravité du chargement ne pourra se trouver en porte-à-faux par rapport à la base d'appui et il sera d'autant plus favorable que ce centre de gravité sera plus rapproché du plan médian: un minimum de 1^m,35 pour la largeur intérieure des caisses ne sera ni gênant, ni trop onéreux.

Les conditions de hauteur demandées pour les wagons couverts de la voie normale et de la voie de 1 mètre ne seraient pas appliquées à la voie de 0^m,60, où les wagons n'ont pas une hauteur intérieure suffisante pour le logement des chevaux.

Si on s'astreint à faire un bon arrimage des pièces chargées et à les caler dans une position aussi invariable que possible, la largeur intérieure de 1^m,67, qui est indiquée pour les wagons plats, n'exigera pas de la part des exploitants des précautions sensiblement différentes de celles qui doivent être prises pour les largeurs moindres ; une plus grande dimension ne serait pas compatible avec le maximum de 1^m,80 indiqué, sur la voie de 0^m,60, pour les caisses des véhicules. Les wagons plats donnent moins de prise au vent que les wagons couverts, ce qui constitue un avantage au point de vue de la stabilité.

Les prescriptions de la circulaire de 1887 concernant les côtés des wagons plats peuvent être étendues à la voie de 0^m,60, en ajoutant que le concessionnaire sera

9

DÉSIGNATION	PRESCRIPTIONS EN VIGUEUR POUR LES LIGNES D'INTÉRÊT LOCAL		CONDITIONS PROPOSÉES pour la voie de 0 m. 60
	à voie normale de 1 m. 44	à voie de 1 m. ou de 1 m. 055	
Charge utile minima des véhicules.	10 tonnes	10 tonnes	2 tonnes par essieu.

WAGONS COUVERTS

DÉSIGNATION	à voie normale de 1 m. 44	à voie de 1 m. ou de 1 m. 055	CONDITIONS PROPOSÉES
Longueur intérieure...........	5 m. 93	5 m. 45	5 mètres pour les véhicules portés sur plus de 2 essieux.
Largeur intérieure............	2 m. 50	2 m. »	1 m. 35
Hauteur sous les courbes du plafond, mesurée près de la paroi et entre la porte......... ...	1 m. 98	1 m. 98	»
Hauteur libre entre le plancher et le fond de la guérite du garde-frein........	1 m. 70	1 m. 70	»
Ouverture de la porte..........	1 m. 45	1 m. 45	»
Hauteur de l'entrée...........	1 m. 89	1 m.89	»
Accès......................	a. — Les portes seront roulantes à un ou deux vantaux et disposées de telle sorte qu'un homme puisse, de l'intérieur, manœuvrer facilement l'organe de fermeture de la porte elle-même. b. — Les wagons seront pourvus d'étriers ou de marchepieds longitudinaux. Les wagons seront munis de volets à glissières ou se rabattant à l'extérieur. Le nombre de ces volets pourra être	Comme ci-contre.	a. — Comme ci-contre. b. — En principe, les wagons seront munis d'étriers ou de marchepieds longitudinaux. Toutefois, les exploitants pourront être dispensés de se conformer à cette obligation, s'il est reconnu que la hauteur du plancher au-dessus du rail est assez faible pour qu'il ne soit pas nécessaire de le remplir.

Aération...................	réduit à un sur chaque face. En ce cas, le volet unique pourra être placé dans la porte, ses dimensions seront au maximum celles des volets actuellement en usage dans les wagons à marchandises et au minimum de 0 m. 50 sur 0 m. 30.	Comme ci-contre.	Comme ci-contre.

WAGONS PLATS

Long. intérieure minima des trucks	6 m. »	5 m. 40	5 mètres pour les wagons portés sur plus de 2 essieux.
Larg. intérieure minima des trucks	2 m. 65	2 m. »	1 m. 67
Dimensions relatives aux côtés, pour le cas seulement où leur hauteur excède 0 m. 20	a. — Les petits côtés seront à rabattement. b. — Les grands côtés auront sur chaque face une porte d'au moins 3 m, laquelle sera pratiquée, non au milieu, mais vers l'extrémité du grand côté ; les portes des deux faces seront, l'une par rapport à l'autre, disposées en diagonale.	Comme ci-contre.	a. — Les petits côtés seront à rabattement. b. — Si les grands côtés ne sont pas eux-mêmes à rabattement, ils devront avoir, sur chaque face, une porte d'au moins 3 mètres, laquelle, sera pratiquée, non pas au milieu, mais vers l'extrémité du grand côté ; les portes des deux faces seront, l'une par rapport à l'autre, disposées en diagonale.
Dispositions spéciales aux trucks à fonds garnis de traverses saillantes....................	1° La saillie maximum des traverses ne dépassera pas en général 0 m. 06. 2° Leur écartement ne sera pas inférieur à 0 m. 76. 3° Le plancher devra être libre de traverses dans l'espace compris entre les deux côtés 1 m. 25 et 2 m. 08, comptées horizontalement à partir de l'aplomb des tampons arrivés à la limite du refoulement.	Comme ci-contre.	Comme ci-contre.
Résistance des planchers à traverses saillantes...............	Les planchers des trucks munis de traverses saillantes offriront autant de résistance que ceux des trucks à fond plat.	Comme ci-contre.	Comme ci-contre.

dispensé d'établir des portes sur les grands côtés de ces wagons, si ces côtés sont eux-mêmes à rabattement.

Les dispositions concernant les trucks à fonds garnis de traverses saillantes peuvent également être appliquées à la voie de $0^m,60$. Celles qui sont relatives à la résistance du plancher sont destinées à permettre de faire reposer sur le plancher et non sur les traverses, un matériel sur essieu ; il faut pour cela un système qui a été quelquefois employé dans la construction des wagons plats dont les parties du plancher situées entre les traverses saillantes offraient peu de résistance, parce qu'on supposait que les fardeaux reposeraient exclusivement sur ces traverses. Les autres dispositions inscrites dans la circulaire du 12 décembre 1887 pour les trucks à traverses saillantes ont pour but d'assurer, entre ces traverses, l'espace nécessaire pour que les roues d'un matériel sur essieu, chargé sur ces trucks puissent librement reposer, entre deux traverses, sur le plancher même du wagon plat, et pour que des voitures chargées de façon à déborder sur l'aplomb des petits côtés des wagons du chemin de fer, ne viennent pas toucher des voitures chargées, dans les mêmes conditions, sur les wagons voisins, quand ces wagons se rapprochent par l'effet du refoulement des tampons d'attelage.

Au sujet de ces tampons, on peut observer qu'il convient, tant pour les transports militaires que pour les transports civils, de disposer le matériel roulant de manière telle que les véhicules d'un réseau puissent circuler sur un autre réseau ayant la même largeur de voie. Les indications concernant les conditions à prescrire pour les tampons d'attelage, sur les voies étroites pourront être fixées ultérieurement par des circulaires ministérielles, je vais donner quelques renseignements sur cette question :

Les cahiers des charges de 1857 et de 1859 régissant les grands réseaux et le cahier des charges-type de 1881 ne renferment aucune prescription au sujet des tampons de choc. Il y aurait, en effet, inconvénient à insérer dans les cahiers des charges des règles étroites pour la disposition des attelages ; mais d'autre part, il y a un intérêt sérieux à ne pas laisser les concessionnaires, qui sont fort nombreux, libres de disposer à leur guise le mode de liaison des véhicules qu'ils emploieront; il ne faut pas s'exposer à ce qu'on ne puisse échanger le matériel d'une ligne à l'autre.

L'Administration est déjà entrée dans cette voie pour les lignes d'intérêt général à voie normale : car à la suite de l'accord intervenu à la conférence de Berne, pour les conditions d'admission du matériel des chemins de fer à la circulation internationale, l'arrêté ministériel du 31 mars 1887 a rendu applicables au réseau français, à voie de 1^m,44, plusieurs dimensions parmi lesquelles figurent les suivantes : de 1^m,020 à 1^m,065 pour la hauteur des tampons de véhicules vides, au moins 0^m,940 pour la hauteur des tampons de véhicules en pleine charge, de 1^m,710 à 1^m,760 pour l'écartement des tampons d'axe en axe et au moins 0^m,340 pour le diamètre de ces tampons.

Pour les lignes à voie de 0^m,60 de l'Allemagne, le décret du 8 décembre 1892 fixe la hauteur du tampon central au-dessus du plan supérieur des rails.

Le matériel des lignes importantes comporte deux tampons de choc; le Congrès international des chemins de fer de Saint-Pétersbourg a recommandé l'attelage connexe à un tampon central dans la construction du matériel des chemins de fer économiques : le tampon central et unique ajoute à la souplesse des trains et convient par conséquent pour le passage dans les courbes raides ; en outre, cette disposition facilite l'accrochage que la présence de deux tampons rendrait peu aisé pour un matériel où l'axe de traction est placé à une faible hauteur.

Sur la voie d'un mètre, la hauteur mesurée verticalement du sommet des rails au centre des tiges des tampons, dans l'hypothèse de véhicules vides et neufs, est fréquemment de $0^m,805$ pour les locomotives et les voitures à voyageurs, de $0^m,826$ pour les wagons à marchandises et les fourgons à bagages. Pour la ligne de Blida à Berrouaghia, dont la largeur de voie est de $1^m,055$, la hauteur des tampons de choc des véhicules vides qui entrent dans la composition des trains de voyageurs est de 0^m825 et le diamètre de ces tampons est de $0^m,300$.

Au réseau des Ardennes, dont la voie est de $0^m,80$, la distance du rail à la circonférence à mi-hauteur du tampon central est de 0,700 ; l'attelage est à $0^m,160$ au-dessous de l'axe horizontal du tampon, dont il est complètement distinct ; la partie de la barre d'attelage portant le tendeur est articulée avec la partie centrale de cette barre par une cheville placée à $0^m,800$ à l'intérieur du châssis ; la partie centrale de la barre actionne le châssis par l'intermédiaire d'un ressort en hélice.

La cote de tamponnement est habituellement de $0^m,48$ pour la voie de $0^m,75$. Sur la voie de $0^m,60$, la hauteur est généralement de $0^m,43$ pour les machines et les véhicules en pleine charge, de $0^m,44$ pour les wagons de marchandises déchargés et de 0ᵐ,46 pour les machines de voyageurs neuves et vides, munies de ressorts plus flexibles. Afin de tenir compte des variations dont les ressorts de suspension sont susceptibles, on peut admettre que la cote de tamponnement des véhicules vides variera entre 0ᵐ,43 et 0ᵐ,46 sur la voie de 0ᵐ,60. L'égalité :

$$\frac{1^m,032}{0^m,72} = \frac{0^m,33}{0^m,30}$$

montre que le rapport de la cote de tamponnement à la demi-largeur de la voie est sensiblement la même sur la voie de 0ᵐ,60 et sur la voie normale.

En résumé, la hauteur des tampons de choc, mesurée verticalement du sommet des rails au centre des tampons, varie généralement de :

1ᵐ,020 à 1ᵐ,065 pour la voie normale de 1ᵐ,44.

0ᵐ,80 à 0ᵐ,84 pour les voies de 1ᵐ,055 et de 1 mètre ;

0ᵐ,71 à 0ᵐ,69 pour la voie de 0ᵐ,80 ;

0ᵐ,46 à 0ᵐ,49   »   0ᵐ,75 ;

0ᵐ,43 à 0ᵐ,46   »   0ᵐ,60.

La dimension de l'axe vertical du tampon ne paraît pas devoir être inférieure à :

0ᵐ,34 pour la voie de 1ᵐ,44 ;

0ᵐ,30 pour les voies de 1ᵐ,055, de 1 mètre et de 0ᵐ,80.

0ᵐ,25 pour la voie de 0ᵐ,75,

et environ 0ᵐ,20 pour la voie de 0ᵐ,60.

Je ne donne ces cotes qu'à titre de renseignement.

Le décret du 13 février 1900 rappelle, au troisième alinéa de l'article 31, que les voitures à deux étages ne sont pas autorisées sur les voies dont la largeur est inférieure à 1 mètre. Le motif sur lequel est basée cette interdiction a été indiqué ci-dessus, aux observations concernant l'article 23 du règlement d'administration publique. Il convient même de n'employer les voitures à deux étages que sur la voie normale.

Le quatrième alinéa de l'article 31 prescrit de fermer à glace l'étage inférieur des voitures. Pour certains chemins de fer, notamment pour ceux qui doivent être établis dans le Midi, ou pour les lignes balnéaires, je pense qu'on pourrait stipuler dans le cahier des charges que *le Préfet pourra autoriser, pendant la belle saison, l'emploi de voitures à voyageurs couvertes, mais non fermées lateralement*. Ce genre de voitures est d'un usage fréquent sur les tramways et même sur certains chemins de fer d'intérêt local, comme ceux du Calvados par exemple.

Le huitième alinéa de l'article 31 porte que le Préfet pourra exiger qu'un compartiment de chaque classe soit réservé, dans les trains de voyageurs aux femmes voyageant seules. C'est donc à lui qu'il appartient d'apprécier les cas où ces compartiments doivent être réservés et on doit supposer qu'il n'appliquera cette mesure que lorsqu'elle est bien justifiée ; les lignes d'une faible longueur et d'une faible importance peuvent généralement être dispensées de cette sujétion, qui est onéreuse pour l'exploitation ; il n'est pas indispensable de réserver des compartiments spéciaux dans tous les trains des lignes où la durée du trajet entre deux stations consécutives est très courte, surtout si on y emploie fréquemment des voitures mixtes en vue de diminuer le nombre des véhicules du train.

Il peut être utile de donner dans le cahier des charges l'énumération du matériel roulant qui devra être mis en service dès l'ouverture de la ligne à l'exploitation.

Certains cahiers des charges réservent au concessionnaire la faculté d'établir des *places de luxe*; le tarif
correspondant à ces places de luxe ne peut être
perçu qu'après qu'il a été homologué par l'Administration.

Le décret du 13 février 1900 a ajouté à l'article 31 un
alinéa portant que « les voitures à voyageurs seront
« chauffées pendant la saison froide, sauf exceptions
« autorisées par le Préfet, sur l'avis du service du con-
« trôle ». Cette prescription du chauffage des voitures
en hiver n'existe pas dans les anciens textes; mais elle
avait déjà été introduite dans les cahiers des charges
les plus récents et elle donne satisfaction à un vœu général du public : toutefois on ne lui a pas donné un caractère absolu, attendu que le chauffage est rarement
exigible pour les trajets extrêmement courts et qu'il
n'est jamais nécessaire dans certains pays, par exemple à Alger. Au contraire, dans les climats froids, il
est fort utile que le plancher sur lequel reposent les
pieds des voyageurs soit convenablement chauffé et
l'Administration devra veiller à ce que le mode de
chauffage adopté soit tel qu'il ne puisse pas incommoder les voyageurs.

Article 32.— Nombre minimum de trains.—Cet article du cahier des charges-type est ainsi conçu : « Le
« nombre minimum des trains qui desserviront tous
« les jours la ligne entière dans chaque sens est fixée
« à.... » La nécessité où on se trouve, en vertu de cette
réglementation, d'exploiter pendant toute l'année, avec
le même nombre minimum de trains, des lignes qui
n'ont de raison d'être que pendant une période souvent
très limitée (bains de mer, stations thermales, etc.),
fait que des chemins de fer qui pourraient être fort uti-

les au public n'ont pas jusqu'ici été construits. Cependant certains cahiers des charges autorisent le Préfet à accorder au concessionnaire la suspension complète de l'exploitation pendant l'hiver, sur tout ou partie de la ligne (voir en ce sens l'article 32 du cahier des charges régissant le chemin de fer d'Aix-les-Bains au Revard). On faciliterait la construction des chemins de fer ne pouvant compter sur une clientèle nombreuse que pendant une partie de l'année si on admettait pour l'article 32 du cahier des charges de la concession, une rédaction analogue à la suivante :

Le nombre minimum des trains qui devront circuler dans chaque sens est fixé à.... pour la section de.... à..., à... pour la section de... à.... Ce nombre de trains pourra être réduit, à titre révocable, sur la demande du concessionnaire et l'avis du service du contrôle, par l'autorité compétente pour statuer sur les projets d'exécution. L'exploitation pourra être suspendue par le concessionnaire du.... au....

Certains cahiers des charges portent que tous les trains pourront être mixtes.

Article 33. — Règlements de police et d'exploitation; vitesse des trains. — Le troisième alinéa de l'article 33 du cahier des charges-type du 6 août 1881 porte que le Préfet déterminera, sur la proposition du concessionnaire, le minimum et le maximum de la vitesse des convois de voyageurs et de marchandises sur les différentes sections de la ligne, qu'il fixera la durée du trajet et le tableau de la marche des trains.

Ces dispositions sont parfaitement analogues à celles que renferme l'article 32 du cahier des charges des grands réseaux, reproduisant l'article 29 de l'ordonnance du 15 novembre 1846, qui ne s'appliquait toutefois qu'aux trains de voyageurs. Je me réfère à ce qui a été dit ci-dessus, au sujet de l'article 33 du règlement d'administration publique, pour l'utilité qu'il y aurait à remplacer les mots « Le Préfet déterminera sur la proposition du « concessionnaire le maximum et le mini- « mum de la vitesse... » par les mots : « *Le Préfet dé-* « *terminera, sur la proposition du concessionnaire* « *et l'avis du service du contrôle, le maximum de la* « *vitesse..* ». En effet, l'utilité de l'avis du service du contrôle est incontestable, puisqu'il s'agit ici d'une question essentiellement technique et intéressant la sécurité publique. Il n'y a pas lieu de déterminer un minimum de vitesse d'une manière générale et absolue : car la vitesse d'un train est nulle quand il s'arrête, ou même au moment où il est tenu de marquer l'arrêt ; quant à la vitesse moyenne, le Préfet en admet implicitement le minimum quand il approuve le tableau de la marche des trains ; il peut, au besoin, augmenter la vitesse, puisqu'il fixe la durée des trajets. Cette modification de rédaction a été sanctionnée par le décret du 13 février 1900.

Le règlement d'administration publique concernant les tramways et les chemins de fer d'intérêt local empruntant le sol des voies publiques, fixe un maximum pour la vitesse des trains en marche : mais cette prescription paraît avoir été faite principalement dans l'intérêt de la sécurité de la circulation des voitures et des piétons sur les routes et chemins. Jusqu'ici on n'a pas adopté en France de réglementation limitant d'une manière invariable le maximum de la vitesse pour les trains circulant en dehors des voies publiques : cette vitesse est réglée suivant les circonstances et au moyen de l'approbation des tableaux de marche, par le minis-

tre des Travaux publics pour les lignes d'intérêt général et par le Préfet pour les chemins de fer d'intérêt
local.

Ce mode de procéder, qui est sanctionné par une longue pratique, ne soulève pas d'objection pour les chemins de fer d'intérêt local à voie d'un mètre, où la vitesse est comparable à celle qui est usitée sur les lignes
d'intérêt général à voie normale et à faible trafic. Mais
l'emploi de la grande vitesse serait dangereux pour les
lignes dont la largeur de voie est inférieure à un mètre
et qui sont du reste peu usitées en France. Ainsi, par
exemple, la vitesse de régime sur les chemins de fer de
l'Exposition universelle de 1889, à voie de $0^m,60$, était
de 18 kilomètres à l'heure; si on limite à un tiers la
majoration admissible pour la vitesse en cas de retard,
on sera conduit à considérer le chiffre de 24 kilomètres
à l'heure comme le maximum de vitesse correspondant
à la voie de $0^m,60$ où une locomotive à roues de $0^m,60$
circulant avec cette vitesse de 24 kilomètres, fait par
heure le même nombre de tours de roues qu'une machine à roues de 2 mètres de diamètre circulant sur
une voie normale avec une vitesse de 80 kilomètres
à l'heure. La vitesse maximum de pleine charge, sur la
voie de 1 mètre, peut être estimée généralement à 45 kilomètres à l'heure.

La question à résoudre est celle de savoir s'il aurait
été préférable d'insérer dans le cahier des charges-type
des maxima, pour les voies étroites, en ajoutant à l'article 33 un alinéa qui aurait pu être rédigé de la manière suivante :

« Le maximum admissible pour la vitesse de pleine
« marche sera fixé en tenant compte de la largeur de
« la voie, du plan et du profil de la ligne, des disposi-

« tions adoptées pour le matériel roulant, ainsi que
« des conditions d'établissement et d'entretien de la
« voie; en général, on ne devra pas dépasser, en ali-
« gnement droit, 45 kilomètres à l'heure sur les voies
« de 1^m,055 et de 1 mètre, 35 kilomètres sur les voies
« de 0^m,80, 32 kilomètres sur les voies de 0^m,75 et 24 ki-
« lomètres sur les voies de 0^m,60. Sur les parties à
« courbes raides et à la descente des fortes rampes, ces
« maxima devront être fortement réduits. »

Si ces dispositions étaient simplement mises en note
elles ne lieraient pas le concessionnaire ni l'administration et constitueraient simplement un conseil adressé
au service du contrôle, attendu que les maxima de vitesse resteraient en note dans le cahier des charges-
type et ne figureraient pas dans le cahier des charges
régissant la concession. Or les conseils qu'il peut être
utile de communiquer aux agents de l'Administration
par voie de circulaires ministérielles ou d'instructions
ne doivent pas, à mon avis, figurer dans un cahier des
charges, qui fait partie du contrat passé entre le concessionnaire et le pouvoir concédant. Il reste à examiner si ces dispositions doivent figurer dans le texte
même du cahier des charges-type.

Un décret récent limite les vitesses maxima, sur les
chemins de fer d'intérêt local de Prusse, à 30 kilomètres à l'heure pour les voies de 1^m,44 et de 1 mètre, à 25 kilomètres pour la voie de 0^m,75 et à 20 kilomètres pour
la voie de 0^m,60.

Il me paraît préférable de s'abstenir de fixer, dans
le cahier des charges, des maxima de vitesse, qui pourraient être dangereux au passage des courbes de petit
rayon; les éléments sur lesquels on doit se baser pour
déterminer le maximum de vitesse des trains de che-

min de fer sont nombreux et varient beaucoup suivant
les circonstances locales ; il est fort difficile de dire,
a priori et d'une manière générale, à quelle vitesse
des trains pourront marcher sans inconvénient.

Si le maximum qui serait inscrit au cahier des charges est un peu élevé, il présente cet inconvénient que
le public en réclamera instamment l'application, alors
même qu'elle serait téméraire par suite de raisons spéciales, telles que l'état de la voie. Si, au contraire, ce
maximum est trop bas, il est de nature à gêner l'exploitation sur des lignes où on pourrait sans danger, augmenter un peu la vitesse, pour ne pas manquer la correspondance des trains des grands réseaux avec lesquels
elles ont des gares communes. Il convient donc de
laisser à l'administration la faculté de limiter, suivant
les cas, la vitesse des trains de chemins de fer n'empruntant pas le sol des voies publiques.

Traction électrique. — Ce mode de traction paraît
devoir prendre à l'avenir une grande extension pour les
tramways et les observations que j'ai à présenter au
sujet de l'application de ce système sont transcrites
ci-après, comme faisant partie de l'examen de l'article 15 du cahier des charges-type des tramways. Il peut
cependant arriver que la traction électrique soit appliquée à des chemins de fer d'intérêt local : l'emploi de
ce système est réalisé pour la ligne de la place Walhu-
bert à la nouvelle gare du quai d'Orsay (Compagnie
d'Orléans), pour la ligne des Invalides à Viroflay (Compagnie de l'Ouest) et pour le métropolitain de Paris,
qui a été concédé à la Ville sous le régime de la loi de
1880. Dans le cas où il conviendrait de prévoir cette
éventualité, il y aurait lieu d'insérer la stipulation qui
a été ajoutée par le décret du 13 février 1900 à l'arti-

cle 22 du règlement d'administration publique et qui est ainsi libellée :

S'il est fait usage de l'énergie électrique pour la traction, l'étude et l'exécution des projets, ainsi que l'exploitation de la ligne concédée sont soumises à l'accomplissement de toutes les formalités et à toutes les conditions prescrites par les lois, décrets et règlements concernant les installations électriques.

Trains légers. — Le décret du 9 mars 1889, modifiant les articles 18 et 20 de l'ordonnance de 1846, porte que des trains légers peuvent être mis en circulation suivant les indications des tableaux de la marche des trains approuvés par le Ministre des Travaux publics. Les lignes d'intérêt local peuvent profiter de l'économie que l'adoption de ce système permet de réaliser (suppression du fourgon de choc et d'un serre-frein), pourvu que la compétence du Préfet soit substituée à celle du Ministre, conformément à l'article 21 de la loi du 11 juin 1880. Si donc il y a lieu de prévoir l'emploi de trains légers sur la ligne projetée, on pourra ajouter à l'article 33 l'alinéa suivant :

Des trains à composition réduite, dits « trains légers » pourront être mis en circulation sur toutes les sections du réseau, suivant les indications des tableaux de la marche des trains approuvés, sur la proposition du concessionnaire et l'avis du service du contrôle par le Préfet. Les prescriptions du décret du 9 mars 1889 seront applicables à ces trains légers, mais en laissant au Préfet la compétence que lui attribue la loi du 11 juin 1880.

Article 35. — *Expiration de la concession.* — Le second alinéa de cet article énumère les immeubles et objets immobiliers que le concessionnaire est tenu de remettre à l'expiration de la concession. Le décret du 13 février 1900 ajoute à cette énumération : « les usi-« nes et installations de toute nature établies en vue « de la production et du transport de l'énergie électri-« que ou autre destinée à l'exploitation du chemin de « fer. » La traction électrique étant employée sur les tramways beaucoup plus fréquemment que sur les chemins de fer d'intérêt local, les observations relatives à cette question sont exposées ci-après, au sujet de l'article 17 du cahier des charges-type des tramways.

En outre, le décret du 13 février 1900 ajoute au quatrième alinéa de l'article 35 (objets mobiliers) la note suivante : « Si le département veut se réserver la « propriété des objets mobiliers tels que matériel rou-« lant, mobilier et outillage, qui auront été payés, soit « par lui, soit à l'aide de fonds, dont il supporte ou « garantit l'intérêt et l'amortissement, une clause spé-« ciale devra être insérée à cet effet dans la conven-« tion ». Il s'agit ici des objets mobiliers que le pouvoir concédant a la faculté de reprendre, en tout ou en par-tie, quand cesse la concession, mais en les payant à dire d'experts. Il arrive quelquefois que ces objets sont payés par le département ; le plus souvent ils sont payés par le concessionnaire, mais à l'aide de fonds dont l'intérêt et l'amortissement sont garantis ou même couverts par le département : si cependant ils restent la propriété du concessionnaire, on peut dire qu'ils constituent en sa faveur une sorte de prime d'éviction. La situation est parfaitement analogue pour les che-mins de fer d'intérêt général et elle a sa raison d'être : quand le département concédant remet sous une forme quelconque le matériel roulant au concessionnaire qui en jouira dans le cours de l'exploitation et en restera propriétaire à l'expiration de la concession, il lui donne à l'expiration en réalité une subvention qui correspond à la valeur de ce matériel, tout en n'étant réalisable qu'en fin de concession ; c'est une des clauses du contrat et on peut supposer que le département obtient dans la convention des avantages équivalents ; d'ailleurs il y a tout intérêt, au point de vue du bon entretien du matériel, à ce qu'il soit la propriété de l'exploitant.

Toutefois, des départements se sont réservé la propriété d'objets mobiliers fournis par eux, directement ou indirectement ; la note ajoutée au quatrième alinéa de l'article 35 est destinée à appeler l'attention sur cette éventualité ; quand elle se réalise, il peut y avoir lieu de modifier la rédaction de cet alinéa. On pourrait spécifier qu'il sera dressé contradictoirement un inventaire donnant l'énumération et l'estimation du matériel ainsi soumis à un régime spécial ; ce matériel subit généralement, au cours d'une concession de chemin de fer, des réparations et transformations si importantes qu'on peut considérer celui qui a été livré au début comme usé ou comme remplacé, aux frais de l'exploitant par un matériel nouveau. Pour certaines concessions, il a été stipulé que le concessionnaire remettrait en fin de concession, au concédant, les objets mobiliers, contre remboursement de la différence entre leur valeur estimée à dire d'experts et la dépense inscrite, pour leur acquisition, au compte de premier établissement. La note précitée n'indique ni cette solution, ni aucune autre, parce qu'il ne convient pas d'enfermer les départements dans une formule obligatoire, ou même de préjuger la solution de questions qui peuvent être comprises de façon différente, suivant la teneur des conventions.

En Saône-et-Loire, dans certaines conventions ne prévoyant pas l'ouverture d'un compte de travaux complémentaires, il a été stipulé que le matériel à fournir en supplément, au cours de l'exploitation et pour satisfaire aux besoins du trafic, serait exclusivement à la charge du concessionnaire, sans que ce département eût à en payer aucun intérêt ou amortissement : dans ces conditions, le matériel supplémentaire lui appartiendra, et, en fin de concession, il n'aura à remettre au département, en bon état d'entretien, que le matériel porté au compte de premier établissement.

Article 36. — *Rachat de la concession.* — Au sujet du second et du troisième alinéa de cet article, je ferai observer que la rédaction serait plus explicite si on disait que les produits nets devant servir de base au calcul sont ceux qui ont été obtenus par le concessionnaire pour sa propre part : car il peut arriver que le département ait une part de ces produits.

On pourrait modifier la rédaction du sixième alinéa, concernant l'éventualité de la substitution de l'Etat au département (ou à la commune), dans le cas où le concédant s'est réservé la propriété de certains objets mobiliers.

Article 37. — *Déchéance.* — Il m'aurait paru préférable de supprimer, au second alinéa de l'article 37 du cahier des charges-type, les mots : « *ainsi qu'il sera dit à l'article* 66 », puisque cet article 66 doit être supprimé dans le cahier des charges et reporté dans la convention relative à la rétrocession, si le chemin de fer d'intérêt local est concédé à une commune qui le rétrocède.

Article 38. — *Achèvement des travaux en cas de déchéance.* — Cet article règle la marche à suivre pour l'adjudication d'un chemin de fer d'intérêt local pour lequel la déchéance a été prononcée.

Je me réfère à ce qui a été dit ci-dessus, au sujet de l'article 41 du règlement d'administration publique, pour l'évaluation de la mise à prix, non d'après la valeur intrinsèque des objets, mais d'après la valeur qu'ils peuvent représenter pour le nouveau concessionnaire en égard aux conditions spéciales de la concession.

Il ne serait peut-être pas inutile d'ajouter à la fin de l'article 38 les mots : « *sans qu'il ait à verser aucune « indemnité au concessionnaire déchu* ».

Article 41. — *Tarif des droits à percevoir.* — Sur certaines lignes, notamment dans le Midi, on pourra prévoir au tarif des voyageurs, l'emploi de voitures non fermées à glaces ni à vitres.

Cet article 41. qui correspond à l'article 42 du cahier des charges des grands réseaux, comporte trois classes de voyageurs. Le nombre de ceux qui paient le plein tarif de la première classe est généralement très faible sur les lignes secondaires, pour lesquelles il convient de réduire à deux le nombre des classes de voyageurs, afin de simplifier l'exploitation et de la rendre moins onéreuse : c'est ce qui se pratique sur les chemins de fer secondaires d'Allemagne et sur les chemins de fer vicinaux belges. Cette réduction a suscité des plaintes aux changements de réseau. Ainsi, par exemple, la ligne d'Alger à Oran (P.-L.-M. algérien) qui a trois classes de voyageurs, délivre des billets pour les stations de la ligne d'Arzew à Aïn-Sefra (Compagnie franco-algérienne) qui n'a que deux classes de voitures : les voyageurs de deuxième classe se plaignent de ce que sur le réseau franco-algérien, ils sont mis dans

la dernière classe avec les indigènes ; d'un autre côté il
est naturel que la compagnie franco-algérienne refuse
de placer dans des voitures de première classe des voyageurs qui n'ont payé que le tarif de la seconde. Des
difficultés analogues peuvent se produire pour les voyages circulaires ; comme les cas qui peuvent se présenter sont nombreux et très variés, j'estime que la solution doit être cherchée dans la rédaction des conditions
d'application des tarifs (par exemple, en ne soudant
les billets de deuxième classe du P.-L.-M. algérien
qu'avec des billets de première classe de la compagnie
F.A.) plutôt que dans la rédaction du cahier des charges.
On pourrait également, sur les lignes qui n'ont que deux
classes de voyageurs, les dénommer deuxième et troisième classe, si cette division concorde avec le système
d'installation des voitures de voyageurs.

Le type porte, pour les voitures des pompes funèbres
renfermant des cercueils, que leur tarif sera le même
que celui des voitures à quatre roues, à deux fonds et
à deux banquettes : cependant un prix plus élevé que
celui des voitures à quatre roues me semblerait admissible pour les transports des pompes funèbres, qui
imposent des sujétions spéciales.

Article 42.— Composition des trains.— Il y aurait
à insérer ici une réserve au sujet de la longueur maximum des trains, quand le chemin de fer d'intérêt local
emprunte le sol des voies publiques sur une partie de
son parcours.

Il importe que le concessionnaire soit tenu de faire le
nombre de trains nécessaire pour absorber le trafic.
Mais exceptionnellement, sur certaines lignes dont l'importance est si faible qu'elles ne peuvent disposer que
d'un matériel roulant fort limité, il serait utile de sti-

puler que *le concessionnaire sera tenu d'admettre dans chaque train autant de voyageurs qu'en comportera le nombre maximum des voitures (ce maximum devant être fixé par le Préfet suivant les dimensions du matériel roulant et la puissance des moteurs) et que, dans le cas où ce maximum serait atteint, la préférence serait donnée aux voyageurs qui auraient à effectuer le plus long trajet et, parmi ceux-ci, aux personnes dont la priorité serait établie par la distribution, avant le départ de chaque train, de numéros d'ordre.*

Article 43. — Bagages. — L'extension donnée par la jurisprudence au transport des bagages est telle qu'il serait peut-être utile de fixer, dans les nouveaux cahiers des charges à rédiger, une limite du poids total et des dimensions des objets susceptibles d'être admis comme bagages.

Il est dit à l'article 43 que tout voyageur dont le bagage ne pèsera pas plus de 30 kilog. n'aura à payer pour le port de ce bagage, aucun supplément du prix de sa place.

Dans divers pays étrangers, les voyageurs ne jouissent pas de cette franchise de 30 kilogrammes de bagages. Elle est réduite à 25 kilogrammes en Allemagne et en Autriche ; en Angleterre, elle s'applique généralement à 54 kilog. pour la 1re classe, 45 pour la seconde, et 27 pour la 3e ; en France même, le poids des bagages transportés en franchise était limité à 15 kilog. en 1838 ; c'est à partir de 1844 qu'il a été porté à 30 kilog. En Belgique et en Italie, on taxe les bagages, quel que soit leur poids. Il est clair que le transport est plus onéreux pour les voyageurs munis de bagages que pour ceux qui n'en ont pas : on peut donc dire que le maintien de cette franchise revient à faire payer une partie des frais de transport des bagages à ceux qui n'ont pas à en faire enregistrer et cet inconvénient est plus sensible sur les petites lignes que sur les grandes, parce que les voyageurs avec bagages sont en plus petite minorité sur les petits trajets. En outre, cette franchise augmente les charges pour le personnel des gares ; elle incite certains voyageurs à mettre aux bagages des colis qui devraient voyager comme messageries et dont la manutention occasionne souvent des retards pour les trains. On a maintenu le chiffre de 30 kilogrammes sur les grands réseaux afin de ne pas mécontenter le public, qui jouit en France de cette faculté depuis plus de cinquante ans et il est difficile d'adopter, sur les chemins de fer d'intérêt local correspondant avec les grandes lignes, un régime différent pour les bagages. D'ailleurs les demandeurs en concession conservent la faculté de demander que l'article 43 du cahier des charges-type des chemins de fer d'intérêt local soit modifié, ou même biffé, ce changement devant être rappelé dans la convention de concession.

Sur le chemin de fer à crémaillère du Revard, la franchise n'est accordée aux bagages que jusqu'à 15 kilogrammes.

Article 49.—Délais de livraison.—Cet article reproduit (sauf en un point qui concerne les transports à petite vitesse et qui sera signalé ci-après) les dispositions de l'article 50 du cahier des charges des grands réseaux : on a même omis de remplacer, au septième alinéa, les mots : « la compagnie » par les mots « le concessionnaire ».

Il est dit que les animaux, denrées marchandises et objets quelconques à petite vitesse sont expédiés dans le jour qui suivra celui de la remise. On a supprimé ici la stipulation qui est insérée dans les cahiers des charges des grands réseaux et qui permet à l'administration d'étendre ce délai à deux jours. Quoique le maximum du délai réglementaire se trouve ainsi réduit, il est encore excessif dans certains cas : les expéditeurs n'admettent pas volontiers qu'on attende au lendemain d'une foire pour embarquer leur bétail, ou qu'ils ne puissent le faire partir le jour même qu'en payant le tarif beaucoup plus élévé de la grande vitesse. D'ailleurs le concessionnaire perdra ce trafic si les délais règlementaires sont plus longs que le temps nécessaire pour la conduite des animaux par la voie de terre ; il a donc intérêt, surtout s'il dispose d'un nombre suffisant de wagons à bestiaux, à opérer les transports avec une célérité qui lui permette de conserver le trafic des animaux vivants, bien que le trajet soit très court. Mais il a seul l'initiative des propositions à soumettre à l'homologation administrative, en vue de procurer au public des conditions plus avantageuses que celles qu'impose le cahier des charges. Il peut donc être utile d'y réserver, dans certains cas, la faculté par le Préfet d'abréger les délais de livraison, en ce qui concerne les bestiaux mis en vente dans les foires ou marchés.

Article 51. — *Camionnage.* — Sur certaines lignes françaises peu importantes, on n'impose au concessionnaire aucune obligation pour le camionnage : on pourrait donc, pour des chemins de fer d'intérêt local ne devant avoir qu'un très faible trafic et ne desservant que des villes de moins de 5.000 habitants, supprimer l'article 51.

Articles 53 *à* 57. — *Stipulations relatives à divers services publics.* — Il résulte de l'article 17 de la loi du

22 juin 1880 que les chemins de fer d'intérêt local subventionnés par le Trésor peuvent seuls être assujettis
envers l'Etat à un service gratuit ou à une réduction du
prix des places. L'Etat n'est donc pas en droit d'exiger,
sur ces chemins de fer auxquels il n'apporte aucun
concours financier, des avantages plus étendus que
ceux qui résultent de l'application du cahiers des charges-type. Mais cela n'empêche pas que le demandeur
puisse accepter, dans la convention de concession, certaines obligations en faveur des services publics, non
insérées dans le cahier des charges-type.

Il y a intérêt pour le public à ce que le concessionnaire soit tenu de faire le service des *colis postaux*
dans les mêmes conditions que les Compagnies de chemins de fer signataires des conventions des 15 janvier
1892 et 12 novembre 1896.

Le décret du 13 février 1900 ajoute les mots : « et
téléphoniques » à la suite des mots : « lignes télégraphiques », partout où ils se trouvent dans l'article 57. Sur
les chemins de fer vicinaux belges, on n'emploie que
le téléphone.

Quand le trafic est assez faible pour qu'on puisse ne
faire circuler, chaque jour sur la ligne qu'une seule
locomotive, on n'a pas à craindre les coups de tampon,
ce qui permet une grande simplification pour le service télégraphique, pour les signaux destinés à couvrir
les trains, etc.

Article 60. — *Gares communes.* — Il arrive fréquemment qu'un chemin de fer d'intérêt local ait une gare
commune avec le chemin de fer d'intérêt général auquel
il est raccordé. Quand un chemin de fer d'intérêt local
ou un tramway aboutit à la gare d'une ligne d'intérêt
général, et à une voie établie sur les terrains de cette

ligne aux abords de la dite gare, on n'accorde la concession de la ligne d'intérêt local qu'en dehors du
domaine public du chemin de fer d'intérêt général ; la
nouvelle concesssion s'arrête aux limites des dépendances de ce dernier chemin de fer. C'est au Ministre
des Travaux publics qu'il appartient de statuer sur les
installations des chemins de fer d'intérêt local ou
tramways, quand elles sont projetées sur le sol domanial d'un chemin de fer d'intérêt général et en ce cas,
l'autorisation n'est accordée qu'à titre précaire et révocable, le domaine public étant inaliénable et impres-
criptible. Les dispositions techniques à prendre pour
la réception d'une ligne d'intérêt local dans une gare
d'intérêt général sont concertées entre les compagnies
intéressées et soumises par la compagnie du chemin de
fer d'intérêt général à l'approbation ministérielle.

L'usage de la gare fait l'objet d'un traité de commu-
nauté, concerté entre les compagnies intéressées et, à
défaut d'entente, déterminé par voie d'arbitrage. Ces
traités sont communiqués au ministre des Travaux
publics, l'Administration tenant à s'assurer que le traité
ne permet pas à l'une des Compagnies d'apporter
aucune interruption dans l'échange des voyageurs ou
des marchandises, au point de jonction de deux lignes
qui ont été, l'une et l'autre, déclarées d'utilité publique.

Il résulte de l'arrêté ministériel du 8 mars 1890 que
la somme à percevoir pour marchandises transbordées
aux gares de jonction des lignes à voie d'un mètre avec
les grands réseaux est fixée à 0 fr. 70 par tonne et
applicable par fractions indivisibles de 10 kilogrammes : elle comprend 0 fr. 40 de frais de gare à partager entre les deux compagnies et 0 fr. 30 pour la compagnie qui effectue les opérations de transbordement.

Pour la circulation des trains sur les sections communes, je me réfère à ce qui est dit ci-après au sujet de l'article 23 du cahier des charges-type des tramways.

En vue de faciliter le transbordement dans les gares communes à des réseaux n'ayant pas la même largeur de voie, le décret du 13 février 1900 a ajouté la phrase suivante à l'article 60 :

« Le concessionnaire se conformera aux mesures qui
« pourront lui être prescrites par l'Administration en
« vue d'établir des moyens de transbordement commo-
« des pour les marchandises dans toutes les gares de
« raccordement avec une autre voie ferrée et en vue
« d'éviter, autant que possible, un parcours trop long
« aux voyageurs et aux marchandises devant passer
« d'une voie à l'autre ».

Cette rédaction est analogue à celle qui a été adoptée dans la circulaire ministérielle du 12 juillet 1888 ; elle a pour but de faciliter la réalisation des mesures destinées à assurer les échanges dans les gares communes. Il me semblerait utile d'ajouter les mots : « les bagages des voyageurs » après les mots : « transbordement commodes pour » ; car le transbordement commode des bagages des voyageurs peut exiger l'exécution de divers ouvrages.

Article 61. — *Embranchements industriels.* — Pour certains chemins de fer d'intérêt local, les demandeurs en concession ont proposé de dispenser du paiement des tarifs d'embranchement les propriétaires de mines ou d'usines qui auront contribué à l'établissement de la ligne, en payant une subvention agréée par le Préfet, le concessionnaire entendu. Cette clause n'est généralement plus admise, parce qu'elle constituerait une dérogation à l'article 47 du cahier des charges, prescrivant de percevoir les taxes sans aucune faveur. Comme les chemins de fer jouissent d'un monopole de fait, le Gouvernement leur impose diverses obligations parmi lesquelles figure celle d'assurer l'égalité de traitement pour tous les expéditeurs. Ce n'est donc que sous une autre forme qu'on pourra avantager les propriétaires de mines ou d'usines ayant accordé une subvention pour l'établissement d'un chemin de fer d'intérêt local.

Conformément au décret du 31 juillet 1898, les alinéas 1, 2 et 6 de l'article 61 du cahier des charges-types doivent être complétés comme il suit :

§ 1er. — Le concessionnaire sera tenu de s'entendre avec tout propriétaire de « carrières » de mines ou d'usines, avec « tout propriétaire ou concessionnaire de magasins généraux et avec tout concessionnaire de l'outillage des ports maritimes ou de navigation intérieure » qui, offrant de se soumettre aux conditions prescrites ci-après, demandera un embranchement ; à défaut d'accord, le Préfet statuera sur la demande, le concessionnaire entendu.

§ 2. — Les embranchements seront construits aux frais des propriétaires de « carrières » de mines et d'usines, « des propriétaires ou concessionnaires de magasins généraux ou des concessionnaires de l'outillage des ports maritimes ou de navigation intérieure » et de manière qu'il ne résulte de leur établissement aucune entrave à la circulation générale, aucune cause d'avarie pour le matériel ni aucun frais particulier pour la Compagnie.

§ 6. — Le concessionnaire sera tenu d'envoyer ses wagons sur tous les embranchements autorisés destinés à faire communiquer des établissements de « carriè-

res », de mines ou d'usines, de « magasins généraux
ou d'outillage des ports maritimes ou de navigation
intérieure » avec la ligne principale du chemin de fer.

Le seul changement apporté par le décret du 13
février 1900 au texte, précédemment admis pour l'article 61, est une modification de rédaction du douzième
alinéa (dépenses pour la surveillance et le gardiennage
des aiguilles et des barrières d'embranchement industriel), en vue de rendre cette rédaction conforme à celle
qui a été adoptée pour l'article 48 du règlement d'administration publique du 6 août 1881, visant le même
objet.

Il est dit, au dixième alinéa, que le temps pendant
lequel les wagons peuvent séjourner sur les embranchements est augmenté d'une demi-heure par kilomètre, en sus du premier, non compris les heures de la
nuit, depuis le coucher jusqu'au lever du soleil. Ce
délai d'une demi-heure par kilomètre en sus n'est justifié, à mon avis, que pour les embranchements sur
lesquels la traction ne se fait pas par machines. Quoique l'indication des heures du coucher et du lever du
soleil, qui varient constamment, soit critiquable et qu'elle
puisse être avantageusement remplacée par une fixation précise des heures, tant pour le service d'été que
pour le service d'hiver, la rédaction du dixième alinéa
de l'article 61 me paraît devoir être maintenue généralement pour les lignes de très faible trafic, ainsi que
pour les embranchements temporaires se raccordant
en pleine voie en dehors des gares : car il convient
d'offrir aux petites industries les moyens d'utiliser la
ligne en se reliant à elle sans être soumises à des conditions incompatibles avec leur outillage et leurs faibles moyens d'action. Mais dans les pays industriels où

on doit s'appliquer à obtenir la meilleure utilisation possible du matériel roulant, condition essentielle d'une exploitation rationnelle et économique, il semble excessif de prévoir, pour la restitution des wagons envoyés sur les embranchements industriels avec traction mécanique, une augmentation de délai d'une demi-heure par chaque kilomètre en sus du premier ; ce délai pourrait être diminué de moitié : car il est évident que les machines ne mettent pas une demi-heure pour parcourir un kilomètre dans les deux sens. En outre, on facilitera le comptage du temps pendant lequel les wagons restent à la disposition de l'embranché, si on remplace la mention des heures de lever et de coucher du soleil, qui varient tous les jours, par des indications plus précises ; en conséquence, il me paraîtrait préférable, pour le cas où les embranchements industriels aboutissent à des gares et sont desservis par des machines, de remplacer la rédaction du dixième alinéa par la suivante :

« Le temps pendant lequel les wagons séjournent sur
« les embranchements particuliers ne peut excéder six
« heures lorsque l'embranchement n'a pas plus d'un
« kilomètre. Ce temps est augmenté *d'un quart d'heure*
« par kilomètre en sus du premier, non compris les
« heures de la nuit *pendant lesquelles la gare est fer-*
« *mée conformément aux arrêtés en vigueur. Les*
« *délais sont doublés lorsque le wagon envoyé chargé*
« *sur un embranchement est rendu chargé* ».

Le onzième alinéa est rédigé de la manière suivante :
« Dans le cas où les limites de temps seraient dépas-
« sées, nonobstant l'avertissement spécial donné par
« le concessionnaire, il pourra exiger une indemnité
« égale à la valeur du droit de loyer des wagons, pour

« chaque période de retard après l'avertissement ».

En pratique, l'indemnité est réglée par wagon ou par tonne ; il me semble préférable de fixer un tarif maximum par wagon, étant entendu que ce tarif pourra être abaissé, suivant les circonstances, dans les traités à passer avec chaque embranché. La Cour de cassation a jugé (voir le traité des chemins de fer de M. Picard, tome IV, page 957) que si le cahier des charges n'exige pas une mise en demeure dans les formes du droit commun pour faire courir l'indemnité, s'il permet même de donner l'avertissement lors de la livraison des wagons, un avertissement spécial n'en est pas moins indispensable et ne peut être remplacé par la simple constatation de l'heure de la livraison. On éviterait ces difficultés en stipulant que les heures de livraison et de restitution des wagons seront constatées contradictoirement et en attribuant à cette tenue contradictoire la valeur d'un avertissement. On serait ainsi conduit à la rédaction suivante pour le onzième alinéa de l'article 61 :

« Dans le cas où les limites de temps seraient dépassées, le concessionnaire pourra exiger une indemnité « par wagon de....... *Le concessionnaire peut exiger la* « *tenue contradictoire d'un état indiquant l'heure à* « *laquelle chaque wagon a été mis à la disposition de* « *l'embranché et l'heure à laquelle chaque wagon a* « *été remis à la disposition du concessionnaire; la* « *tenue contradictoire de cet état d'entrée et de sortie* « *fera courir l'indemnité, le cas échéant, sans mise* « *en demeure et sans avertissement spécial* ».

La détermination de l'indemnité à payer par wagon dépend des circonstances locales ; il sera utile, à ce sujet, de consulter les tarifs en vigueur sur le grand réseau desservant la région.

Sur le réseau du Nord, où on attache une très grande importance à assurer une bonne utilisation pour le matériel roulant, on a fixé un tarif croissant avec le temps pendant lequel les wagons séjournent sur l'embranchement, savoir : 1 fr. 50 lorsque le retard n'excède pas 6 heures, 3 fr. 50 pour 12 heures, 6 fr. pour 18 heures, 9 francs pour 24 heures, et, au delà de 24 heures, une indemnité fixe par période indivisible de 6 heures de retard, nuit comprise. D'ailleurs les intéressés ont la faculté de demander l'application d'un système plus simple, consistant à payer 1 franc par wagon, pourvu qu'il ne séjourne pas plus de 6 heures sur l'embranchement et sous la réserve que, si le retard excède 6 heures, l'indemnité sera calculée conformément au tarif spécifié ci-dessus.

Enfin, le dernier alinéa de l'article 61 stipule que les wagons seront pesés à la station d'arrivée par les soins et aux frais du concessionnaire. Cette phrase reproduit la disposition finale du cahier des charges des grands réseaux ; mais il y est dérogé dans la pratique, parce que les gares ne sont pas toutes munies d'appareils assez puissants pour procéder au pesage des wagons complets ou des masses très lourdes, et que le concessionnaire ne doit pas être incriminé pour ce fait, si les installations de ces gares sont conformes aux projets approuvés. D'ailleurs les tarifs spéciaux homologués par décision ministérielle pour les compagnies du Nord, de l'Est et de Paris à Orléans renferment une clause aux termes de laquelle la compagnie se réserve la faculté de faire le pesage soit à l'arrivée, soit dans une gare intermédiaire. En vue de ne pas refuser aux lignes secondaires cette faculté, puisqu'elle est accordée aux grands réseaux qui disposent d'installations plus importantes, on pourrait adopter pour le dernier alinéa de l'article 61 la rédaction suivante :

« *Les wagons seront pesés par les soins et aux frais*
« *du concessionnaire* ».

Elle ne diffère du type que par la suppression des mots : « à la station d'arrivée ».

Articles 66 *et* 67. — En cas de concession d'un chemin de fer d'intérêt local à une commune qui le rétrocède, il convient de supprimer dans le cahier des charges de la concession l'article 66 concernant le cautionnement (qui devra être effectivement versé par le rétrocessionnaire et non par la commune) et l'article 67 relatif à l'élection de domicile (qui est inutile dans le cas où c'est une commune qui est concessionnaire) ; il faut en ce cas insérer les dispositions concernant le cautionnement et l'élection de domicile dans le traité de rétrocession, attendu que les obligations à consigner dans le cahier des charges sont celles du concessionnaire et non celles qui ne s'appliquent qu'au rétrocessionnaire.

CHAPITRE III

CAHIER DES CHARGES-TYPE DES TRAMWAYS

Beaucoup d'observations concernant la rédaction du cahier des charges-type des tramways sont parfaitement analogues à celles qui ont été exposées ci-dessus au sujet du cahier des charges-type des chemins de fer d'intérêt local. En indiquant ci-après les diverses modifications que comporte la réglementation de 1881, je me bornerai, pour éviter des répétitions, à justifier celles qui se rapportent spécialement aux tramways.

Titre du cahier des charges. — Pour bien spécifier que les dispositions du cahier des charges-type des tramways s'appliquent exclusivement aux parties où la voie ferrée emprunte le sol des voie publiques, le décret du 13 février 1900 a ajouté à la note relative au titre, l'alinéa suivant :

« Les dispositions ci-après s'appliquent spécialement
« aux voies ferrées empruntant le sol des voies publi-
« ques sur toute l'étendue de leur tracé. Quand le tram-
« way projeté comportera des parties établies en rase
« campagne et sur plate-forme indépendante, il y aura
« lieu d'y ajouter ceux des articles du cahier des char-
« ges-type des chemins de fer d'intérêt local qui
« seraient utiles dans l'espèce, en leur donnant des
« numéros bis pour ne pas changer le numérotage des
« autres articles ».

Article premier. — Objet de la concession. — Le
cahier des charges-type de 1881 suppose que le premier
article indiquera d'une manière précise et explicite le
système de traction que devra employer.le concessionnaire (chevaux, ou locomotives à vapeur, ou moteur
mécanique de tout autre système). On pourra se réserver une certaine latitude, en cas de traction mécanique
et en vue de l'amélioration du système, si on dit que la
traction aura lieu par locomotives à vapeur ou par
moteur mécanique de tout autre système *agréé par
l'administration.* Toutefois le mémoire soumis à l'enquête d'utilité publique devra définir exactement le
système de traction à employer.

Plusieurs villes refusent, pour des considérations
d'esthétique, d'autoriser la pose de fils aériens dans
les rues importantes et dans les quartiers du centre,
quoique ce mode de procéder soit, en cas de traction
électrique, le plus simple et le moins coûteux. Afin de
se réserver le droit éventuel d'exiger la suppression
des fils aériens, la ville de Rouen a inséré dans ses
traités de rétrocession la clause suivante : « Après dix
« ans il sera fait application dans l'intérieur de Rouen
« de tous systèmes nouveaux dûment expérimentés
« dans d'autres villes de France, et permettant la sup-
« pression des poteaux et des fils aériens établis sur la
« voie publique. Le ministre des Travaux publics sta-
« tuera sur la question de savoir s'il y a lieu de requé-
« rir cette transformation. Toutefois sa décision devra
« être précédée de l'avis d'une commission où la ville
« et le rétrocessionnaire seront représentés, étant
« entendu que cette décision restera soumise à tous les
« recours de droit ».

Les dérogations prévues à l'article 5 du cahier des

charges-type des tramways ne s'appliquent qu'aux conditions de courbure et de déclivité : or il arrive fréquemment qu'on déroge en exécution, aux articles 6, 7 et 8 qui régissent les principaux éléments de la construction des tramways ; on aurait le moyen de régulariser ces situations si on ajoutait à l'article premier l'alinéa suivant qui, vu l'importance de ces dérogations, en subordonne l'approbation à une décision ministérielle.

Le tramways devra être établi conformément aux conditions stipulées ci-après, sauf dérogations aux dispositions des articles 6, 7 et 8 qui pourraient être demandées par le concessionnaire dans des cas exceptionnels et qui seront approuvées, s'il y a lieu, par le ministre des travaux publics.

Article 3. — Délais d'exécution. — Les mots : « les projets d'exécution » pourraient être remplacés par les mots : « le projet d'exécution », ce qui rendrait la condition plus précise : car il s'agit ici du projet de construction de la ligne et non des projets de détail qui ne sont généralement présentés que plus tard et au fur et à mesure des besoins. D'ailleurs l'article 3 du cahier des charges-type approuvé par décret du 6 août 1881 fixe les délais d'exécution des travaux sans tenir aucun compte du temps qu'exigent l'examen et l'approbation du projet, ce qui me paraît critiquable, attendu que la date de cette approbation ne dépend pas du concessionnaire. C'est donc avec raison que pour les tramways du département des Basses-Pyrénées (décret du 4 avril 1898) et pour ceux de la ville de Pau (décret du 3 novembre 1899) on a fait partir les délais de la date de l'approbation des projets d'exécution. Quand il n'y a pas lieu de diviser le tramway projeté en sections devant être terminées à des époques différentes, la rédaction suivante me semblerait admissible pour l'article 3 :

Le projet d'exécution sera présenté dans un délai de... mois à partir de la date du décret déclaratif d'utilité publique. Les travaux devront être commencés dans un délai de.... mois à partir de la date de l'approbation de ce projet ; ils seront poursuivis et terminés de telle façon que le réseau entier soit livré à l'exploitation dans un délai maximum de.... à partir de la date d'approbation du projet d'exécution.

La circulaire ministérielle du 1ᵉʳ juillet 1896 dont le texte est reproduit aux annexes, et dont un résumé est donné dans une note concernant l'article 5, délègue aux Préfets, lorsqu'il n'y a pas de difficultés spéciales, le pouvoir d'approuver les projets d'exécution des tramways concédés par l'Etat, ce qui présente l'avantage d'abréger beaucoup l'instruction.

Article 4. — Largeur de la voie, gabarit du matériel roulant. — Le décret du 13 février 1900 a adopté pour les trois premières notes de cet article la rédaction qui a été indiquée pour les notes correspondantes de l'article 7 des chemins de fer d'intérêt local et qui est reproduite ci-après :

Largeur de la voie. — Note 4ᵃ. — 1ᵐ,44, 1ᵐ, (1ᵐ,055 pour certaines parties de l'Algérie), 0ᵐ,80, 0ᵐ,75, ou 0ᵐ,60.

Largeur du matériel roulant. — Note 4ᵇ. — Largeurs à déterminer dans chaque cas particulier.

Pour la voie de 1ᵐ,44, on se basera sur les dimensions admises pour le matériel roulant des lignes d'intérêt général dans la même région, sans dépasser le maximum de 3ᵐ,20.

Pour les autres largeurs de voie, on se renfermera dans les maxima ci-après :

DESIGNATION	VOIE DE			
	1 m. 055 et 1 m.	0 m. 80	0 m. 75	0 m. 60
Largeur du matériel roulant, toutes saillies comprises..	2m80	2m40	2m30	2m40
Largeur des caisses des véhicules et de leur chargement	2 50	2 40	2 »	1 80

Je me réfère, pour ce qui concerne le gabarit, à ce qui a été dit ci-dessus, au sujet de l'article 4 du règlement d'administration publique et de l'article 7 du cahier des charges-type des chemins de fer d'intérêt local. On a cependant admis déjà des dérogations à cet article 4 : ainsi, par exemple, la largeur de 2 mètres, au lieu de 1m,80, figure dans le cahier des charges du tramway à voie de 0m,60 de Chambéry à Challes-les-Eaux (décret du 25 avril 1898).

Hauteur du matériel roulant. — Note 4e. — Pour la voie de 1m,44, 4m,20.

Pour les autres largeurs de voie, on se renfermera dans les maxima indiqués ci-après :

DESIGNATION	VOIE DE			
	1 m. 055 et 1 m.	0 m. 80	0 m. 75	0 m. 60
Locomotives..............	3m50	3m30	3m20	3m »
Autres véhicules et leur chargement.............	3 30	2 90	2 70	2 40

Ces maxima serviront à fixer la hauteur des ouvrages d'art qui seront établis au-dessus de la voie.

Ils ont été dépassés pour certaines concessions, par exemple pour les tramways électriques de Pau, à voie d'un mètre, où la hauteur du matériel roulant est de 3^m,80, non compris le levier de la prise de courant.

Le peu de largeur des routes, chemins et traverses dont le sol est emprunté par les tramways, oblige fréquemment à adopter, pour la largeur des véhicules, des dimensions notablement inférieures aux maxima qui sont indiqués dans les tableaux ci-dessus et dont la détermination est principalement basée sur des conditions de stabilité.

Pour la largeur d'entrevoie, je me réfère à ce qui a été dit ci-dessus, au sujet de l'article 4 du règlement d'administration publique ; pour les anciens réseaux de Rouen et du Hâvre, desservant des rues fort étroites, on a admis des largeurs d'entrevoie ne laissant qu'un intervalle libre de moins de 0^m,50 entre deux voitures qui se croisent.

Article 5. — Alignements et courbes ; pentes et rampes. — Le dernier alinéa de cet article porte que le concessionnaire pourra proposer des modifications aux dispositions de cet article, mais que ces modifications ne pourront être exécutées que moyennant l'approbation préalable du Préfet : or il résulte de l'article 32 de la loi du 11 juin 1880 que le ministre des Travaux publics approuve les projets d'exécution des tramways quand ils sont concédés par l'État ; dans ce dernier cas c'est au ministre ou à son délégué (1) qu'il appartient de

_____

(1) Aux termes d'une circulaire ministérielle du 1er juillet 1896, le Préfet peut approuver les projets d'exécution d'un tramway concédé par l'État, s'il résulte de l'avis de l'ingénieur en chef qu'ils sont conformes aux prescriptions du cahier des charges, qu'aucun changement notable n'a été apporté aux dispositions de l'avant-projet et que le concessionnaire a tenu compte des observations formulées par le ministre au sujet de cet avant-projet. Toutefois, le ministre se réserve l'examen des projets de déviations dont les travaux affecteraient des cours d'eau, ou des passages par dessus ou par dessous des routes nationales, ou des traversées des chemins de fer d'intérêt général.

statuer. Le décret du 13 février 1900 a donné satisfaction à cette observation en remplaçant les mots « du Préfet » qui terminent le dernier aliné^a de l'article 5 par les mots « *de l'autorité compétente pour approuver les projets d'exécution* ».

Les modifications suivantes résultent de ce décret pour les deux notes de l'article 5, dont la première se rapporte au minimum du rayon des courbes et la seconde au maximum des déclivités.

Rédaction du cahier des charges-type de 1881.	*Rédaction adoptée par le décret du 13 février 1900.*
1re note. — En général 40 mètres pour le cas de voies ferrées exploitées au moyen de locomotives, et 20 mètres pour les lignes à traction de chevaux.	**Note 5 ª.** — En général, *à moins de circonstances exceptionnelles dont il devra être justifié* et s'il s'agit de lignes à traction *mécanique* : 40 mètres pour les voies de 1^m,44, 1^m,055 et 1 mètre ; 30 mètres pour les voies de 0^m,80, 0^m,75 et 0^m,60. S'il s'agit de lignes à traction de chevaux : 20 mètres pour les voies de 1^m,44, 1^m,055 et 1 mètre ; 15 mètres pour les voies de 0^m,80, 0^m,75 et 0^m,60.
2e note. — En général 40 millièmes.	**Note 5ᵇ.** — *A fixer pour chaque cas particulier et de façon à satisfaire s'il y a lieu, aux obligations imposées par l'article 33 du règlement d'administration publique sur les lignes de tramways à traction mécanique.*

Il vaut mieux viser la traction mécanique que la traction de locomotives, puisque l'emploi de la traction électrique tend à se généraliser de plus en plus : elle permet l'emprunt de routes dont la déclivité dépasse notablement 40 millimètres par mètre, ainsi que cela sera exposé ci-après aux observations concernant l'article 15 : la traction électrique permettra donc de desservir des routes de montagne, où les déclivités sont trop fortes pour être gravies avantageusement par les locomotives.

Les minima proposés pour le rayon des courbes de pleine voie des tramways sont plus faibles que ceux qui ont été indiqués à l'article 8 du cahier des charges-type des chemins de fer d'intérêt local parce que, sur les tramways, la vitesse est limitée ainsi que la longueur des trains, et parce qu'on est souvent obligé de suivre les courbes de faible rayon qui existent sur les routes et chemins dont le sol est emprunté.

Il est d'ailleurs entendu que les rayons pourront être diminués dans la traversée des villes, dans les stations et sur les points où des difficultés particulières détermineront l'Administration à admettre par application du dernier alinéa de l'article 5, des dérogations à la clause du cahier des charges de la concession fixant le minimum des rayons.

Au point de vue de la résistance à la traction et pour ne pas aggraver l'usure de la voie et du matériel roulant, il y a un grand intérêt à ne pas admettre des courbes de trop petit rayon ; mais les circonstances locales obligent souvent à subir cet inconvénient dans la construction des tramways.

Une circulaire de la Société nationale des chemins de fer vicinaux de Belgique, en date du 12 octobre 1888, porte que dans les agglomérations bâties, le rayon minimum des courbes peut être réduit à 30 mètres pour

---

(1) Pour les tramways électriques il convient de ne pas admettre des rayons trop faibles, parce qu'on force souvent la vitesse, en prenant de l'élan, pour franchir une rampe.

les voies à section réduite de 1 mètre et 1^m,067 ; ce minimum a été fréquemment abaissé à 25 mètres.

Les tramways à traction de locomotives de Lille à Roubaix qui sont à voie normale renferment des courbes qui n'ont que 18 mètres de rayon, pour desservir des rues qui se croisent à angle droit. Ces courbes sont franchies à faible vitesse ; elles ne paraissent pas entraver l'exploitation de ces tramways qui ne transportent que des voyageurs et de la messagerie ; mais elles sont une cause de détérioration rapide pour les boudins des roues et tendent à donner à l'ornière une largeur un peu supérieure au minimum réglementaire.

Sur les tramways de Paris, à traction mécanique, on a admis 18 mètres pour le rayon minimum des courbes. J'estime que les moteurs à mouvement de rotation continue, sans à-coups, comme les moteurs électriques permettent d'employer de faibles rayons, sans qu'il en résulte autant d'inconvénient que sur les lignes à traction de machines à vapeur ou de tout autre moteur procédant par coups de piston : sur les tramways électriques de Pau, on descend à 15 mètres sur la voie de service conduisant au dépôt et à 18 mètres sur les voies de circulation ; sur les tramways électriques d'Alger on a admis des courbes de 16 mètres de rayon (ligne de l'Hôpital du Dey à la colonne Voirol).

Sur le tramway à vapeur de Bayonne à Biarritz, on a des déclivités de 0^m,055 ; ce chiffre est même un peu dépassé, mais seulement sur de faibles longueurs, en alignement droit ou en courbe de 500 mètres de rayon au tramway à vapeur de Saint-Etienne à Firminy et à Rive-de-Gier. Des déclivités trop fortes peuvent devenir dangereuses parce qu'il n'est pas toujours facile d'y être maître de la vitesse en descente ; d'un autre

côté, elles présentent moins d'inconvénient pour les
tramways que pour les chemins de fer, parce que les
poids à remorquer ne sont généralement pas très lourds.
Le cahier des charges des tramways de Seine-et-Marne
(décret du 6 mai 1899) autorise des déclivités de
50 millimètres sur les voies empruntées et sur des longueurs n'excédant pas 100 mètres chacune.

La seconde note de l'article 5 indique, dans le cahier
des charges-type de 1881, un maximum de déclivité de
40 millièmes, c'est-à-dire de 4 centimètres par mètre.
Il paraît préférable de laisser aux ingénieurs le soin
de déterminer, d'après les circonstances locales qui
sont très variables, le maximum à admettre pour chaque concession, ainsi que cela a été proposé ci-dessus
pour les chemins de fer d'intérêt local, en se bornant à
appeler leur attention sur l'efficacité des moyens de
freinage : car il ne suffit pas qu'un tramway puisse
gravir de fortes rampes, il faut aussi qu'il soit en état
de les descendre avec sécurité et qu'il puisse, dans tout
le parcours, s'arrêter au besoin sur un espace très
court.

Pour les fortes déclivités, il paraît préférable de
recourir à l'emploi de la traction électrique qui, avec
des voitures automotrices ne portant pas de générateur,
permet de gravir facilement des rampes de $0^m,08$ par
mètre et même de desservir des rampes de $0^m,10$.

Articles 6, 7 et 8. — Etablissement de la voie ferrée.
— Il est réglé par l'article 6 sur les parties accessibles
aux voitures ordinaires, par l'article 7 sur les parties
non accessibles aux voitures ordinaires et par l'article
8 dans les traverses. Comme les dispositions de ces trois
articles sont connexes, je préfère les examiner ensemble et j'indique ci-après la rédaction du décret du 13
février 1900, en regard du texte approuvé en 1881.

Article 6. — Établissement de la voie ferrée sur les parties accessibles sur les voitures ordinaires.

Rédaction adoptée dans le cahier des charges-type de 1881.

Dans les sections où le tramway sera établi dans la chaussée, avec rails noyés, les voies de fer seront posées au niveau du sol, sans saillie ni dépression, suivant le profil normal de la voie publique et sans aucune altération de ce profil, soit dans le sens transversal, soit dans le sens longitudinal à moins d'une autorisation spéciale du Préfet. Les rails sont compris dans un pavage (1) de 0^m,20 d'épaisseur qui règnera dans l'entrerails et à 0^m,50 au moins de chaque côté conformément aux dispositions prescrites par le Préfet, sur la proposition du concessionnaire qui sera chargé d'établir à ses frais ce pavage.

La chaussée pavée (2) de la voie publique sera d'ailleurs conservée ou établie avec des dimensions telles qu'en dehors de l'espace occupé par le matériel du tramway (toutes saillies comprises), il reste une largeur libre de chaussée

Rédaction du 13 février 1900

Dans les sections où le tramway sera établi sur une partie de la voie publique accessible aux voitures ordinaires, les voies de fer seront posées au niveau du sol, sans saillies ni dépression, suivant le profil normal de la voie publique et sans aucune altération de ce profil, soit dans le sens transversal soit dans le sens longitudinal à moins d'une autorisation spéciale du Préfet. Les rails seront compris dans un... (ᵃ)... de (ᵇ)... d'épaisseur qui règnera dans l'entrerails et à.... (ᶜ)... au moins de chaque côté, conformément aux dispositions prescrites par le Préfet, sur la proposition du concessionnaire qui restera chargé d'établir ce.., (ᵃ)... à ses frais.

La chaussée.., (ᵈ)... de la voie publique sera d'ailleurs conservée ou établie avec des dimensions telles qu'en dehors de l'espace occupé par le tramway (toutes saillies comprises), il reste une largeur libre de chaussée d'au

---

(1) Ou dans un empierrement, suivant la nature, la fréquentation de la chaussée dont il s'agit, sa situation en rase campagne, ou en traverse, etc.

(2) Ou empierrée.

(6ᵃ) Pavage ou empierrement, suivant la nature, la fréquentation de la chaussée dont il s'agit, sa situation en rase campagne, ou en traverse, etc..

(6ᵇ) *Épaisseur à déterminer dans chaque cas particulier suivant la nature de la chaussée.*

(6ᶜ) *Largeur à déterminer dans chaque cas particulier.*

(6ᵈ) *Pavée ou empierrée.*

d'au moins 2^m,60 permettant à une voiture ordinaire de se ranger pour laisser passer le matériel du tramway avec le jeu nécessaire.

Un intervalle libre d'au moins 1^m,10 de largeur sera réservé, d'autre part entre le matériel de la voie ferrée (toutes saillies comprises) et la verticale de l'arrête extérieure de la plate-forme de la voie publique.

moins 2^m,60 permettant à une voiture ordinaire de se ranger pour laisser passer le matériel du tramway avec le jeu nécessaire.

*Cette chaussée sera accompagnée d'un accotement ou d'un trottoir de (*e*) .... au moins. Le concessionnaire construira en outre, s'il y a lieu et suivant les dispositions qui lui seront indiquées avant la réception générale de la voie ferrée, des gares pour les dépôts des matériaux d'entretien de la voie publique ; la profondeur de ces gares mesurée à partir de l'arête extrême de l'accotement sera de...(*f*)... au minimum.*

Un intervalle libre d'au moins 1^m,40 de largeur sera réservé, d'autre part, entre le matériel de la voie ferrée (toutes saillies comprises) et les limites des propriétés riveraines ou les alignements approuvés, s'ils passent en avant de ces propriétés.

La voie ferrée sera établie de telle sorte que la verticale des parties les plus saillantes du matériel roulant ne dépasse pas l'arête extérieure de l'accotement. Dans les parties où la voie sera établie soit sur le bord d'un remblai de plus de 0^m,50 de hauteur soit le long d'un talus de déblai ou d'un obstacle continu dépassant le

---

(6e *Minimum à fixer au besoin pour chacune des voies publiques suivies par le tramway, en vue d'assurer la sécurité des piétons.*

(6^f *Dimension à fixer d'après les circonstances locales, si la voie publique n'est pas assez large pour le dépôt des matériaux qui trouvaient place auparavant sur l'espace occupé par la voie ferrée.*

niveau des marchepieds, il sera ménagé un espace libre d'au moins 0^m,75 de largeur entre la partie la plus saillante du matériel roulant et l'arête du remblai, le pied du déblai ou l'obstacle continu. Pour les obstacles isolés, cet intervalle sera réduit à 0^m,60.

Article 7. — Parties non accessibles aux voitures.

Rédaction adoptée dans le cahier des charges-type de 1881.

Si la voie ferrée est établie sur sur un accotement qui, tout en restant accessible aux piétons, sera interdit aux voitures ordinaires, elle reposera sur une couche de ballast exclusivement composée de pierres cassée.. (1)... de (2) .... largeur et d'au moins 0^m,35 d'épaisseur totale, qui sera arasée de niveau avec la surface de l'accotement relevé en forme de trottoir.

La partie de la voie publique qui sera réservée à la circulation des voitures ordinaires présentera une largeur d'au moins 6 mètres (3) mesurée en dehors de l'accotement occupé par la voie ferrée et en

Rédaction du 13 février 1900.

Si la voie ferrée est établie sur un accotement qui, tout en restant accessible aux piétons, sera interdit aux voitures ordinaires, elle reposera sur une couche de ballast de... (ᵃ)... de largeur et d'au moins... (ᵇ)... d'épaisseur totale, qui sera arasée de niveau avec la surface de l'accotement relevé en forme de trottoir.

La partie de la voie publique qui sera réservée à la circulation des voitures ordinaires *et des piétons* présentera une largeur minimum de... (ᶜ)... cette largeur minimum étant mesurée en dehors de l'accotement occupé par la voie ferrée et en dehors des emplace-

---

(1) Ou de gravier, suivant la nature la fréquentation de la chaussée dont il s'agit, sa situation en rase campagne ou en traverse, etc.

(2) Largeur égale à la largeur de la voie augmentée d'au moins 0^m,80.

(3) Six mètres sont le minimum admissible pour une route nationale.

(7ᵃ Largeur *généralement* égale à la largeur de la voie augmentée de 0^m,80.

(7ᵇ Il conviendra de déterminer l'épaisseur totale du ballast de manière qu'il existe une épaisseur de ballast d'au moins 0^m,15 sous les traverses, sans que la différence de niveau entre le dessus du rail et la plateforme puisse être inférieure à 0^m,30.

(7ᶜ Largeur à déterminer d'après les circonstances locales, en vue d'assurer la sécurité de la circulation des voitures et des piétons.

dehors des emplacements qui seront affectés au dépôt des matériaux d'entretien de la route.

L'accotement occupé par la voie ferrée sera limité, du côté de la route, au moyen d'une bordure d'au moins 0ᵐ,12 de saillie, d'une solidité suffisante ; dans les parties de routes et de chemins dont la déclivité dépassera 0ᵐ,03, cette bordure sera accompagnée et soutenue par un demi caniveau pavé qui n'aura pas moins de 0ᵐ,30 de largeur.

Un intervalle libre de 0ᵐ,30 au moins sera réservé entre la verticale de l'arète de cette bordure et la partie la plus saillante du matériel de la voie ferrée ; un autre intervalle libre de 1ᵐ,10 subsistera entre ce matériel et la verticale de l'arète extérieure de l'accotement de la route.

ments qui seront affectés au dépôt des matériaux d'entretien de la route.

L'autorité compétente pour statuer sur les projets d'exécution pourra exiger que l'emplacement occupé par la voie ferrée soit limité, du côté de la *chaussée de la voie publique*, au moyen d'une bordure en (ᵈ) .... d'au moins.... (ᵉ).... de saillie, d'une solidité suffisante. *Elle pourra également prescrire*, dans les parties de routes *ou de chemins* dont la déclivité dépassera 0ᵐ,03 par mètre, l'*établissement* d'un demi-caniveau pavé d'au moins 0ᵐ,30 de largeur le long des bordures *en pierre*.

Un intervalle libre de 0ᵐ,30 au moins sera réservé entre la verticale de l'arète de cette bordure et la partie la plus saillante du matériel de la voie ferrée ; un autre intervalle libre de 1ᵐ,40 subsistera entre le matériel roulant (toutes saillies comprises) et les limites des propriétés riveraines ou les alignements approuvés, s'ils passent en avant de ces propriétés.

La voie ferrée sera établie de telle sorte que la verticale de la partie la plus saillante du matériel roulant ne dépasse pas l'arète extérieure de l'accotement. Dans les parties où la voie sera établie soit sur le bord d'un remblai de plus de 0ᵐ,50 de hauteur, soit le long d'un talus de déblai ou d'un obstacle continu dépassant le niveau des marchepieds, il sera

---

7(ᵈ *Terre gazonnée ou pierre.*
7(ᵉ *En général* 0ᵐ,12.

ménagé un espace libre d'au moins 0m,75 de largeur entre la partie la plus saillante du matériel roulant et la limite extérieure du remblai, du déblai ou de l'obstacle continu. Pour les obstacles isolés, cet intervalle sera réduit à 0m,60.

Les rails qui à l'extérieur seront au niveau de l'accotement régularisé ne formeront sur l'entrerails que la saillie nécessaire pour le passage des boudins des roues du matériel de la voie ferrée.

Les rails qui à l'extérieur seront au niveau de l'accotement régularisé ne formeront sur l'entrerails que la saillie nécessaire pour le passage des boudins des roues du matériel de la voie ferrée.

Article 8. — Traverses des villes et villages.

Rédaction de 1881.

Dans les traverses des villes et villages, les voies ferrées devront, à moins d'une autorisation spéciale du Préfet, être établies avec rails noyés dans la chaussée entre les deux trottoirs, ou du moins entre les deux zones à réserver pour l'établissement de trottoirs et suivant le type décrit à l'article 6.

Le minimum de largeur à réserver est fixé d'après les cotes suivantes :

(A). — Pour un trottoir de 1m.10.

(B). — Entre le matériel de la voie ferrée (partie la plus saillante) et le bord d'un trottoir :

Rédaction du 13 février 1900.

Dans les traverses des villes et villages, les voies ferrées devront, à moins d'une autorisation spéciale du Préfet, être établies avec les rails noyés dans la chaussée entre les deux trottoirs, ou du moins entre les deux zones à réserver pour l'établissement de trottoirs et suivant le type décrit à l'article 6.

Le minimum des largeurs à réserver est fixé d'après les cotes suivantes :

(A). — Pour un trottoir ou pour l'emplacement à ménager en vue de l'établissement d'un trottoir, 1m,10. Cette largeur sera mesurée à partir des limites des propriétés riveraines, bâties ou non ou des alignements approuvés, s'ils passent en avant de ces limites.

(B). — Entre le matériel de la voie ferrée (partie la plus saillante) et le bord d'un trottoir :

1° Quand on réserve le stationnement des voitures ordinaires,
2ᵐ,60 ;

2° Quand on supprime ce stationnement, 0ᵐ,30.

1° Quand on réserve le station
nement des voitures ordinaires,
2ᵐ,60 ;

2° Quand on supprime ce stationnement, 0ᵐ,30.

Quand l'établissement du tramway sur de larges trottoirs existant dans les traverses, aura été
autorisé, on fera application de
l'article 7.

Le premier changement de rédaction adopté pour
l'article 6 s'applique aux premières lignes de cet article ; il consiste à remplacer les mots :

« Dans la chaussée avec rails noyés »,

Par les mots :

« Sur une partie de voie publique accessible aux voitures ordinaires ».

Cette dernière rédaction, qui est parfaitement conforme au titre, offre l'avantage de s'appliquer, sans
doute possible, aux voies établies sur accotements
décapés au niveau de la chaussée, sans saillie. En
plaçant les rails sur l'accotement de la route mais à
fleur de sol, avec profil du ballast au niveau de la
chaussée, sans aucun surhaussement, on laisse plus
de place à la circulation des voitures ordinaires : cette
solution économique ne se trouve pas prévue dans la
rédaction actuelle ; elle a été fréquemment adoptée à
l'étranger ; elle est aujourd'hui employée en France et
depuis fort longtemps entre Condé et Vieux-Condé,
ainsi que sur divers tramways du Nord, de la Dordo-
gne et de la Haute-Vienne.

Il arrive assez fréquemment qu'un tramway emprunte à la fois des empierrements et des pavages ; en
ce cas on dira au premier alinéa de l'article 6 : « Les

« rails seront compris dans un pavage de... d'épais-
« seur, ou dans un empierrement de.... d'épais-
« seur, etc. ».

La rédaction des notes a été modifiée en vue de ne
pas mettre dans un texte impératif des indications qui
doivent varier suivant les circonstances locales. Par
exemple, les épaisseurs du pavage et de l'empierrement des routes ou des chemins (note 6ᵃ et 6ᵇ) ne sont
pas constantes. En outre, si pour le pavage, dont l'épaisseur est fixée à 0ᵐ,20 par le texte de 1881, ce chiffre
comprend la couche de fondation en sable, il est trop
faible ; si au contraire, il ne comprend que le pavé, le
chiffre de 0,20 paraît trop fort, puisque l'échantillon le
plus usité n'a pas plus de 0ᵐ,16 de queue. De même la
largeur extérieure de la bande pavée ou empierrée le
long des rails (note 6ᶜ) ne doit pas être toujours forcément la même : on a souvent admis pour ces bandes
une largeur inférieure à 0ᵐ,50.

Le second alinéa prescrit de réserver une largeur
libre de 2ᵐ,60 pour le passage des voitures ; cet intervalle suffit largement pour le passage d'une voiture
ordinaire : il a été réduit pour quelques tramways,
mais *très exceptionnellement*, à 2ᵐ,40 (1). Une largeur
libre de 5 mètres suffirait à peine pour le passage de
deux files de voitures ordinaires : car une voiture circulant entre la voie ferrée et une voiture à marche
variable juge mal la ligne à suivre.

L'alinéa ajouté à la suite du second (article 6) vise le
cas où il y aura lieu de demander au concessionnaire

_____

(1) Cette réduction à 2ᵐ,40 ne peut être admise que si elle est parfaitement
justifiée par des circonstances spéciales ; ainsi par exemple, elle a été adoptée à Lyon pour un tramway empruntant le sol de rues dont certaines parties sont très étroites et qu'il était cependant nécessaire de suivre pour desservir des établissements militaires.

d'établir des gares pour dépôt de matériaux. Le pre-premier alinéa de l'article 6 du règlement d'administration publique du 6 août 1881 porte que le « conces-« sionnaire fournit, sur les points qui lui sont indiqués, « des emplacements pour le dépôt des matériaux « d'entretien qui trouvaient place auparavant sur l'ac-« cotement occupé par la voie ferrée ». Il paraît utile de donner à ce sujet des indications plus précises, notamment pour le cas où la voie publique est assez étroite pour que le concessionnaire ne puisse satisfaire à la condition qui lui est imposée par le règlement du 6 août 1881 qu'en établissant des gares de dépôt. Ce n'est qu'au moment de l'étude des projets d'exécution, c'est-à-dire après que la concession aura été accordée et qu'elle aura été sanctionnée par un décret, qu'on pourra arrêter le détail des mesures à prendre pour l'exécution de ces gares ; il paraît donc préférable de ne pas en spécifier l'emplacement dans le cahier des charges. Mais d'un autre côté, il est désirable que le concessionnaire soit mis en mesure de faire ces gares de dépôt, s'il y a lieu, avant l'achèvement des terrasse-ments qui lui incombent et il est équitable que le temps pendant lequel ces travaux pourront être demandés par le service d'entretien soit limité : aussi la rédaction actuel-lement adoptée spécifie que les indications concernant les emplacements des gares de dépôt doivent être données au concessionnaire avant la réception générale prévue à l'article 17 du règlement. Il convient que l'emplace-ment de ces gares coïncide autant que possible avec les limites séparatives des propriétés riveraines, afin de diminuer les entraves à la culture et par conséquent les indemnités à payer pour l'acquisition des terrains.

Une des dispositions les plus critiquées du cahier des

charges-type des tramways de 1881 est celle portant (articles 6 et 7) qu'un intervalle libre d'au moins 1m,10 sera réservé entre l'arête de l'accotement de la route et la partie la plus saillante du matériel roulant de la voie ferrée. Cet intervalle qui ne s'applique qu'aux tramways à établir en rase campagne (l'article 8 fixant d'autres conditions pour les traverses) est excessif quand la plate-forme de la voie publique est accompagnée de dépendances, par exemple de talus ou de larges fossés ; il empêche de tirer le meilleur parti possible de la largeur de la plate-forme de la route, puisqu'il est aménagé au détriment de la largeur laissée, de l'autre côté du tramway, exclusivement à la circulation ordinaire ; en outre il est souvent onéreux pour le constructeur du tramway en l'obligeant à élargir la plate-forme existante de la voie publique, afin de satisfaire aux autres prescriptions du cahier des charges.

Les trois intérêts à sauvegarder, en dehors de celui de la voie ferrée, sont le libre passage des voitures ordinaires sur la voie publique, la sécurité du piéton qui y circule et les droits du propriétaire riverain. La zône de 1m,10 n'intéresse pas les voitures ordinaires ; elle ne peut d'ailleurs assurer que d'une manière bien imparfaite la sauvegarde des piétons et même leur donner une fausse sécurité, en les isolant dans un espace trop étroit et sur lequel rien ne marque d'une manière exacte les parties où le passage est dangereux pour eux. Il semble donc que la zône de 1m,10 ait été instituée principalement dans l'intérêt des propriétaires riverains, pour sauvegarder leur droit d'établir des constructions le long de la voie publique, d'y pratiquer des ouvertures, et pour leur permettre de sortir de chez eux sans être exposés à être atteints par des trains

rasant de trop près les limites séparant leur propriété
de la route.

Or l'article 8 actuel prescrit implicitement un intervalle de 1^m,40 entre les parties les plus saillantes du
matériel du tramway et les maisons riveraines, savoir :
0^m,30 entre le bord d'un trottoir et le matériel de la
voie ferrée, et une largeur minimum de 1^m,10 pour
le trottoir. Il convient de placer dans les mêmes conditions, par rapport au tramway, toutes les propriétés
riveraines, toutes les maisons déjà bâties ou pouvant
être construites ultérieurement, tant en dehors qu'à
l'intérieur des traverses. Cette considération conduit à
substituer la cote de 1^m,40 à celle de 1^m,10, si la largeur
de la route empruntée le permet. La distance de 1^m,10
entre le matériel roulant et l'arête de l'accotement est
exagérée, au point de vue de la protection des propriétés riveraines quand la plate-forme de la route est
accompagnée de dépendances telles que fossés, talus
de déblai ou de remblai : dans ce cas, qui est le plus
fréquent, l'adoption de la cote de 1^m,40 sera utile pour
l'établissement économique du tramway qu'on pourra
installer sur le bord de l'accotement, aussi près de son
arête extérieure que le permet l'obligation d'assurer
une assiette solide à la voie ferrée.

Si d'ailleurs il existe un plan général d'alignement
régulièrement approuvé, ce qui est rare en dehors des
parties bâties dans les traverses, et si certains alignements de ce plan passent en avant de la limite des propriétés riveraines, l'intervalle minimum de 1^m,40
devra être mesuré jusqu'à ces alignements, de manière
à permettre aux propriétaires riverains de s'avancer
ultérieurement jusqu'à l'alignement, ainsi qu'ils en ont
le droit, sans se trouver trop rapprochés de la zône

dans laquelle peut se mouvoir le matériel roulant du tramway.

Les plans de traverses soumis à l'enquête, dans les formes prescrites par le règlement d'administration publique du 18 mai 1881 doivent indiquer les alignements de grande et de petite voirie, s'il en existe, les noms des propriétaires des maisons, ainsi que les arbres, candélabres et autres obstacles isolés pouvant influer sur la position de la voie ferrée. En outre, ces plans doivent donner clairement les largeurs des zônes réservées à la circulation ordinaire, surtout dans les passages rétrécis des traverses.

Quand la voie doit être établie sur plate-forme indépendante, notamment sur des trottoirs ou accotements de la route, il est essentiel que les dispositions prévues à l'effet de maintenir l'accès des chemins et des maisons riveraines, soient nettement définies dans le mémoire soumis à l'enquête d'utilité publique : car elles intéressent le public et les riverains (1).

Cas où la largeur de la route ou rue à emprunter est insuffisante. — Si la route n'est pas assez large pour permettre la réalisation de l'intervalle de $1^m,40$ mentionné ci-dessus et si le produit net présumé du tramway est trop faible pour que le concessionnaire puisse prendre à sa charge les dépenses qu'entraînerait le rescindement des maisons en saillie ou l'élargissement de la route, il arrive assez fréquemment que l'administration reconnaît l'opportunité d'admettre une dérogation aux dimensions réglementaires, par application de l'article 30 de la loi du 11 juin 1880,

---

(1) L'emploi de rails saillants pour les tramways présente l'avantage d'offrir une moindre résistance au roulement, de donner une voie plus stable, plus aisée à entretenir, et de faciliter le passage du matériel roulant des chemins de fer d'intérêt local ayant la même largeur de voie.

afin de ne pas priver le public des avantages devant résulter du fonctionnement d'un tramway. On doit, en effet, s'attacher à ne pas rendre impossible la construction de lignes qui pourraient rendre de grands services. Mais pour que la situation soit régulière, il faut que ces dérogations soient justifiées dans la notice descriptive annexée à l'avant-projet, qu'elles figurent sur les plans de traverse soumis à l'enquête, qu'elles soient inscrites d'une manière nette et précise dans le cahier des charges et visées dans la convention.

La rédaction à adopter pour ces dérogations varie suivant les circonstances locales. Pour certains tramways, il a été dit : « *La largeur des trottoirs ne sera* « *que de... devant les maisons..., tant que la rue ne* « *sera pas élargie par voie d'alignement devant ces* « *maisons* ». L'article 8 du cahier des charges du tramway d'Epernay à Mareuil (décret du 19 août 1894) renferme le paragraphe suivant: « *Toutefois, par déro-* « *gation aux conditions du présent article, les inter-* « *valles à réserver pour les trottoirs dans la traverse* « *d.., pourront avoir les largeurs réduites, inférieu-* « *res à 1ᵐ,10, qui sont cotées sur le plan soumis à* « *l'enquête* ».

Il a été admis, pour le tramway de Lyon-Saint-Just au Point-du-Jour et à Francheville, qu'aux points où la largeur actuelle des rues suffit pour réserver sur la chaussée les largeurs minima réglementaires désignées par la lettre B à l'article 8 du cahier des charges, en laissant pour chacun des trottoirs une largeur de 0ᵐ60 (au lieu de celle de 1ᵐ,10 désignée par la lettre A à l'article 8), les rescindements des maisons en saillies pourront être différés jusqu'à ce qu'il soit procédé à l'élargissement par voie d'alignement.

Pour les traverses ayant 7 mètres de largeur, dimension admise fréquemment pour les chemins vicinaux de grande communication, la plateforme n'est pas assez large pour permettre la stricte observation de toutes les règles fixées par le cahier des charges-type, alors même que les voitures du tramway n'auraient que 2 mètres 10 centimètres de largeur : on est alors conduit à diminuer la largeur de l'un des trottoirs. Il convient de ne pas descendre, quand cela est possible, au dessous de $1^m,40$ pour l'intervalle entre les voitures du tramway, à marche d'une direction inflexible, et les façades des maisons riveraines, pour permettre l'exécution des travaux de réparation à ces maisons. La même raison n'existe pas sur l'autre rive de la rue, mais on doit cependant reconnaître que le tramway y aggrave la situation pour les piétons, en tendant à repousser les voitures ordinaires contre le trottoir au-dessus duquel leurs saillies avancent : il est donc désirable que ce trottoir n'ait pas moins de $0^m,80$ de largeur. Je suis ainsi conduit à proposer, pour le cas d'une traverse de 7 mètres de largeur, les dimensions suivantes :

Emplacement des deux trottoirs (en conservant le minimum réglementaire de 1^m10 pour celui qui est le plus rapproché de la voie ferrée, et en réduisant la largeur de l'autre trottoir à 0^m90) . . . . 2^m00
Largeur des véhicules, saillies comprises. . . $2\ 10$
Distance entre le (Côté du stationnement des voitures ordinaires . . . . $2\ 60$
trottoir et le {
matériel roulant (Côté opposé au stationnement. $0\ 30$

Total. . . . . . 7^m00

L'établissement de la voie ferrée sur l'un des côtés de la chaussée présente l'inconvénient d'interdire sur ce côté le stationnement des voitures ordinaires : il peut donc être utile, pour les traverses ayant des trottoirs très larges, d'élargir la chaussée, sauf à réduire la largeur des trottoirs, afin de placer la voie ferrée sur l'axe de la route.

Observations diverses sur l'application des articles 6, 7 et 8. — Le dernier alinéa ajouté par le décret du 13 février 1900 aux articles 6 et 7 prescrit un intervalle de 0m75 entre la crête d'un remblai de plus de 0m50, ou le pied d'un déblai, ou le parapet couvrant un mur, et le matériel roulant ; l'intervalle est réduit à 0m60 pour les obstacles isolés. On doit s'attacher à satisfaire à ces conditions toutes les fois que cela est possible. Elles sont moins gênantes que ne l'était l'obligation (imposée en 1881) de laisser un intervalle de 1m10 entre le matériel roulant et la verticale de l'arête de l'accotement de la route. Je citerai à l'appui de cette observation l'exemple suivant : une traverse de route nationale emprunte, sur environ un kilomètre de longueur, la levée de la Loire, dans le département du Maine-et-Loire ; cette traverse n'est bâtie que d'un seul côté, vers la campagne ; du côté opposé, vers le fleuve, la route est bordée par une banquette ou parapet perreyé qui surmonte le talus de la Loire : la nouvelle règlementation permet de réduire à 0m75 l'intervalle à ménager entre cette banquette et le matériel roulant, ce qui laisse pour l'espace réservé aux voitures ordinaires plus de largeur que n'en aurait donné l'application de la réglementation de 1881.

En ménageant un intervalle d'au moins 0m75 entre le matériel et l'obstacle continu, on diminue le danger auquel seraient exposés des voyageurs qui, en cas de collision ou d'autre accident, voudraient sortir préci-

pitamment du tramway et se jetteraient ainsi du côté
du vide ou d'un à pic, ou sur un parapet. Mais quand les
voitures de tramway sont à couloir, ce qui est fréquent, ce danger n'est pas à craindre : car les voyageurs sont alors obligés, pour monter ou descendre,
de passer par les plates-formes placées aux deux extré-
mités du véhicule ; en fermant par une tringle ou une
chaîne la partie extérieure de la plate-forme, on for-
cera les voyageurs à descendre par le côté qui est normal à l'axe de la voie ferrée et qui donne sur la route.
Si les voitures sont à couloir et si les routes ou chemins
que le tramway doit suivre n'ont que fort peu de largeur,
on pourrait peut-être se borner à stipuler dans le cahier
des charges qu'un intervalle de 0m75 devra être ménagé
entre le matériel roulant et les obstacles continus (tels
que la face intérieure du parapet d'un mur de soutènement) et laisser à l'autorité compétente pour statuer
sur les projets d'exécution le soin de fixer les distances
à observer, dans l'intérêt de la sécurité, entre la crète
du remblai, ou le pied du déblai, et le matériel roulant : car il ne faut pas augmenter sans nécessité les
dépenses de premier établissement et il s'agit ici de
détails de construction qu'il est difficile de préciser et
de bien apprécier sans avoir en main les projets.

On ne fait généralement pas circuler le personnel sur
les marche-pieds latéraux d'un tramway en marche :
on peut donc dire que pour les voyageurs et le personnel d'un tramway, les obstacles isolés ne sont pas
plus dangereux que la rencontre d'une seconde voiture
circulant sur une voie parallèle, et qu'en conséquence
la distance aux obstacles isolés pourrait être égale à
celle qui est fixée, pour l'entrevoie, entre deux voitures
qui se croisent, c'est-à-dire à cinquante centimètres.

Sur les tramways départementaux des Basses-Pyrénées, c'est ce minimum de 0ᵐ50 qui a été adopté pour la distance aux arbres ; un intervalle plus grand aurait obligé à en abattre beaucoup. Dans les voitures à couloir, les voyageurs sont peu exposés à se pencher au dehors ; quant aux piétons circulant sur la route, il leur est facile d'éviter le danger résultant d'obstacles isolés, tels que les arbres ou les poteaux.

Pour l'épaisseur du ballast, la note annexée par le décret du 13 février 1900 au premier alinéa de l'article 7 du cahier des charges-type des tramways fixe un minimum de $0^m,15$ au-dessous de la face inférieure de la traverse ; les motifs à l'appui de cette disposition ont été indiqués ci-dessus, au sujet de l'article 7 du cahier des charges-type des chemins de fer d'intérêt local. Sur les tramways départementaux des Basses-Pyrénées, qui sont à voie d'un mètre, on a jugé utile de renforcer le rail en portant sa hauteur à $0^m,115$; généralement la traverse y a aussi $0^m,115$ d'épaisseur sous le sabotage ; le ballast a une épaisseur totale de $0^m,35$, suffisante dans les terrains ordinaires ; il en résulte qu'il n'a que $0^m,12$ d'épaisseur sous les traverses : cet exemple me paraît établir qu'il y a des cas où une dimension inférieure à 0^m15 est admissible pour cette dernière épaisseur.

Le second alinéa de l'article 7 a été légèrement modifié, de manière à rappeler que la circulation des piétons doit être envisagée aussi bien que celle des voitures ; dans la note 7ᵉ, au lieu de fixer un minimum de 6 mètres pour les routes nationales, il est dit que la largeur à réserver pour la circulation des voitures et des piétons sera déterminée d'après les circonstances locales et de manière à assurer la sécurité de cette circulation : car les voies publiques empruntées par un tramway peuvent être des routes ou des chemins.

S'il s'agit d'une voie publique de 8 mètres de largeur, dont 5ᵐ de chaussée et 1ᵐ,50 pour chaque accotement, dimensions assez usitées pour les chemins vicinaux de grande communication, et si on a décidé de laisser 6 mètres à la circulation ordinaire, une partie de la chaussée préexistante se trouvera incorporée à l'accotement de la voie ferrée. Afin d'éviter cet inconvénient, on pourrait, le cas échéant, ajouter à l'article 7 une stipulation analogue à la suivante : « *La chaussée* « *d'empierrement sera élargie ou déplacée par le* « *concessionnaire de manière que sa largeur utile ne* « *soit pas inférieure à…. et que son axe coïncide avec* « *l'axe nouveau de la plate-forme réservée à la cir-* « *culation ordinaire* ».

Avec l'emploi d'un accotement surélevé, l'écoulement des eaux se trouve supprimé d'un côté de la chaussée et il est nécessaire d'établir des tuyaux, drains ou pierrées sous la voie ferrée ; les mesures à prendre ainsi, pour assurer l'assèchement de la chaussée, devront être indiquées soit dans l'article 7 du cahier des charges, soit dans le projet d'exécution.

Si on se reporte aux longues discussions qui ont précédé le vote de la loi du 11 juin 1880, on reconnaîtra que le législateur s'est constamment préoccupé de faciliter les entreprises de chemins de fer d'intérêt local et de tramways. Il est donc, à mon avis, préférable que les règlements pris en exécution de cette loi n'imposent pas d'une manière générale et absolue des travaux dispendieux, quand ils ne sont pas indispensables dans tous les cas. Les prescriptions de l'article 7 du cahier des charges-type de 1881 concernant les bordures et

les caniveaux pavés ont été très critiquées au cours de
l'enquête de 1890, parce qu'elles ont augmenté notablement le prix de revient de la construction de divers
tramways. L'emploi des bordures et caniveaux n'a
pas été prescrit en Belgique ; il a été remplacé, pour les
tramways à vapeur de la Sarthe, par un petit talus
dont le règlement et l'entretien sont à la charge du
concessionnaire.

En général, la bordure en pierre n'est vraiment
nécessaire que dans les centres de population, et la bordure en gazon est suffisante en dehors des agglomérations bâties. Il est vrai que la rédaction de l'article 7
est interprétée en ce sens que la bordure en pierre peut
être remplacée par une bordure en gazon, qui est beaucoup moins coûteuse. Comme il s'agit ici de dispositions
essentiellement subordonnées aux circonstances locales,
il est préférable de laisser à l'autorité compétente
pour statuer sur les projets d'exécution le soin de fixer
les points sur lesquels le concessionnaire devra construire une bordure ; en outre, il vaut mieux spécifier
à l'avance et dans le cahier des charges la nature des
bordures en voie courante, sauf à réserver la décision
à intervenir sur la désignation des parties où la dispense d'établir des bordures pourra être accordée : le
concessionnaire sera ainsi renseigné à l'avance sur
une question qui est importante au point de vue de la
dépense, sans qu'il y ait de mécompte à craindre en
exécution ; l'expérience des bordures de terre gazonnée,
en rase campagne, a été faite avec succès depuis longtemps et en grand. Le cahier des charges pourra spécifier que les bordures ne seront pas établies sur certaines sections déterminées.

D'autre part, le cahier des charges-type de 1881 pres-

crit d'une manière générale et absolue d'accompagner
et de soutenir la bordure par un demi-caniveau pavé,
de 0^m,30 de largeur, dans les parties de routes et de
chemins dont la déclivité excèdera 0^m,03. Mais ces
demi-caniveaux pavés ne présentent généralement une
véritable utilité que dans le cas où la bordure à
laquelle ils sont adossés est en pierre. Le décret du
13 février 1900 réserve à l'administration la faculté de
les prescrire, s'il y a lieu, quand elle aura à statuer
sur les projets d'exécution, mais seulement le long des
bordures en pierre.

L'observation de règles fixes est plus facile sur les
chemins de fer que sur les tramways qui, étant établis
sur les voies publiques, y rencontrent des obstacles
très variés. Les projets de tramways ne peuvent être
étudiés dans tous leurs détails, avant la déclaration
d'utilité publique, que dans les traverses de villes ou
de villages. La diversité des circonstances que l'on
peut rencontrer sur les voies publiques exige que l'on
n'enserre pas tous les cas qui peuvent se présenter
dans une règlementation qui, alors même qu'elle serait
bonne en général, est susceptible de créer sans nécessité de lourdes charges, ce qui conduit fréquemment
à y déroger dans la pratique. La situation sera régu-
larisée, l'instruction sera beaucoup plus rapide, et des
économies notables pourront être réalisées dans la
construction, grâce aux dispositions qui ont été adoptées par le décret du 13 février 1900 et qui donnent à
l'autorité compétente pour statuer sur les projets d'exécution une latitude plus grande que celle qui lui était
accordée par la réglementation de 1881. L'administration pourrait profiter de cette latitude pour rendre plus
économique, quand les circonstances locales le permet-

tront, l'établissement des tramways à faible trafic,
notamment sur les routes larges où il y a peu de circulation, ainsi que sur les voies publiques peu importantes.

Dans le département de la Côte-d'Or et dans plusieurs
départements de l'Est, on a adopté, pour diverses sections de tramways, des profils sur accotement fortement remblayé ou déblayé, qui ne rentrent pas dans
les prescriptions des articles 6 et 7, quoique la voie ferrée se trouve établie totalement, ou en très grande
partie, sur le sol domanial de la voie publique. Si le
profil en long de cette voie n'est inacceptable pour le
tramway que sur une assez faible longueur, ce système permet d'éviter les frais d'une déviation et incor-
pore dans le tramway un des accotements, convenablement remblayé ou déblayé : le profil en déblai
a les dimensions d'une plate-forme indépendante, qui
est séparée de la chaussée par une banquette ; le profil
en remblai est séparé de la voie publique, du côté intérieur, par un talus de remblai ou par une murette de
soutènement. Grâce à ces dispositions on réalise des
économies, notamment d'achat de terrains ; mais
elles ne sont applicables qu'en dehors des traverses, sur
des voies larges et peu fréquentées, et avec l'assentiment du service chargé de l'entretien de ces voies.
S'il y a lieu de prévoir cette éventualité, on pourra en
tenir compte dans la rédaction des articles devant être
ajoutés au cahier des charges, quand une partie du
tramway est projetée sur plate-forme indépendante.

Sur certaines traverses pourvues de larges trottoirs
on a établi, dans quelques départements, les lignes de
tramways de manière à laisser 0 m. 30 entre le matériel roulant et la bordure du trottoir et, de l'autre côté,

1 m. 10 seulement entre le matériel roulant et les maisons riveraines : c'est pour éviter cette fausse interprétation de l'article 8 que le décret du 13 février 1900 a ajouté, à la fin de cet article, un alinéa nouveau, ainsi libellé :

Quand l'établissement du tramway sur de larges trottoirs, existant dans les traverses, aura été autorisé, on fera application de l'art. 7.

Article 10. — *Voies.* — Il pourra être utile d'ajouter à cet article une disposition portant que l'autorité compétente pour statuer sur les projets d'exécution pourra autoriser, sur la demande du concessionnaire et l'avis du service du contrôle, des modifications au type de voie prévu à cet article: on évitera ainsi d'avoir à demander ultérieurement un changement du cahier des charges de la concession.

Il conviendra généralement d'ajouter aux indications signalées dans la note de l'article 10, les dispositions à adopter, s'il y a lieu, pour les contrerails.

Article 11. — *Gares et stations.* — Il est dit au premier alinéa de cet article que les voitures devront s'arrêter en pleine voie sur tous les points du parcours pour prendre ou laisser des voyageurs. Le décret du 13 février 1900 porte que ce premier alinéa doit être inscrit sur le type en italiques ; le système qu'il indique doit être en effet considéré comme facultatif ; il est fort usité pour les tramways urbains à traction de chevaux ; toutefois, on peut dire qu'une des conditions indispensables d'un service intense est de ne s'arrêter qu'à des points fixes, mais suffisamment rapprochés : ce n'est qu'en supprimant les arrêts facultatifs en pleine voie qu'on peut assurer la rapidité des trajets et la régularité de l'exploitation pour les tramways à traction mécanique et à grand trafic ; d'ailleurs l'arrêt est difficile pour les tramways mécaniques dans les fortes pentes et nécessite une remise en marche laborieuse dans les fortes rampes.

L'article 10 du règlement d'administration publique laisse toute latitude à cet égard ; non seulement il prévoit deux systèmes d'exploitation : arrêts en pleine voie sur tout le parcours, ou arrêts seulement à des points déterminés ; mais encore il permet de combiner ces deux modes d'exploitation. Il est vrai que le premier alinéa de l'article 11 du cahier des charges-type du 6 août 1881 a traduit la combinaison des deux systèmes d'arrêts en ce sens que chacun d'eux serait appliqué sur des sections différentes ; mais il est loisible de modifier cette rédaction en préparant le cahier des charges de la concession d'un tramway, puisqu'il a été décidé que cet alinéa serait en italiques et par conséquent considéré comme facultatif.

Le système des arrêts obligatoires à des points fixes, indiqués par un poteau ou une plaque, sans station ni bureau quelconque remplace souvent et avantageusement l'arrêt à la réquisition des voyageurs, notamment sur les tramways électriques. Exemple : Rouen.

Pour ce qui concerne la détermination du nombre et de l'emplacement des stations, gares, haltes et points d'arrêt, je me réfère à ce qui a été dit ci-dessus au sujet des articles 10 et 33 du règlement d'administration publique.

L'article 11 du cahier des charges des tramways départementaux des Basses-Pyrénées (décret du 4 avril 1898) porte que le nombre et l'emplacement des gares, stations et haltes seront arrêtés lors de l'approbation des projets définitifs. La fixation des points d'arrêt permanents, mais n'exigeant aucune installation analogue à celle des stations, me paraît devoir être précédée d'une enquête spéciale, analogue à celle qui est prescrite par l'article 9 du cahier des charges-type des chemins de fer d'intérêt local.

L'article 2 du règlement d'administration publique du 6 août 1881 prescrit d'indiquer la position des bureaux d'attente et de contrôle sur les plans présentés par le concessionnaire. *Si pendant l'exploitation, l'établissement sur la voie publique de nouveaux bureaux d'attente, de correspondance et de contrôle est reconnu nécessaire, d'accord avec le concessionnaire, l'emplacement en sera arrêté par le Préfet, le concessionnaire entendu.* Cette autorisation est généralement accordée à titre précaire et révocable, comme occupation temporaire du domaine public ; si le Préfet juge que le public est intéressé à ce que ces bureaux soient placés en un point plutôt qu'en un autre, il ne statue qu'après une enquête de commodo et incommodo.

Enfin s'il y a lieu de prévoir des raccordements avec d'autres lignes, on pourra ajouter à l'article 11, pour les raisons énoncées ci-dessus au sujet de l'article 60 du cahier des charges-type des chemins d'intérêt local, l'alinéa suivant :

Le concessionnaire se conformera aux mesures qui pourront lui être prescrites par l'administration, en vue d'établir des moyens de transbordement commodes pour les bagages des voyageurs et les marchandises dans toutes les gares de raccordement avec une autre voie ferrée et en vue d'éviter autant que possible un parcours trop long aux voyageurs et aux marchandises devant passer d'une gare à l'autre.

13

Il est clair que cette rédaction sera abrégée pour les tramways ne devant pas faire de service de marchandises.

Article 12. — *Entretien*. — Le décret du 13 février 1900 supprime le dernier alinéa de cet article, c'est-à-dire l'éventualité d'une subvention pouvant être accordée au concessionnaire sur les fonds d'entretien de la route : car il est très rare que cette subvention soit accordée, il n'y en a pas d'exemple depuis plusieurs années. Il est probable que si cette éventualité a été prévue en 1881, c'est parce qu'on espérait alors que le fonctionnement des tramways permettrait de réaliser des économies sur l'entretien ; mais la pose de la voie ferrée occasionne des sujétions onéreuses et aucune partie de la chaussée n'est soustraite à la circulation des voitures. Il en résulte que l'Etat ne consent plus à allouer une subvention sur les fonds d'entretien des routes nationales ; si le département ou la ville veulent subventionner les tramways sur les voies départementales, vicinales ou urbaines, une condition en ce sens peut être insérée dans le traité de rétrocession.

Pour les chaussées d'empierrement, qui ont besoin d'être cylindrées, il est préférable que l'entretien de la bande à la charge du concessionnaire soit fait par le service de la voirie et que la participation du tramway consiste en une contribution en argent, fixée, d'accord avec l'exploitant, d'après le prix moyen de l'entretien du mètre carré pendant les dernières années ; le montant de cette contribution peut être révisable à l'expiration d'un délai déterminé.

Article 14 — *Nombre minimum de voyages*. — Dans les instructions jointes à la circulaire ministérielle du 9 octobre 1899, il est dit que le public a inté-

rêt à avoir des trains aussi nombreux que possible et
que le concessionnaire peut être amené à comprendre
que son intérêt bien entendu est conforme à celui du
public, parce que les satisfactions données à ce dernier
se traduisent le plus souvent par un accroissement de
recettes plus considérable que l'accroissement des frais
d'exploitation. Ces observations s'appliquent surtout
aux tramways qui desservent une population très
dense. Mais il y a aussi des lignes où le trafic est faible et varie beaucoup suivant la saison ; il y a même
lieu d'admettre la suspension complète du service en
hiver pour quelques tramways, tels que ceux qui desservent les plages et stations thermales ou ceux qui se
trouvent à une altitude fort élevée et ne desservent
que des excursionnistes.

Les mots « sur la ligne entière » sont inscrits en italiques à l'article 14 du cahier des charges-type des
tramways de 1881, ce qui permet un changement de
rédaction. Pour les cas exceptionnels qui correspondent à une exploitation très variable ou même inter-
mittente, je me réfère à ce qui a été dit ci-dessus au
sujet de l'article 32 du cahier des charges-type des
chemins de fer d'intérêt local et je pense qu'on pourrait adopter, pour l'article 14, une rédaction analogue
à la suivante :

*Le nombre maximum des trains qui devront cir-
culer dans chaque sens est fixé à... pour la section
de... à..., à... pour la section de... à... Ce nombre
de trains pourra être réduit, à titre révocable, sur
la demande du concessionnaire et l'avis du service
du contrôle, par l'autorité compétente pour statuer
sur les projets d'exécution. L'exploitation pourra
être suspendue par le concessionnaire du... au...*

Article 15. — *Matériel roulant, limitation de la vitesse et de la longueur des trains.* — Le décret du 13 février 1900 a ajouté, en tête de l'article 15, les deux alinéas suivants :

« Le matériel roulant devra satisfaire aux conditions « fixées ou à fixer pour les transports militaires. »

« Les voitures à voyageurs seront chauffées pendant « la saison froide. »

Pour ce qui concerne l'application du premier alinéa, je me réfère à ce qui a été dit ci-dessus au sujet de l'article 31 du cahier des charges-type des chemins de fer d'intérêt local, article auquel la même prescription a été ajoutée.

Le second alinéa est inscrit en italiques ; en conséquence, l'inscription de la clause du chauffage des voitures reste facultative, les lignes de tramways n'ayant souvent qu'une faible longueur.

Il est dit à la note du troisième alinéa que le nombre des voitures et la longueur totale des trains seront déterminés suivant les espèces, sans dépasser les limites fixées par l'article 30 du règlement d'administration publique. Il arrive fréquemment en Algérie qu'on classe et construise des chemins uniquement pour permettre au département ou à la commune de livrer la plateforme aux tramways projetés ; ces chemins sont à peine empierrés ; ils sont très peu fréquentés et la longueur des trains n'y occasionnerait aucune gêne. Si une tolérance était accordée pour la longueur des trains dans les départements algériens, en raison de cette situation exceptionnelle, il conviendrait de stipuler que la tolérance pourra être supprimée à toute époque et sans indemnité par le Préfet, après avis du service du contrôle.

L'article 15 du cahier des charges des tramways départementaux des Basses-Pyrénées porte que, dans les traverses, le Préfet *pourra* réduire la vitesse à six kilomètres à l'heure : ce système me paraît préférable à celui qui consiste à fixer, dans le cahier des charges, un chiffre unique pour le maximum de vitesse dans toutes les traverses : car le maximum admissible peut varier suivant leur importance.

Le maximum admis en France pour la vitesse des trains dans les traverses varie généralement entre 12 et 6 kilomètres à l'heure ; on a indiqué pour certains tramways des vitesses supérieures : dans la Seine-Inférieure, la vitesse de 20 kilomètres à l'heure est universellement admise ; on ne la réduit que dans les rues étroites et populeuses. Le cahier des charges des tramways électriques, pour le transport des voyageurs dans la ville de Pau, porte que la vitesse des trains en marche sera d'au plus 18 kilomètres à l'heure.

Une trop grande vitesse peut exposer à des collisions sur les parties accessibles aux voitures ordinaires, notamment si elles sont traînées, comme dans le Midi, par des bœufs qui ne se rangent que très lentement : le cahier des charges pourrait donc fixer, pour les parties sur accotement, un maximum de vitesse supérieur à celui qu'il admettrait pour les parties accessibles aux voitures ordinaires.

Il résulte du règlement belge du 12 février 1893 que le maximum de vitesse, en dehors des traverses, peut s'élever, hors des agglomérations bâties, à 30 kilomètres (chiffre supérieur aux maxima qu'indique le décret du 13 février 1900 à l'article 33 du règlement d'administration publique) pour les tramways à voie d'un mètre comme pour les chemins de fer vicinaux, mais que la vitesse doit être réduite à 10 kilomètres à l'heure sur les points signalés par des poteaux de ralentissement, tels que les courbes raides et les passages où la disposition des lieux ne permet pas de voir de loin l'arrivée du train (1).

Déviations. — Sur certaines déviations comportant des viaducs ou de grands murs de soutènement, la circulation du public n'est pas sans danger ; il est cependant admis qu'elles sont accessibles aux piétons : à ce point de vue, on peut dire qu'il serait regrettable d'admettre de trop grandes vitesses sur les déviations ; d'ailleurs on pourrait craindre que les trains lancés en grande vitesse sur une déviation ne s'arrêtent pas assez rapidement au moment où elle rejoint la voie publique. Ce dernier argument s'applique surtout au cas où la déviation a une faible longueur. Mais il existe des tramways qui, sur une grande partie de leur parcours, se trouvent en dehors des voies publiques, sur des terrains acquis par le concessionnaire ; une longue déviation présente beaucoup plus le caractère d'un chemin de fer d'intérêt local que celui d'un tramway sur voie publique ; elle n'est pas accessible aux voitures ordinaires ; elle ne procure pas aux propriétaires riverains les avantages qui résulteraient pour eux de la création d'un nouveau chemin ; elles sont construites avec les mêmes dimensions qu'un chemin de fer d'intérêt local et on est ainsi conduit à y admettre les mêmes vitesses.

(1) On peut citer comme vitesses admises à l'étranger : à Bruxelles, 15Km. en ville et 21 Km. hors ville ; à Dresde, 18 Km. à l'intérieur et 30 Km. hors ville ; en Amérique, 20 Km. à l'intérieur des plus grandes villes et 30 Km. pour les tramways suburbains. Ces chiffres sont, à mon avis, trop élevés : si on dispose de moyens puissants pour le freinage, ainsi que pour le démarrage, on pourra généralement admettre 15 Km. à l'intérieur et 25 Km. en dehors des traverses.

On peut citer comme exemple la ligne du Mans à la Châtre, se composant de deux parties dont la première, d'une longueur de 30 kilomètres, entre le Mans et le Grand-Lucé, a été classée comme chemin de fer d'intérêt local; la seconde, d'une longueur de 20 kilomètres, entre le Grand-Lucé et la Châtre, en tout semblable à la première, a été classée comme tramway : n'y aurait-il pas une anomalie si on adoptait, en ce qui concerne la limitation de la vitesse, des règles différentes pour ces deux sections qui sont parcourues par les mêmes trains? On facilitera l'exploitation et les correspondances en admettant, sur les longues déviations, des vitesses supérieures à celles qui sont permises sur les voies publiques.

Il est vrai que l'article 26 de la loi du 11 juin 1880 suppose que les déviations accessoires, construites en dehors du sol des routes et chemins, sont classées comme annexes. On peut ajouter que le rapporteur de cette loi s'est exprimé de la manière suivante : « Si un « chemin de fer d'intérêt local peut, dans certains cas, « emprunter une voie publique, le tramway est tou- « jours établi sur cette voie publique qui, le plus sou- « vent, existait antérieurement, qui, dans d'autres cas, « a été ouverte pour servir d'assiette au tramway, « mais qui toujours reste ou est affectée à la circula- « tion, soit des voitures ordinaires, soit des piétons; « c'est là le signe caractéristique du tramway au point « de vue matériel; au point de vue légal, le tramway, « comme toutes les voies de communication, reçoit « son caractère par le classement. »

En fait, les nombreuses déviations créées pour l'établissement de tramways sont accessibles aux piétons, mais non aux voitures ordinaires; leur plate-forme n'a pas une largeur suffisante pour le passage de ces voitures et la déviation ne donne pas lieu à un arrêté spécial de classement, définissant sa dénomination et sa largeur légale.

Si une déviation devait être classée comme annexe de la voie publique que le tramway a abandonnée, parce que cette voie présente des courbes ou des déclivités trop raides, ou parce qu'elle n'a pas une largeur suffisante, ou pour toute autre cause, il conviendrait que ce classement fût opéré préalablement à l'établissement de la voie ferrée : mais alors le tramway se trouverait sur une voie publique classée et non plus sur une déviation. Le pouvoir concédant n'est généralement pas disposé à faire les frais d'ouverture d'une voie annexe dont la création n'est nécessitée que par l'établissement du tramway ; il préfère laisser la dépense de cette construction à la charge du concessionnaire, qui se borne à faire ce que son cahier des charges lui impose, n'exécute que la plate-forme dont il a besoin, et par conséquent ne donne à cette plate-forme que les dimensions qui seraient nécessaires pour un chemin de fer d'intérêt local, c'est-à-dire une largeur insuffisante pour donner passage en même temps aux trains du tramway et aux voitures ordinaires. Cette plate-forme se trouve simplement grevée d'une servitude de passage consistant en ce que le concessionnaire n'aurait pas le droit d'empêcher les piétons d'y circuler. Si ce point de vue est admis, ne pourrait-on pas en conclure que la limitation de vitesse fixée par le règlement d'administration publique du 6 août 1881 n'est pas applicable sur les parties en déviation, où il n'y a pas à craindre de collision avec les voitures ordinaires? Cette opinion se trouve confirmée par ce fait que l'article 15 du cahier des charges approuvé par le décret du 4 avril 1898, pour les tramways départementaux des Basses-Pyrénées, à voie d'un mètre, admet dans les déviations une vitesse de 35 kilomètres, très supérieure au maximum fixé par l'article 33 du règlement d'administration publique régissant l'exploitation des voies ferrées sur le sol des voies publiques. La vitesse serait réduite pour des déviations renfermant de fortes déclivités ou des courbes de faible rayon. En résumé, je pense que, si de longues déviations sont projetées, il pourra être utile d'indiquer, dans le cahier des charges de la concession, un maximum spécial de vitesse pour les déviations.

Traction électrique. — La réglementation de 1881 ne renfermait aucune indication au sujet de cette traction, qui n'était pas encore usitée en France à cette époque, mais dont l'emploi tend à se développer de plus en plus. Il a été dit ci-dessus que le décret du 13 février 1900 a ajouté à l'article 22 du règlement d'administration publique un alinéa soumettant le concessionnaire, s'il fait usage de l'énergie électrique pour la traction, à toutes les obligations légales qui concernent les installations électriques. La circulaire ministérielle du 9 octobre 1899 rappelle que, pour les lignes à traction électrique, les ingénieurs ont à tenir des conférences spéciales avec les représentants de l'Administration des Postes et des Télégraphes. Ces conférences sont prescrites par l'article 5 de la loi du 25 juin 1895.

L'augmentation du nombre des départs, l'absence de mouvements de tangage, le mouvement plus doux des voitures, leur éclairage électrique, la rapidité des arrêts et des démarrages, une plus grande propreté résultant de ce qu'il n'y a pas de fumée ni de vapeur, rendent la traction électrique plus agréable pour le public (1). Dans les pays où la population est très dense, l'augmentation de recette qui provient de l'emploi de la traction électrique peut souvent rendre l'opération rémunératrice pour le concessionnaire. Il y a également avantage à employer ce système dans les régions où on dispose de grandes chutes d'eau, notamment dans le voisinage des Alpes et des Pyrénées, où les glaciers et les fontes de neige assurent presque en toute saison un débit assez considérable et procurent économiquement une puissance hydraulique suffisante pour créer l'énergie électrique. Enfin, l'emploi de l'électricité donnera le moyen d'établir la voie ferrée sur le sol de beaucoup de routes ou chemins qu'en raison de leurs fortes déclivités, on ne pouvait pas desservir par des tramways à vapeur : car cet emploi permet de gravir des déclivités s'élevant jusqu'à $0^m,10$ par mètre ; toutefois, il convient de ne pas dépasser $0^m,06$ si on veut être en mesure d'utiliser deux voitures d'attelage, remorquées par la voiture motrice ; d'ailleurs, les déclivités de $0^m,10$ exposent les voitures à patiner dans la montée et à glisser à la descente, surtout dans les climats brumeux.

La substitution de la traction électrique à la traction animale ou à l'emploi de la vapeur ne figure pas parmi les modifications qui, aux termes du premier alinéa de l'article 10 de la loi du 11 juin 1880, ne peuvent être valablement approuvées que par un décret

(1) La traction des tramways à l'air comprimé répond également à tous les désiderata de salubrité et de réduction du poids mort ; en outre, elle n'exige aucune installation pouvant nuire à l'aspect des villes ; elle ne donne lieu à aucun courant susceptible de causer des accidents ou des détériorations et elle se prête bien aux variations dans la dépense de force motrice.

et l'énumération donnée dans cet alinéa paraît être limitative, puisque le second alinéa de l'article 10 porte que les autres modifications pourront être faites par l'autorité qui a consenti la concession : la transformation d'une traction par machines à vapeur en traction électrique peut donc être autorisée par le pouvoir concédant. A ce point de vue, il vaut mieux que le cahier des charges se borne à indiquer la traction mécanique sans définir explicitement le système de traction à employer. Mais cette substitution ne peut être autorisée qu'après une instruction spéciale, puisqu'on doit, en ce cas, faire des additions au cahier des charges et procéder à des conférences avec le service des Postes et des Télégraphes. Si la traction doit être opérée au moyen d'accumulateurs, qui n'exigent pas la liaison de la ligne avec une usine productrice de la force, ne gâtent pas l'esthétique des rues et n'imposent aucune transformation de la voie publique, mais coûtent cher, ne conservent leur efficacité que pendant un temps très limité et ont un poids très considérable, l'autorisation n'est pas subordonnée à l'ouverture préliminaire d'une enquête. Si, au contraire, la traction doit être réalisée par une prise de courant, soit au moyen d'un fil aérien ou trolley (système adopté pour les neuf dizièmes des tramways électriques, parce qu'il est le plus simple et le plus économique), soit au moyen d'un caniveau souterrain qu'on ne construit que sur les rues importantes des grandes villes, parce que les frais de premier établissement sont fort élevés, soit au moyen du système des contacts au niveau du sol (Diatto, Claret-Vuilleumier, etc.), il y a lieu de procéder à une enquête : les nouvelles conditions proposées pour l'exploitation doivent être exposées dans le mé-

moire à soumettre à cette enquête. Ce mémoire rensei-
gnera sur la production, le transport et l'emploi de
l'énergie, le parcours et la position des conducteurs,
l'intensité et le retour du courant, son mode d'action
sur les véhicules, l'influence qui pourra être exercée
sur les lignes télégraphiques ou téléphoniques, ainsi
que sur les conduites placées dans le voisinage. Dans
l'état actuel de la législation, il faut une déclaration
d'utilité publique spéciale ou le consentement écrit des
riverains, pour être en droit d'installer sur leurs maisons les supports destinés à servir de point d'appui
pour les fils d'un trolley ; si, au contraire, ces fils doivent reposer sur les bras de poteaux placés sur la voie
publique, il convient que les dispositions de ces poteaux
soient indiquées sur des profils types. On n'est obligé
de faire figurer sur les plans soumis à l'enquête d'utilité publique les dépendances du tramway que si elles
sont à l'usage du public ou si elles intéressent le public.
On n'a donc généralement pas à y indiquer les usines
génératrices d'électricité, ni les voies souterraines, ni
les dépôts de voitures, ni les voies qui conduisent à ces
dépôts.

La concession d'un tramway électrique ou la substitution de la traction électrique à un autre système de
traction doivent être précédés d'une conférence mixte
quand le tracé passe dans la zône frontière ou auprès
d'un fort, d'une poudrière ou d'autres établissements
intéressant le service de la défense ou pouvant être
influencés par les conducteurs électriques. L'administration des Postes et des Télégraphes n'a pas à intervenir dans ces conférences mixtes; mais les ingénieurs
du service du contrôle ont à tenir avec les représentants de cette administration une conférence spéciale,

qui doit être terminée avant la clôture de l'instruction
mixte, et qu'il convient d'ouvrir alors même qu'il n'y
a pas lieu de procéder à des conférences mixtes : car il
peut arriver que les objections formulées dans cette
conférence spéciale mettent obstacle à l'établissement
du tramway, ou du moins imposent des modifications
importantes, telles qu'un changement de tracé. Cette
conférence préliminaire, qui porte sur l'avant-projet et
est tenue avant la déclaration d'utilité publique, est
indépendante de la conférence spéciale qui doit être
tenue entre le service du contrôle et celui des Postes et
des Télégraphes sur les projets d'exécution, conformément à la loi du 15 juin 1895.

C'est dans la conférence sur les projets d'exécution
que doivent être réglées les prescriptions concernant
le voltage, le retour du courant électrique et l'obligation de se soumettre aux injonctions du service des
Postes et des Télégraphes ; ces détails étant susceptibles d'être modifiés ultérieurement, il vaut mieux ne
pas les insérer dans le cahier des charges, qui ne doit
renfermer que les conditions essentielles (1).

Si le cahier des charges d'un tramway concédé par
l'Etat à une ville indique le système d'un inventeur,
en le nommant il convient d'ajouter : « ... *ou tout*
« *autre système accepté, par la ville concessionnaire*
« *et par le ministre des travaux publics.* »

Dans le cas où l'exploitant se charge de l'éclairage
des rues par la lumière électrique, il est préférable
que cette clause ne figure pas dans le traité de rétro-

---

(1) Les conditions relatives au contrôle électrique des lignes et celles qui
intéressent les services télégraphiques et téléphoniques sont fixées, pour chaque concession, par un arrêté du Ministre du Commerce, de l'Industrie, des
Postes et des Télégraphes.

cession, qui est approuvé par le ministre des travaux
publics, et qu'elle fasse l'objet d'un traité spécial entre
la ville et le rétrocessionnaire : car le ministre des
travaux publics n'a pas à statuer sur l'éclairage public
des villes, qui est de la compétence des autorités municipales. Cependant, le traité de rétrocession peut renfermer des stipulations pour l'éclairage électrique des
voies ferrées placées sur les voies publiques.

On peut insérer dans le cahier des charges l'obligation de relier par une communication *téléphonique*,
l'usine de production de force motrice aux stations,
au dépôt principal et au réseau téléphonique de la
ville.

Article 16. — *Durée de la concession.* — La durée
de la concession doit être assez longue pour assurer
la vitalité de l'entreprise ; mais sous cette réserve,
il y a intérêt à ce que cette durée ne soit pas trop
longue : car c'est seulement à l'expiration de ce délai
qu'on pourra réduire les tarifs maxima ou modifier,
dans l'intérêt public, d'autres conditions ; il ne convient pas que les conseillers municipaux engagent
leurs successeurs pour un temps trop long. Généralement la durée de la concession des tramways est
limitée à quarante ans et on doit considérer cinquante
ans comme un maximum, à moins de circonstances
exceptionnelles. Les demandeurs en concession doivent justifier que la durée qu'ils indiquent est nécessaire pour permettre l'amortissement du capital de
l'entreprise (y compris l'usine productrice de l'énergie
électrique si elle doit faire retour au pouvoir concédant). Les calculs destinés à donner cette justification
ne sont qu'approximatifs, surtout en ce qui concerne
l'évaluation des produits de l'exploitation : car cette

évaluation présente beaucoup d'incertitude. On doit s'attacher, autant que possible, à ce que la date de l'expiration de la concession soit la même pour toutes les parties, successivement concédées, d'un même réseau. On a admis une durée de concession de 75 ans pour des tramways électriques ayant à supporter des charges considérables, telles que la construction d'une usine spéciale, et ne devant avoir que de faibles recettes.

Article 17. — *Expiration de la concession.* — L'emplacement de l'usine productrice de l'énergie électrique à créer pour un tramway ne figure généralement pas dans les actes constitutifs de la concession : car il vaut mieux laisser aux rétrocessionnaires toute latitude pour choisir cet emplacement et pour donner la préférence à ceux avec qui il leur paraîtra le plus avantageux de traiter. La construction d'une usine de ce genre est une lourde charge, surtout quand le réseau à exploiter ne doit avoir qu'une faible longueur ; il convient donc de laisser au rétrocessionnaire la faculté d'adopter la solution qui lui paraîtra la plus économique ou la meilleure.

L'article 17 du cahier des charges-type des tramways stipule, comme cela se pratique depuis longtemps en France pour les chemins de fer, que tous les immeubles faisant partie du domaine public et dépendant de la voie ferrée font retour au pouvoir concédant, à l'expiration de la concession. On en a conclu, par analogie, que si le concessionnaire établit, à ses frais, une usine spéciale pour produire l'énergie électrique, cette usine et tous les appareils destinés à la production et au transport de cette énergie doivent, en fin de concession, faire retour au pouvoir concédant, afin qu'il puisse assurer l'exploitation dans les mêmes conditions que l'exploitant dont le bail a pris fin : il convient, en effet, que le service public de transport en commun ne puisse jamais être interrompu.

J'indique ci-après, pour le second alinéa de l'article 17, la rédaction admise en 1881 et celle qui a été adoptée récemment :

Rédaction adoptée par le décret du 6 août 1881.	*Rédaction adoptée par le décret du 13 février 1900.*
Le concessionnaire sera tenu de lui remettre en bon état d'entretien la voie ferrée et tous les immeubles faisant partie du domaine public qui en dépendent. Il en sera de même de tous les objets immobiliers dépendant également de ladite voie, tels que les barrières et clôtures, les changements de voie, plaques tournantes, réservoirs d'eau, grues hydrauliques, machines fixes, bureaux d'attache et de contrôle, etc.	Le concessionnaire sera tenu de lui remettre en bon état d'entretien la voie ferrée avec toutes les installations faites sur le sol des voies publiques, ainsi que tous les immeubles et objets mobiliers qui en dépendent, tels que les barrières et clôtures, changements de voie, plaques tournantes, réservoirs d'eau, grues hydrauliques, machines fixes, usines et installations de toute nature établies en vue de la production et du transport de l'énergie électrique ou autre destinée à l'exploitation du tramway, bureaux d'attente et de contrôle, etc., établis dans des immeubles exclusivement affectés à cet usage.

Ainsi, l'État aura à payer, dans les six mois qui suivront l'expiration de la concession, les locomotives qu'il se sera fait remettre, tandis que pour les tramways électriques, le moteur étant fixe, on en exige le retour gratuit, ce qui constitue une charge au point de vue de l'amortissement ; elle sera particulièrement lourde pour les lignes à trafic intermittent, desservant les excursionnistes ou les établissements balnéaires, où la recette annuelle est généralement plus faible que sur les tramways marchant toute l'année.

Il s'agit d'ailleurs ici d'une stipulation figurant dans le cahier des charges-type, et non dans le règlement d'administration publique ; elle peut donc être valablement modifiée, dans le cahier des charges de la concession, quand cette dérogation est justifiée par des circonstances spéciales. La rédaction adoptée par le décret du 13 février 1900 pour le second alinéa de l'article 17 s'applique au cas le plus simple, c'est-à-dire à celui d'un concessionnaire établissant à ses frais une usine spécialement et exclusivement destinée à produire l'énergie électrique nécessaire pour le fonctionnement du tramway qui lui est concédé. Mais une usine électrique peut alimenter deux concessions de tramways qui sont situés dans des départements différents, sont exploités par le même concessionnaire et dont les durées de concession ne sont pas les mêmes. Ce cas est rare ; mais il arrive fréquemment qu'un tramway électrique fonctionne au moyen d'énergie empruntée à une usine qui n'est pas la propriété du concessionnaire de ce tramway, ou qui sert à d'autres usages, tels que l'éclairage d'une commune : dans les cas de ce genre, on peut proposer une rédaction qui diffère de celle du type et il existe déjà des précédents en ce sens.

Il a été admis pour diverses lignes de tramways que le concessionnaire substitue la traction électrique, à la traction par machines à vapeur, sans construire lui-même et à ses frais une usine, et qu'il se borne à louer la force nécessaire pour produire l'énergie électrique, à une usine existante ou à des sociétés locales, par exemple à celles qui se chargent de distribuer de la

force en ville ou de fournir la lumière soit à des particuliers, soit pour l'éclairage public. En ce cas, le concessionnaire ne se trouve pas en mesure de consentir
à ce qu'une usine dont il n'est pas propriétaire fasse
retour au pouvoir concédant à l'expiration de la concession. D'un autre côté, le public ne comprendrait pas
que l'Administration le privât des avantages devant
résulter de l'établissement d'un tramway, parce qu'il
se présente une difficulté qui ne pourra se produire
qu'à l'expiration de la concession, c'est-à-dire à très
longue échéance. Reconnaissant qu'il y avait utilité
publique à substituer la traction électrique à la traction animale ou aux machines à vapeur, le gouvernement a accordé ou sanctionné des autorisations pour
des tramways qui se procurent par une simple location, comme au Havre, la force nécessaire à la production de l'énergie électrique ; en ce cas, l'usine
appartenant à une société locale avec laquelle le concessionnaire a traité, ne fait pas retour au pouvoir
concédant ; le concessionnaire doit communiquer son
bail au pouvoir concédant, à qui il devra remettre, en
fin de concession, les moyens de communication et
installations immobilières dont il est propriétaire et
qui relient son exploitation à l'usine qui lui loue la
force. D'ailleurs, le concessionnaire agit à ses risques
et périls et reste tenu d'éviter toute interruption de
l'exploitation : si la location qu'il a contractée venait à
lui faire défaut, il serait obligé de s'adresser en temps
utile à une autre usine, ou de créer, au moyen de machines à vapeur, l'énergie nécessaire pour assurer le
fonctionnement du tramway.

Pour le tramway électrique entre Rouen, Blosseville-
Bonsecours et Mesnil-Esnard (décret du 1er décembre

1896) le rétrocessionnaire se proposait de construire une usine louant à des particuliers l'énergie électrique et pouvant, en outre, alimenter le tramway : il a été stipulé qu'un bâtiment spécial (mais non toute l'usine) pour la production de l'électricité *nécessaire* pour assurer le service du tramway serait compris dans les objets immobiliers devant faire retour gratuitement à l'Etat, en fin de concession.

Pour le tramway de Grenoble à Chapareillan, dont le concessionnaire avait besoin d'une déclaration d'utilité publique en vue d'acquérir les terrains nécessaires pour la pose des conducteurs, le concessionnaire a signé un bail, pour toute la durée de la concession, avec l'usine productrice de la force et ce bail, en raison d'une si longue durée, a été transcrit.

Le public a intérêt à ce que l'emploi de la traction électrique se généralise de plus en plus pour les tramways et on entraverait beaucoup ce développement si on imposait, dans tous les cas, au concessionnaire l'obligation de créer à ses frais une usine spéciale, devant, comme immeuble, faire retour au pouvoir concédant à l'expiration de la concession. Il est désirable que non seulement dans le cas de la substitution de la traction électrique à la traction par machines à vapeur, mais encore dans le cas où il s'agit de concéder un tramway à traction électrique, le concessionnaire puisse, sauf à produire les justifications voulues, passer un bail ou un traité de location avec le propriétaire d'une chute d'eau, ou avec le propriétaire d'une usine productrice d'électricité, afin de se procurer la force nécessaire pour le fonctionnement du tramway.

Enfin, le décret du 13 février 1900 ajoute au quatrième alinéa de l'article 17 la note suivante :

« Au cas où le pouvoir concédant veut se réserver la
« propriété des objets mobiliers, tels que matériel rou-
« lant, mobilier, outillage, qui auront été payés soit
« par lui, soit à l'aide de fonds dont il supporte ou
« garantit l'intérêt et l'amortissement, une clause spé-
« ciale devra être insérée à cet effet dans la con-
« vention ».

Je me réfère à ce qui a été dit ci-dessus, au sujet
d'une disposition libellée en termes identiques et concernant le quatrième alinéa de l'article 35 du cahier des
charges-type des chemins de fer d'intérêt local.

Article 19. — *Rachat de la concession.* — Cet article
donne lieu aux mêmes observations que l'article 36 du
cahier des charges-type des chemins de fer d'intérêt
local.

Article 20. — *Déchéance ; — et article* 21. — *Achèvement des travaux en cas de déchéance.* — Quand
l'Etat concède un tramway à un département ou à une
commune, le cautionnement est versé par le rétrocessionnaire et non par le concessionnaire : il convient
alors de supprimer l'article 38 du cahier des charges,
fixant le cautionnement, ainsi que les parties des articles 20 et 21 qui concernent ce cautionnement, sauf à
insérer des dispositions correspondantes dans le traité
de rétrocession.

Article 23. — *Taxes et conditions de transport des
voyageurs et des marchandises.* — La seule modification prévue par le décret du 13 février 1900 pour la
rédaction de cet article consiste à prévoir que, pour
certaines lignes, l'obligation de fermer les voitures, à
glaces ou à vitres, ne s'appliquera que pendant l'hiver.
On fait circuler pendant la belle saison, surtout dans
le Midi, des voitures qui ne comportent pas ce mode de

fermeture et dont l'emploi ne soulève aucune plainte.

L'observation faite ci-dessus, au sujet de l'article 41 du cahier des charges-type des chemins de fer d'intérêt local, pour les voitures de pompes funèbres, s'applique également aux tramways.

Il serait préférable, à mon avis, de n'indiquer que deux classes, ou même une seule classe de voyageurs, *au lieu de trois* dans un cahier des charges de tramways : car l'usage de trois classes en rendrait l'exploitation onéreuse et incommode.

Des prix maxima ne peuvent être indiqués dans le cahier des charges d'une concession que s'ils ont été soumis à l'enquête : cette formalité est indispensable même pour des dispositions particulières et spéciales telles que celle qui consiste à dire que les prix pour le transport des voyageurs, pour un tramway balnéaire, seront doublés après dix heures du soir en hiver et onze heures en été.

L'alinéa inséré au type après le tableau des tarifs maxima et portant que les prix ne comprennent pas l'impôt dû à l'État devrait être considéré comme facultatif et imprimé en italiques ; car les Compagnies de tramway préfèrent souvent se charger de payer l'impôt, dont elles s'acquittent fréquemment en versant $\frac{3}{103^{cmes}}$ de la recette ; il est plus simple qu'elles ne se transforment pas, comme les Compagnies des chemins de fer, en collecteurs de l'impôt, qu'il leur serait souvent difficile de répartir équitablement entre les voyageurs. Pour tous les petits tarifs, à prix totaux et non kilométriques, il est nécessaire de mettre l'impôt à la charge du concessionnaire.

Il résulte de l'article 26 de la loi du 11 juin 1880 que

les subventions de l'Etat ne peuvent être accordées à un tramway que s'il joint le service des marchandises à celui des voyageurs. Il ne suffit pas pour recevoir ces subventions, d'inscrire des prix à l'article 23 pour les marchandises : il faut encore justifier que la Compagnie fait un service réel de marchandises.

Réseaux s'embranchant les uns sur les autres. — On ne peut pas concéder à une Compagnie demanderesse la voie ferrée qui a déjà été concédée à une autre compagnie. D'un autre côté, la largeur des rues ou traverses est souvent trop faible pour permettre, sans nuire à la circulation ordinaire, la pose d'une seconde voie ferrée parallèle à celle qui a été déjà concédée ; le premier concessionnaire y jouirait donc d'un monopole de fait si le Gouvernement n'avait pas le droit d'autoriser l'emprunt des voies concédées. Ce pouvoir, dont l'exercice est réglé par l'article 47 du règlement d'administration publique du 6 août 1881, est consacré par l'article 6 de la loi du 11 juin 1880, portant que l'autorité qui fait la concession a toujours le droit d'autoriser d'autres voies ferrées à s'embrancher sur des lignes concédées ou à s'y raccorder et de conférer à ces entreprises nouvelles, moyennant le payement des droits de péage fixés par le cahier des charges, la faculté de faire circuler leurs voitures sur des lignes concédées.

Les droits de péage sont assez élevés ; d'après les chiffres inscrits au cahier des charges-type, ils représentent les deux tiers des tarifs de voyageurs et environ les trois cinquièmes des tarifs des marchandises ; ils doivent seuls être perçus par le concessionnaire du tramway préexistant quand il n'effectue pas les transports par lui-même, à ses frais et par ses propres

moyens. Le payement de ces droits de péage ne donne
droit qu'à la circulation de bout en bout, sur la partie
empruntée : si le concessionnaire de la voie s'embranchant sur le tramway préexistant désire faire un trafic
en route, il doit payer en outre au concessionnaire primitif de la section empruntée une indemnité pour privation de trafic, à moins de stipulations spéciales.
Deux entreprises rivales de tramway ont souvent de la
peine à se concerter pour la rédaction d'un traité d'exploitation : l'exercice du droit d'emprunt rencontre donc
des difficultés sérieuses et cependant l'intérêt général
exige souvent que l'emprunt soit réalisé pour les lignes
urbaines, avec service en route : car le public s'expli-
querait difficilement pourquoi il ne lui serait pas permis de monter dans les voitures d'un tramway circulant dans les rues d'une ville.

On peut ajouter que la perception des droits de péage
peut être opérée assez aisément quand les taxes sont
kilométriques, comme sur les chemins de fer : mais il
n'en est pas de même quand il n'y a qu'un prix unique
pour les trajets, quelle que soit leur longueur, ou quand
les tarifs sont fixés par zones, comme cela a lieu assez
fréquemment pour les tramways urbains. En ce cas, le
concessionnaire primitif pourrait demander, pour un
emprunt de quelques centaines de mètres, un péage
correspondant à plusieurs kilomètres.

Il peut donc y avoir utilité, notamment pour les
tramways desservant les rues des villes et ayant des
tarifs qui ne sont pas réglés par kilomètre, à prévenir
ces difficultés pour l'avenir, en spécifiant dans le cahier
des charges de la concession les bases du calcul pour
le cas où une portion de la ligne qu'on va concéder
serait empruntée par une ligne concédée ultérieure-

ment ; dans la rédaction indiquée ci-après de l'article 23 pour ce cas particulier, on s'est proposé de faire en sorte que l'emprunt, avec service local en route, c'est-à-dire en faisant de l'exploitation sur la partie commune, avec faculté d'y prendre ou d'y laisser des voyageurs, puisse être réalisé sans gain ni perte ; on ferait le partage au prorata du nombre de kilomètres parcourus par les véhicules de chacun des intéressés :

Variante de l'article 23. — Pour indemniser le concessionnaire des travaux et dépenses qu'il s'engage à faire par le présent cahier des charges et sous la condition expresse qu'il en remplira toutes les obligations, il est autorisé à percevoir pendant toute la durée de la concession, les taxes ci-après déterminées :

I. — Si le concessionnaire effectue lui-même les transports, à ses frais et par ses propres moyens, il percevra les prix totaux ci-après, qui comprennent les droits de péage et les prix de transport :

. . . . . .suit le tarif. . . . .

. . . .

On supprimerait l'alinéa suivant, qui figure après le tarif à l'article 23 : « Il est expressément entendu que « les prix de transport ne seront dus au concession- « naire qu'autant qu'il effectuerait lui-même ces trans- « ports à ses frais et par ses propres moyens ; dans le « cas contraire, il n'aura droit qu'aux prix fixés pour le « péage ». On supprimerait également, s'il y a lieu, ce qui est dit ensuite à l'article 23 pour les perceptions par kilomètre et on ajouterait la stipulation suivante :

II. — Si les transports sont effectués par d'autres Compagnies, à leurs frais et par leurs propres moyens, le concessionnaire n'aura droit qu'au paiement d'un péage annuel qui sera calculé en répartissant, proportionnelle-

ment aux nombres de kilomètres-voitures, sur les sections empruntées :

1° Les dépenses annuelles d'intérêt et d'amortissement du capital engagé dans la construction des parties empruntées ;

2° Les frais d'entretien et de renouvellement de ces voies.

Le concessionnaire ne pourra s'opposer à ce que les Compagnies dûment autorisées à emprunter ses voies y fassent un service local et dans ce cas, il pourra réclamer une indemnité pour privation de trafic, en sus du péage ci-dessus fixé.

On pourrait expliquer, dans une note ajoutée au type de l'article 23 bis que dans des cas particuliers et bien définis, par exemple lorsque des concessions sont faites simultanément à des Compagnies différentes, il peut être dérogé aux principes ci-dessus posés ; les exceptions pourraient être stipulées dans la forme suivante :

Toutefois, les lignes de..... à...... pourront emprunter les voies comprises dans la présente concession, sans que cet emprunt donne lieu à une indemnité pour privation de trafic. Il en sera de même en ce qui concerne l'emprunt par la ligne qui fait l'objet de la présente concession, des lignes de... à...

Enfin, il peut arriver qu'un tramway électrique doive emprunter la même rue qu'un tramway à chevaux ou à vapeur, que le premier concessionnaire s'oppose à ce qu'on fasse à sa voie les modifications nécessaires, et que le peu de largeur de cette rue ne permette pas d'y poser une seconde voie. Pour parer à des difficultés de ce genre, on pourrait ajouter la clause suivante :

Le concessionnaire sera tenu de s'entendre avec les concessionnaires des voies d'embranchement ou de prolongement pour effectuer, aux frais de ce dernier les modifications de voies, adjonctions et installations nécessaires. Dans le cas où les concessionnaires ne pourraient s'entendre à cet égard, le Ministre des Travaux publics statuerait sur les difficultés qui s'élèveraient entre eux.

Article 24. — *Bagages.* — En ce qui concerne les bagages, je me réfère à ce qui a été dit ci-dessus au sujet de l'article 42 du cahier des charges-type des chemins de fer d'intérêt local. Le poids de 30 kilogrammes pour les bagages pouvant être transportés en franchise est considéré comme facultatif dans le cahier des charges-type de 1881, puisque ce chiffre est imprimé en italiques. On pourrait même insérer en italiques la totalité de l'article 24 ; car il n'est pas applicable sur les tramways urbains ; si un voyageur s'y présentait avec de lourds bagages, on ne saurait où les mettre.

Il suffirait, surtout pour les tramways urbains, de stipuler qu'on autorise les colis portés à la main, c'est-à-dire les paquets et bagages peu volumineux, susceptibles d'être tenus sur les genoux sans gêne pour les voisins et d'un poids inférieur à 10 ou 15 kilogrammes. En ce cas, l'Administration peut se réserver la faculté d'imposer ultérieurement au concessionnaire l'obligation de transporter des bagages plus lourds, ainsi que des messageries, l'établissement des taxes à proposer en ce cas par le concessionnaire ne devant d'ailleurs être autorisé qu'après enquête.

Pour divers tramways urbains on a supprimé l'article 24, en le remplaçant par un alinéa inséré à l'article 23. Tout en accordant, sur les tramways urbains de Pau (décret du 3 novembre 1899) la gratuité aux paquets ou objets peu encombrants, tenus sur les

genoux sans gêne pour les voisins, il a été stipulé que
les colis portés à la main par les voyageurs, mais ne
remplissant pas cette dernière condition, seront néanmoins admis, si leurs dimensions n'excèdent pas
$0^m,70 \times 0^m,60 \times 0^m,40$, moyennant le paiement par
colis et par fractions indivisibles de 20 kilogrammes
d'une taxe de 10 centimes par zône.

Article 30. — *Délais de livraison.* — Je me réfère,
pour cet article, aux observations faites ci-dessus au
sujet de l'article 49 du cahier des charges-type des chemins de fer d'intérêt local.

Article 32. — *Camionnage.* — On pourra demander
pour certains tramways n'étant appelés qu'à desservir
un service de marchandises peu important, qu'ils ne
soient pas tenus de faire un service de factage et de
camionnage, c'est-à-dire que l'article 32 soit supprimé dans le cahier des charges devant régir la concession.

Article 34. — *Embranchements industriels.* — Je
me réfère à ce qui a été dit ci-dessus au sujet de l'article 61 du cahier des charges-type des chemins de fer
d'intérêt local sur les tramways reliés à des embranchements industriels ; le concessionnaire pourra en
cours d'exploitation, accorder aux embranchés la faculté
de ne payer qu'une somme fixe et peu élevée par
wagon, pourvu qu'il ne séjourne pas plus de 6 heures
sur l'embranchement : il convient, en effet, de réduire
les redevances des embranchés, pour développer le
trafic et pour faciliter le service des gares.

Articles 35 *et* 36. — *Services publics.* — Il résulte
des articles 17 et 39 de la loi du 11 juin 1880 que les
tramways recevant une subvention du trésor peuvent
seuls être assujettis envers l'Etat à un service gratuit ou

à une réduction de prix des places. On ne peut donc
exiger des concessionnaires non subventionnés, pour
les services publics, rien en sus de ce que porte le cahier
des charges-type. Si le concessionnaire accepte, pour
ces services, quelques obligations supplémentaires,
elles figurent dans la convention. On a cependant inséré à l'article 36 de divers cahiers des charges les
conditions acceptées, pour le transport des sous-agents
des postes et télégraphes, par un concessionnaire ne
recevant aucune subvention.

On pourrait dans l'intérêt public, ajouter à l'article
36 un alinéa portant (s'il s'agit de tramways ne devant
pas faire uniquement un service de marchandises) que
le concessionnaire sera tenu de faire le service des
colis postaux dans les mêmes conditions que les Compagnies de chemins de fer signataires des conventions
des 15 janvier 1892 et 12 novembre 1896.

Article 38. — *Cautionnement et article* 39, *élection
de domicile.* — Le décret du 13 février 1900 a ajouté à
ces deux articles la note suivante :

« En cas de concession à un département ou à une
« commune avec rétrocession, les articles 38 et 39
« seront supprimés dans le cahier des charges et insé-
« rés dans la convention relative à la rétrocession ».

Les motifs de cette disposition ont été exposés ci-dessus, dans les observations concernant les articles 66 et
67 du cahier des charges-type des chemins de fer d'intérêt local.

CHAPITRE IV

LA RÉGLEMENTATION DES AUTOMOBILES

Lorsque le gouvernement concède une voie ferrée, il se réserve toujours la faculté de concéder ultérieurement de nouveaux chemins de fer ; mais la création des voies concurrentes présente généralement des difficultés : ainsi par exemple l'insuffisance de largeur d'une voie publique peut mettre obstacle à l'établissement d'une voie ferrée parallèle à celle d'un tramway précédemment concédé. Il a donc fallu, dans l'intérêt du public, subordonner la concession d'un chemin de fer d'intérêt local ou d'un tramway à l'acceptation de clauses analogues à celles qui régissent les grands réseaux de chemins de fer notamment de tarifs maxima pour les prix de transport. La situation n'est pas la même pour les voitures automobiles qui ne possèdent la jouissance exclusive d'aucune partie du domaine public et ne sauraient prétendre, ni en droit ni en fait, à aucune espèce de monopole, puisque chacun est libre de faire circuler des véhicules de ce genre sur les voies publiques, en se conformant aux lois et règlements en vigueur.

Les règlements concernant les automobiles sont principalement destinés à sauvegarder la sécurité ; ils prévoient en outre l'éventualité d'un concours financier de l'Etat : l'article 86 de la loi de finances du 13 avril

1898 (1) et le décret du 14 février 1900, portant règlement d'administration publique pour l'exécution de
cet article, permettent à l'Etat de s'engager, dans les
limites déterminées conformément à l'article 14 de la
loi du 11 juin 1880, à concourir au paiement des subventions, lors de l'établissement de services réguliers
de voitures automobiles destinées au transport des
marchandises en même temps qu'au transport des
voyageurs et subventionnés par les départements ou
les communes intéressés.

Les mesures concernant la sûreté, la conduite et la
circulation des automobiles ont été fixées par le décret
du 10 mars 1899, dont le commentaire est donné par
la circulaire ministérielle du 10 avril de la même année.

L'emploi des automobiles présente cet avantage qu'il
permet d'éviter les dépenses qu'entraînent la construction et l'entretien des chemins de fer, dépenses perma-
nentes quelle que soit l'importance du trafic ; mais il
suppose qu'on puisse disposer de bonnes routes.

Des accidents s'étant produits, on s'est demandé s'il
conviendrait d'adopter de nouvelles mesures, afin de
prévenir les dangers pouvant provenir d'un excès de
vitesse. On n'a pas jusqu'ici jugé utile de modifier les
dispositions prescrites par le décret du 10 mars 1899 ;
mais les préfets seront invités à veiller à la stricte
application de ces dispositions. Les Départements de
l'Intérieur et des Travaux publics auront, en outre, à
se concerter sur la question de savoir s'il y a lieu de
rédiger une circulaire au sujet des mesures à prendre
en vue de faciliter la constatation des contraventions,

---

(1) Le texte des lois, décrets et circulaires concernant les automobiles est
reproduit à la fin des annexes de ce volume.

pour que les automobiles susceptibles de prendre une grande vitesse aient des numéros très visibles.

Si on ignore quel sera le trafic probable d'une ligne projetée, ou si les voies projetées présentent une largeur insuffisante, l'automobile fournit le moyen de faire un service d'essai, sauf, s'il ne réussit pas, à transporter les voitures dans une autre région, puisque le capital à engager ne correspond principalement qu'au prix d'achat des véhicules.

Ce système (Société de construction de Dion-Bouton, trains Scotte, etc.) est encore très récent et ne s'applique généralement qu'à des services suburbains pour voyageurs. On peut citer comme services publics étant exploités ou en essai, pour les transports en commun par automobiles, les entreprises suivantes :

De Monte-Carlo à Menton (Alpes-Maritimes) ;
D'Aix à Salon (39 Km., la Provençale, Bouches-du-Rhône) ;
De Condé-sur-Noireau à Vire (27 Km., Calvados) ;
Société des automobiles du Sud-Ouest à Barbezieux (Charente) ;
De Valence à Crest (Drôme, 30 Km.) ;
De Besançon à Salins et Marchaux (Doubs, 48 Km.) ;
De Libourne à Cubzac et Guitres (Gironde, 35 Km.) ;
Société stéphanoise de traction automobile, à Saint-Etienne (Loire) ;
de Port-d'Atelier à Passavant (Haute-Marne, 32 Km.) ;
De Stenay à Montmédy, au moyen de deux omnibus de Dion-Bouton, de 25 ch. (automobiles Meusiennes, 49 Km.) ;
De Châlon à Bourgneuf et Couches (Saône-et-Loire) ;
De Fontainebleau à Barbizon et Marlotte, pendant l'été (Seine-et-Marne, 27 Km.) ;
Banlieue de Toulon et de Draguignan (Var).

Paris, le 1er mai 1900.

DONIOL.

ANNEXES [1]

I. — Documents officiels concernant les chemins de fer d'intérêt local et les tramways

LOI SUR LA POLICE DES CHEMINS DE FER

(15 juillet 1845).

TITRE PREMIER

Mesures relatives à la conservation des chemins de fer

Article premier. — Les chemins de fer construits ou concédés par l'État font partie de la grande voirie.

Art. 2. — Sont applicables aux chemins de fer les lois et règlements sur la grande voirie, qui ont pour objet d'assurer la conservation des fossés, talus, levées et ouvrages d'art dépendant des routes, et d'interdire, sur toute leur étendue, le pacage des bestiaux et les dépôts de terre et autres objets quelconques.

Art. 3. — Sont applicables aux propriétés riveraines des chemins de fer les servitudes imposées par les lois et règlements sur la grande voirie, et qui concernent :

L'alignement ;

L'écoulement des eaux ;

L'occupation temporaire des terrains et cas de réparation ;

La distance à observer pour les plantations et l'étalage des arbres plantés ;

Le mode d'exploitation des mines, minières, tourbières, carrières et sablières, dans la zone déterminée à cet effet.

Sont également applicables à la confection et à l'entretien des chemins de fer les lois et règlements sur l'extraction des matériaux nécessaires aux travaux publics.

Art. 4. — Tout chemin de fer sera clos des deux côtés et sur toute l'étendue de la voie.

L'Administration déterminera, pour chaque ligne, le mode de cette clôture, et, pour ceux des chemins qui n'y ont pas été assujettis, l'époque à laquelle elle devra être effectuée.

Partout où les chemins de fer croiseront, de niveau, les routes de terre,

(1) Les documents officiels dont le texte est reproduit dans ces annexes, sont rangés par ordre chronologique : 1° pour les chemins de fer d'intérêt local et les tramways ; 2° pour les automobiles.

des barrières seront établies et tenues fermées, conformément aux règlements (1).

ART. 5. — A l'avenir, aucune construction, autre qu'un mur de clôture, ne pourra être établie dans une distance de deux mètres d'un chemin de fer.

Cette distance sera mesurée, soit de l'arête supérieure du déblai, soit de l'arête inférieure du talus de remblai, soit du bord extérieur des fossés du chemin, et, à défaut, d'une ligne tracée à un mètre cinquante centimètres à partir des rails extérieurs de la voie de fer.

Les constructions existantes au moment de la promulgation de la présente loi, ou lors de l'établissement d'un nouveau chemin de fer, pourront être entretenues dans l'état où elles se trouveront à cette époque.

Un règlement d'administration publique déterminera les formalités à remplir par les propriétaires, pour faire constater l'état desdites constructions, et fixera le délai dans lequel ces formalités devront être remplies.

ART. 6. — Dans les localités où le chemin de fer se trouvera en remblai de plus de trois mètres au-dessus du terrain naturel, il est interdit aux riverains de pratiquer, sans autorisation préalable, des excavations dans une zone de largeur égale à la hauteur verticale du remblai, mesurée à partir du pied du talus.

Cette autorisation ne pourra être accordée sans que les concessionnaires ou fermiers de l'exploitation du chemin de fer aient été entendus ou dûment appelés.

ART. 7. — Il est défendu d'établir, à une distance de moins de vingt mètres d'un chemin de fer desservi par des machines à feu, des couvertures en chaume, des meules de paille, de foin, et aucun autre dépôt de matières inflammables.

Cette prohibition ne s'étend pas aux dépôts de récoltes faits seulement pour le temps de la moisson.

ART. 8. — Dans une distance de moins de cinq mètres d'un chemin de fer, aucun dépôt de pierres ou objets non inflammables ne peut être établi sans l'autorisation préalable du préfet.

Cette autorisation sera toujours révocable.

L'autorisation n'est pas nécessaire :

1o Pour former, dans les localités où le chemin de fer est en remblai, des dépôts de matières non inflammables, dont la hauteur n'excède pas celle du remblai du chemin.

2o Pour former des dépôts temporaires d'engrais et autres objets nécessaires à la culture des terres.

ART. 9. — Lorsque la sûreté publique, la conservation du chemin et la disposition des lieux le permettront, les distances déterminées par les articles précédents pourront être diminuées en vertu d'ordonnances royales rendues après enquêtes.

ART. 10. — Si, hors des cas d'urgence prévus par la loi des 16-24 août 1790, la sûreté publique ou la conservation du chemin de fer l'exige, l'Administration pourra faire supprimer, moyennant une juste indemnité, les constructions, plantations, excavations, couvertures en chaume, amas de matériaux, combustibles ou autres, existant dans les zones ci-dessus spécifiées au moment de la promulgation de la présente loi, et, pour l'avenir, lors de l'établissement du chemin de fer.

(1) Voir les lois du 11 juin 1880 et du 26 mars 1897.

L'indemnité sera réglée, pour la suppression des constructions, conformément au titre IV et suivants de la loi du 3 mai 1841, et pour tous les autres cas, conformément à la loi du 16 septembre 1807.

ART. 11. — Les contraventions aux dispositions du présent titre seront constatées, poursuivies et réprimées comme en matière de grande voirie.

Elles seront punies d'une amende de seize à trois cents francs, sans préjudice, s'il y a lieu, des peines portées au code pénal et au titre III de la présente loi. Les contrevenants seront, en outre, condamnés à supprimer, dans le délai déterminé par l'arrêté du conseil de préfecture, les excavations, couvertures, meules ou dépôts faits contrairement aux dispositions précédentes.

A défaut, par eux, de satisfaire à cette condamnation dans un délai fixé, la suppression aura lieu d'office, et le montant de la dépense sera recouvré contre eux par voie de contrainte, comme en matière de contributions publiques.

TITRE II

Des contraventions de voirie commises par les concessionnaires ou fermiers de chemins de fer

ART. 12. — Lorsque le concessionnaire ou le fermier de l'exploitation d'un chemin de fer contreviendra aux clauses du cahier des charges ou aux décisions rendues en exécution de ces clauses, en ce qui concerne le service de la navigation, la viabilité des routes royales, départementales ou vicinales, ou le libre écoulement des eaux, procès-verbal sera dressé de la contravention, soit par les ingénieurs des ponts et chaussées ou des mines, soit par les conducteurs, gardes-mines et piqueurs dûment assermentés.

ART. 13. — Les procès-verbaux, dans les quinze jours de leur date, seront notifiés administrativement au domicile élu par le concessionnaire ou le fermier, à la diligence du préfet, et transmis dans le même délai, au conseil de préfecture du lieu de la contravention.

ART. 14. — Les contraventions prévues à l'article 12 seront punies d'une amende de trois cents francs à trois mille francs.

ART. 15. — L'Administration pourra, d'ailleurs, prendre immédiatement toutes mesures provisoires pour faire cesser le dommage, ainsi qu'il est procédé en matière de grande voirie.

Les frais qu'entraînera l'exécution de ces mesures seront recouvrés, contre le concessionnaire ou fermier, par voie de contrainte, comme en matière de contributions publiques.

TITRE III

Des mesures relatives à la sûreté de la circulation sur les chemins de fer

ART. 16. — Quiconque aura volontairement détruit ou dérangé la voie de fer, placé sur la voie un objet faisant obstacle à la circulation, ou employé un moyen quelconque pour entraver la marche des convois ou les faire sortir des rails, sera puni de la réclusion.

S'il y a eu homicide ou blessures, le coupable sera, dans le premier cas, puni de mort, et, dans le second, de la peine des travaux forcés à temps.

ART. 17. — Si le crime prévu par l'article 16 a été commis en réunion séditieuse, avec rébellion ou pillage, il sera imputable aux chefs, auteurs, instigateurs et provocateurs de ces réunions, qui seront punis comme coupables du crime, et condamnés aux mêmes peines que ceux qui l'auront personnellement commis, lors même que la réunion séditieuse n'aurait pas eu pour but direct et principal la destruction de la voie de fer.

Toutefois, dans ce dernier cas, lorsque la peine de mort sera applicable aux auteurs du crime, elle sera remplacée, à l'égard des chefs, auteurs, instigateurs, et provocateurs de ces réunions, par la peine des travaux forcés à perpétuité.

ART. 18. — Quiconque aura menacé, par écrit anonyme ou signé, de commettre un de ces crimes, prévus par l'article 16, sera puni d'un emprisonnement de trois à cinq ans, dans le cas où la menace aurait été faite avec ordre de déposer une somme d'argent dans un lieu indiqué, ou de remplir toute autre condition.

Si la menace n'a été accompagnée d'aucun ordre de condition, la peine sera d'un emprisonnement de trois mois à deux ans, et d'une amende de cent à cinq cents francs.

Si la menace avec ordre de condition a été verbale, le coupable sera puni d'un emprisonnement de quinze jours à six mois, et d'une amende de vingt-cinq à trois cents francs.

Dans tous les cas, le coupable pourra être mis par le jugement sous la surveillance de la haute police, pour un temps qui ne pourra être moindre de deux ans ni excéder cinq ans.

ART. 19. — Quiconque, par maladresse, imprudence, inattention, négligence ou inobservation des lois ou règlements, aura involontairement causé sur un chemin de fer, ou dans les gares ou stations, un accident qui aura occasionné des blessures, sera puni de huit jours à six mois d'emprisonnement, et d'une amende de cinquante à mille francs.

Si l'accident a occasionné la mort d'une ou plusieurs personnes, l'emprisonnement sera de six mois à cinq ans, et l'amende de trois cents à trois mille francs.

ART. 20. — Sera puni d'un emprisonnement de six mois à deux ans, tout mécanicien ou conducteur garde-frein qui aura abandonné son poste pendant la marche du convoi.

ART. 21. — Toute contravention aux ordonnances royales portant règlement d'administration publique sur la police, la sûreté et l'exploitation du chemin de fer, et aux arrêtés pris par les préfets, sous l'approbation du ministre des travaux publics pour l'exécution desdites ordonnances, sera puni d'une amende de seize à trois mille francs.

En cas de récidive dans l'année, l'amende sera portée au double, et le tribunal pourra, selon les circonstances, prononcer, en outre, un emprisonnement de trois jours à un mois.

ART. 22. — Les concessionnaires ou fermiers d'un chemin de fer seront responsables, soit envers l'État, soit envers les particuliers, du dommage causé par les administrateurs, directeurs ou employés à un titre quelconque au service de l'exploitation du chemin de fer.

L'État sera soumis à la même responsabilité envers les particuliers, si le chemin de fer est exploité à ses frais et pour son compte.

Art. 23. — Les crimes, délits ou contraventions, prévus dans les titres Ier et III de la présente loi, pourront être constatés par des procès-verbaux dressés concurremment par les officiers de police judiciaire, les ingénieurs des ponts et chaussées et des mines, les conducteurs, gardes-mines, agents de surveillance et gardes nommés ou agréés par l'administration et dûment assermentés.

Les procès-verbaux des délits et contraventions feront foi jusqu'à preuve contraire.

Au moyen du serment prêté devant le tribunal de première instance de leur domicile, les agents de surveillance de l'administration et des concessionnaires ou fermiers pourront verbaliser sur toute la ligne du chemin de fer auquel ils seront attachés.

Art. 24. — Les procès-verbaux dressés en vertu de l'article précédent, seront visés pour timbre et enregistrés en débet.

Ceux qui auront été dressés par des agents de surveillance et gardes assermentés devront être affirmés dans les trois jours, à peine de nullité, devant le juge de paix ou le maire, soit du lieu du délit ou de la contravention, soit de la résidence de l'agent.

Art. 25. — Toute attaque, toute résistance avec violence et voie de fait envers les agents des chemins de fer, dans l'exercice de leurs fonctions, sera punie des peines appliquées à la rébellion, suivant les distinctions faites par le code pénal.

Art. 26. — L'article 463 du code pénal est applicable aux condamnations qui seront prononcées en exécution de la présente loi.

Art. 27. — En cas de conviction de plusieurs crimes ou délits prévus par la présente loi ou par le code pénal, la peine la plus forte sera seule prononcée.

Les peines encourues pour des faits postérieu s à la poursuite pourront être cumulées, sans préjudice des peines de la récidive.

ORDONNANCE portant règlement sur la police, la sûreté et l'exploitation des chemins de fer (1).

(15 novembre 1846).

TITRE PREMIER

Des stations et de la voie des chemins de fer

Section Ire. — Des Stations

Article premier. — L'entrée, le stationnement et la circulation des voitures publiques ou particulières, destinées soit au transport des marchandises, dans les cours dépendant des stations de chemins de fer, seront réglés par des arrêtés du préfet du département. Ces arrêtés ne seront exécutoires qu'en vertu de l'approbation du ministre des travaux publics.

(1) Voir ci-après les décrets du 11 août 1883, du 23 janvier et du 9 mars 1889, qui ont modifié les articles 10, 18, 20 et 69 de l'ordonnance du 15 novembre 1846.

SECTION II. — *De la Voie*

ART. 2. — Le chemin de fer et les ouvrages qui en dépendent seront constamment entretenus en bon état.

La compagnie devra faire connaître au ministre des travaux publics les mesures qu'elle aura prises pour cet entretien.

Dans le cas où ces mesures seraient insuffisantes, le ministre des travaux publics, après avoir entendu la compagnie, prescrira celles qu'il jugera nécessaires.

ART. 3. — Il sera placé, partout où besoin sera, des gardiens, en nombre suffisant, pour assurer la surveillance et la manœuvre des aiguilles des croisements et changements de voie ; en cas d'insuffisance, le nombre de ces gardiens sera fixé par le ministre des travaux publics, la compagnie entendue.

ART. 4. — Partout où un chemin de fer est traversé à niveau, soit par une route à voitures, soit par un chemin destiné au passage des piétons, il sera établi des barrières.

Le mode, la garde et les conditions de service des barrières seront réglés par le ministre des travaux publics, sur la proposition de la compagnie.

ART. 5. — Si l'établissement de contre-rails est jugé nécessaire dans l'intérêt de la sûreté publique, la compagnie sera tenue d'en placer sur les points qui seront désignés par le ministre des travaux publics.

ART. 6. — Aussitôt après le coucher du soleil et jusqu'après le passage du dernier train, les stations et leurs abords devront être éclairés.

Il en sera de même des passages à niveau pour lesquels l'Administration jugera cette mesure nécessaire.

TITRE II

Du matériel employé à l'exploitation

ART. 7. — Les machines locomotives ne pourront être mises en service qu'en vertu de l'autorisation de l'Administration et après avoir été soumises à toutes les épreuves prescrites par les règlements en vigueur.

Lorsque, par suite de détérioration ou pour toute autre cause, l'interdiction d'une machine aura été prononcée, cette machine ne pourra être remise en service qu'en vertu d'une nouvelle autorisation.

ART. 8. — Les essieux des locomotives, des tenders et des voitures de toute espèce, entrant dans la composition des convois de voyageurs ou dans celle des trains mixtes de voyageurs et de marchandises, allant à grande vitesse, devront être en fer martelé de premier choix.

ART. 9. — Il sera tenu des états de service pour toutes les locomotives. Ces états seront inscrits sur des registres qui devront être constamment à jour, et indiquer, à l'article de chaque machine, la date de sa mise en service, le travail qu'elle a accompli, les réparations ou modifications qu'elle a reçues et le renouvellement de ses diverses pièces.

Il sera tenu, en outre, pour les essieux de locomotives, tenders et voitures de toute espèce, des registres spéciaux sur lesquels, à côté du numéro d'ordre de chaque essieu, seront inscrits sa provenance, la date de sa mise en service, l'épreuve qu'il peut avoir subie, son travail, ses accidents et ses réparations; à cet effet, le numéro d'ordre sera poinçonné sur chaque essieu.

Les registres mentionnés aux deux paragraphes ci-dessus seront représentés, à toute réquisition, aux ingénieurs et aux agents chargés de la surveillance du matériel de l'exploitation.

ART. 10. — Il est interdit de placer, dans un convoi comprenant des voitures de voyageurs, aucune locomotive, tender ou autre voiture d'une nature quelconque, montés sur des roues en fonte.

Toutefois, le ministre des travaux publics pourra, par exception, autoriser l'emploi des roues en fonte, cerclées en fer, dans les trains mixtes de voyageurs et de marchandises et marchant à la vitesse d'au plus vingt-cinq kilomètres à l'heure (1).

ART. 11. — Les locomotives devront être pourvues d'appareils ayant pour objet d'arrêter les fragments de coke tombant de la grille et d'empêcher la sortie des flammèches par la cheminée.

ART. 12. — Les voitures destinées au transport des voyageurs seront d'une construction solide ; elles devront être commodes et pourvues de ce qui est nécessaire à la sûreté des voyageurs.

Les dimensions de la place affectée à chaque voyageur devront être d'au moins quarante-cinq centimètres en largeur, soixante-cinq centimètres en profondeur et un mètre quarante-cinq centimètres en hauteur ; cette disposition sera appliquée aux chemins de fer existants, dans un délai qui sera fixé pour chaque chemin par le ministre des travaux publics.

ART. 13. — Aucune voiture pour les voyageurs ne sera mise en service sans une autorisation du préfet, donnée sur le rapport d'une commission constatant que la voiture satisfait aux conditions de l'article précédent.

L'autorisation de mise en service n'aura d'effet qu'après que l'estampille, prescrite pour les voitures publiques par l'article 117 de la loi du 25 mars 1817, aura été délivrée par le directeur des contributions indirectes.

ART. 14. — Toute voiture de voyageurs portera, dans l'intérieur, l'indication apparente du nombre des places.

ART. 15. — Les locomotives, tenders et voitures de toute espèce devront porter : 1° le nom où les initiales du nom du chemin de fer auquel ils appartiennent, 2° un numéro d'ordre. Les voitures de voyageurs porteront, en outre, l'estampille délivrée par l'administration des contributions indirectes. Ces diverses indications seront placées d'une manière apparente, sur la caisse ou sur les côtés des chassis.

ART. 16. — Les machines-locomotives, tenders et voitures de toute espèce et tout le matériel de l'exploitation seront constamment maintenus dans un bon état d'entretien.

La compagnie devra faire connaître au ministre des travaux publics les mesures adoptées par elle à cet égard, et, en cas d'insuffisance, le ministre, après avoir entendu les observations de la compagnie, prescrira les dispositions qu'il jugera nécessaires à la sûreté de la circulation.

TITRE III

De la composition des convois

ART. 17. — Tout convoi ordinaire de voyageurs devra contenir, en nom-

(1) Article modifié par décret du 23 janvier 1889 (Voir ci-après ce décret).

bre suffisant, des voitures de chaque classe, à moins d'une autorisation spéciale du ministre des travaux publics.

ART. 18 (1). — Chaque train de voyageurs devra être accompagné :

1° D'un mécanicien et d'un chauffeur par machine : le chauffeur devra être capable d'arrêter la machine en cas de besoin ;

2° Du nombre de conducteurs gardes-freins qui sera déterminé pour chaque chemin, suivant les pentes et suivant le nombre de voitures, par le ministre des travaux publics, sur la proposition de la compagnie.

Sur la dernière voiture de chaque convoi, ou sur l'une des voitures placées à l'arrière, il y aura toujours un frein et un conducteur chargé de le manœuvrer.

Lorsqu'il y aura plusieurs conducteurs dans un convoi, l'un d'entre eux devra toujours avoir autorité sur les autres.

Un train de voyageurs ne pourra se composer de plus de vingt-quatre voitures à quatre roues. S'il entre des voitures à six roues dans la composition du convoi, le maximum du nombre des voitures sera déterminé par le ministre.

Les dispositions des paragraphes précédents sont applicables aux trains mixtes de voyageurs et de marchandises marchant à la vitesse des voyageurs ; quant aux convois de marchandises qui transportent en même temps des voyageurs et des marchandises et qui ne marchent pas à la vitesse ordinaire des voyageurs, les mesures spéciales et les conditions de sûreté auxquelles ils devront être assujettis seront déterminées par le ministre, sur la proposition de la compagnie.

ART. 19. — Les locomotives devront être en tête des trains.

Il ne pourra être dérogé à cette disposition que pour les manœuvres à exécuter dans le voisinage des stations, ou pour le cas de secours. Dans ces cas spéciaux, la vitesse ne devra pas dépasser vingt-cinq kilomètres par heure.

ART. 20. — Les convois de voyageurs ne devront être remorqués que par une seule locomotive, sauf les cas où l'emploi d'une machine de renfort deviendrait nécessaire, soit pour la montée d'une rampe de forte inclinaison, soit par suite d'une affluence de voyageurs, de l'état de l'atmosphère, d'un accident ou d'un retard exigeant l'emploi de secours, ou de tout autre cas analogue ou spécial, préalablement déterminé par le ministre des travaux publics.

Il est, dans tous les cas, interdit d'atteler, simultanément, plus de deux locomotives à un convoi de voyageurs.

La machine placée en tête devra régler la marche du train.

Il devra toujours y avoir, en tête de chaque train, entre le tender et la première voiture de voyageurs, autant de voitures ne portant pas de voyageurs qu'il y aura de locomotives attelées.

Dans tous les cas où il sera attelé plus d'une locomotive à un train, mention en sera faite sur un registre à ce destiné, avec indication du motif de la mesure, de la station où elle aura été jugée nécessaire, et de l'heure à laquelle le train aura quitté cette station.

Ce registre sera représenté à toute réquisition aux fonctionnaires et agents de l'administration publique chargés de la surveillance de l'exploitation (1).

---

(1) Article modifié par décret du 9 mars 1889 (Voir ci-après ce décret).
(1) Article modifié par décret du 9 mars 1889 (Voir ci-après ce décret).

Art. 21. — Il est défendu d'admettre, dans les convois qui portent des voyageurs, aucune matière pouvant donner lieu soit à des explosions, soit à des incendies.

Art. 22. — Les voitures entrant dans la composition des trains de voyageurs seront liées entre elles par des moyens d'attache tels, que les tampons à ressort de ces voitures soient toujours en contact.

Les voitures des entrepreneurs de messageries ne pourront être admises dans la composition des trains qu'avec l'autorisation du ministre des travaux publics, et que moyennant les conditions indiquées dans l'acte d'autorisation.

Art. 23. — Les conducteurs gardes-freins seront mis en communication avec le mécanicien, pour donner, en cas d'accident, le signal d'alarme, par tel moyen qui sera autorisé par le ministre des travaux publics, sur la proposition de la compagnie.

Art. 24. — Les trains devront être éclairés extérieurement pendant la nuit. En cas d'insuffisance du système d'éclairage, le ministre des travaux publics prescrira, la compagnie entendue, les dispositions qu'il jugera nécessaires.

Les voitures fermées, destinées aux voyageurs, devront être éclairées intérieurement pendant la nuit et au passage des souterrains qui seront désignés par le ministre.

TITRE IV

Du départ, de la circulation et de l'arrivée des convois

Art. 25. — Pour chaque chemin de fer, le ministre des travaux publics déterminera, sur la proposition de la compagnie, le sens du mouvement des trains et de machines isolées sur chaque voie, quand il y a plusieurs voies, ou les points de croisement quand il n'y en a qu'une.

Il ne pourra être dérogé, sous aucun prétexte, aux dispositions qui auront été prescrites par le ministre, si ce n'est dans le cas où la voie serait interceptée ; et, dans ce cas, le changement devra être fait avec les précautions indiquées en l'article 34 ci-après.

Art. 26. — Avant le départ du train, le mécanicien s'assurera si toutes les parties de la locomotive et du tender sont en bon état, si le frein de ce tender fonctionne convenablement.

La même vérification sera faite par les conducteurs gardes-freins, en ce qui concerne les voitures et les freins de ces voitures.

Le signal du départ ne sera donné que lorsque les portières seront fermées.

Le train ne devra être mis en marche qu'après le signal du départ.

Art. 27. — Aucun convoi ne pourra partir d'une station avant l'heure déterminée par le règlement de service.

Aucun convoi ne pourra également partir d'une station avant qu'il se soit écoulé, depuis le départ ou le passage du convoi précédent, le laps de temps qui aura été fixé par le ministre des travaux publics, sur la proposition de la compagnie.

Des signaux seront placés à l'entrée de la station pour indiquer aux mécaniciens des trains qui pourraient survenir, si le délai déterminé en vertu du paragraphe précédent est écoulé.

Dans l'intervalle des stations, des signaux seront établis, afin de donner le même avertissement au mécanicien sur les points où il ne peut pas voir devant lui à une distance suffisante. Dès que l'avertissement lui sera donné, le mécanicien devra ralentir la marche du train. En cas d'insuffisance des signaux établis par la compagnie, le ministre prescrira, la compagnie entendue, l'établissement de ceux qu'il jugera nécessaires.

ART. 28. — Sauf le cas de force majeure, ou de réparation de la voie, les trains ne pourront s'arrêter qu'aux gares ou lieux de stationnement autorisés pour le service des voyageurs ou des marchandises.

Les locomotives ou les voitures ne pourront stationner sur les voies du chemin de fer affectées à la circulation des trains.

ART. 29. — Le ministre des travaux publics déterminera, sur la proposition de la compagnie, les mesures spéciales de précaution relatives à la circulation des trains sur les plans inclinés et dans les souterrains à une ou deux voies, à raison de leur longueur et de leur tracé.

Il déterminera également, sur la proposition de la compagnie, la vitesse maximum que les trains de voyageurs pourront prendre sur les diverses parties de chaque ligne et la durée du trajet.

Art. 30. — Le ministre des travaux publics prescrira, sur la proposition de la compagnie, les mesures spéciales de précaution à prendre pour l'expédition et la marche des convois extraordinaires.

Dès que l'expédition d'un convoi extraordinaire aura été décidée, déclaration devra en être faite immédiatement au commissaire spécial de police, avec indication du motif de l'expédition du convoi et de l'heure du départ.

ART. 31. — Il sera placé le long du chemin, pendant le jour et pendant la nuit, soit pour l'entretien, soit pour la surveillance de la voie, des agents en nombre assez grand pour assurer la libre circulation des trains et la transmission des signaux; en cas d'insuffisance, le ministre des travaux publics en réglera le nombre, la compagnie entendue.

Ces agents seront pourvus de signaux de jour et de nuit, à l'aide desquels ils annonceront si la voie est libre et en bon état, si le mécanicien doit ralentir sa marche, ou s'il doit arrêter immédiatement le train.

Ils devront, en outre, signaler de proche en proche, l'arrivée des convois.

ART. 32. — Dans le cas où, soit un train, soit une machine isolée, s'arrêterait sur la voie pour cause d'accident, le signal d'arrêt, indiqué par l'article précédent, devra être fait à 500 mètres, au moins, à l'arrière.

Les conducteurs principaux des convois et les mécaniciens conducteurs de machines isolées, devront être munis d'un signal d'arrêt.

ART. 33. — Lorsque des ateliers de réparation seront établis sur une voie, des signaux devront indiquer si l'état de la voie ne permet pas le passage des trains ou s'il suffit de ralentir la marche de la machine.

ART. 34. — Lorsque, par suite d'un accident, de réparation, ou de toute autre cause, la circulation devra s'effectuer momentanément sur une voie, il devra être placé un garde auprès des aiguilles de chaque changement de voie.

Les gardes ne laisseront les trains s'engager dans la voie unique, réservée à la circulation, qu'après s'être assurés qu'ils ne seront pas rencontrés par un train venant dans un sens opposé.

Il en sera donné connaissance au commissaire spécial de police du signal ou de l'ordre de service adopté pour assurer la circulation sur la voie unique.

ART. 35. — La compagnie sera tenue de faire connaître au ministre des travaux publics le système de signaux qu'elle a adopté ou qu'elle se propose d'adopter pour les cas prévus par le présent titre. Le ministre prescrira les modifications qu'il jugera nécessaires.

ART. 36. — Le mécanicien devra porter constamment son attention sur l'état de la voie, arrêter ou ralentir la marche en cas d'obstacles, suivant les circonstances, et se conformer aux signaux qui lui seront transmis : il surveillera toutes les parties de la machine, la tension de la vapeur et le niveau d'eau de la chaudière. Il veillera à ce que rien n'embarrasse la manœuvre du frein du tender.

ART. 37. — A cinq cents cents mètres, au moins, avant d'arriver au point où une ligne d'embranchement vient croiser la ligne-principale, le mécanicien devra modérer la vitesse de telle manière que le train puisse être complètement arrêté avant d'atteindre ce croisement, si les circonstances l'exigent.

Au point d'embranchement ci-dessus désigné, des signaux devront indiquer le sens dans lequel les aiguilles sont placées.

A l'approche des stations d'arrivée, le mécanicien devra prendre les dispositions convenables pour que la vitesse acquise du train soit complètement amortie avant le point où les voyageurs doivent descendre, et de telle sorte qu'il soit nécessaire de remettre la machine en action pour atteindre ce point.

ART. 38. — A l'approche des stations, des passages à niveau, des courbes, des tranchées et des souterrains, le mécanicien devra faire jouer le sifflet à vapeur pour avertir de l'approche du train.

Il se servira également du sifflet comme moyen d'avertissement, toutes les fois que la voie ne lui paraîtra pas complètement libre.

ART. 39. — Aucune personne autre que le mécanicien et le chauffeur ne pourra monter sur la locomotive ou sur le tender, à moins d'une permission spéciale et écrite du directeur de l'exploitation du chemin de fer.

Sont exceptés de cette interdiction les ingénieurs des ponts et chaussées, les ingénieurs des mines chargés de la surveillance, et les commissaires spéciaux de police. Toutefois, ces derniers devront remettre au chef de la station, ou au conducteur principal du convoi, une réquisition écrite et motivée.

ART. 40. — Des machines, dites de secours ou de réserve, devront être entretenues constamment en feu et prêtes à partir sur les points de chaque ligne qui seront désignées par le ministre des travaux publics, sur la proposition de la compagnie.

Les règles relatives au service de ces machines seront également déterminées par le ministre, sur la proposition de la compagnie.

ART. 41. — Il y aura constamment aux lieux de dépôt des machines un wagon chargé de tous les agrès et outils nécessaires en cas d'accident.

Chaque train devra, d'ailleurs, être muni des outils les plus indispensables.

ART. 42. — Aux stations qui seront désignées par le ministre des travaux publics, il sera tenu des registres, sur lesquels on mentionnera les retards excédant dix minutes pour les parcours dont la longueur est inférieure à cinquante kilomètres, et quinze minutes pour les parcours de cinquante kilomètres et au-delà. Ces registres indiqueront la nature et la composition des trains, le nom des locomotives qui les ont remorquées, les heures de départ et d'arrivée, la cause et la durée du retard.

Ces registres seront représentés, à toute réquisition, aux ingénieurs, fonctionnaires et aux agents de l'Administration publique chargés de la surveillance du matériel et de l'exploitation.

Art. 43. — Des affiches placées dans les stations feront connaître au public les heures de départ des convois ordinaires de toute sorte, les stations qu'ils doivent desservir, les heures auxquelles ils doivent arriver à chacune des stations et en partir.

Quinze jours au moins avant d'être mis à exécution, ces ordres de service seront communiqués en même temps aux commissaires royaux (aujourd'hui inspecteurs principaux ou particuliers), au préfet du département et au ministre des travaux publics, qui pourra prescrire les modifications nécessaires pour la circulation ou pour les besoins du public.

TITRE V.

De la perception des taxes et des frais accessoires.

Art. 44. — Aucune taxe, de quelque nature qu'elle soit, ne pourra être perçue par la compagnie qu'en vertu d'une homologation du ministre des travaux publics.

Les taxes perçues actuellement sur les chemins dont les concessions sont antérieures à 1835, et qui ne sont pas encore régularisées, devront l'être avant le 1er avril 1847.

Art. 45. — Pour l'exécution du paragraphe 1er de l'article qui précède, la compagnie devra dresser un tableau des prix qu'elle a l'intention de percevoir, dans la limite du maximum autorisé par le cahier des charges, pour le transport des voyageurs, des bestiaux, marchandises et objets divers, et en transmettre, en même temps, des expéditions au ministre des travaux publics, aux préfets des départements traversés par le chemin de fer et aux commissaires royaux (aujourd'hui inspecteurs principaux ou particuliers).

Art. 46. — La compagnie devra, en outre, dans le plus court délai, soumettre ses propositions au ministre des travaux publics pour les prix de transport non déterminés par le cahier des charges, à l'égard desquels le ministre est appelé à statuer.

Art. 47. — Quant aux frais accessoires, tels que ceux de chargement, de déchargement et d'entrepôt, dans les gares et magasins du chemin de fer, et quant à toutes les taxes qui doivent être réglées annuellement, la compagnie devra en soumettre le règlement à l'approbation du ministre des travaux publics dans le dixième mois de chaque année. Jusqu'à décision, les anciens tarifs continueront à être perçus.

Art. 48. — Les tableaux des taxes et des frais accessoires approuvés seront constamment affichés dans les lieux les plus apparents des gares et stations des chemins de fer.

Art. 49. — Lorsque la compagnie voudra apporter quelques changements aux prix autorisés, elle en donnera avis au ministre des travaux publics, aux préfets des départements traversés et aux commissaires royaux (aujourd'hui inspecteurs principaux ou particuliers).

Le public sera, en même temps, informé par des affiches des changements soumis à l'approbation du ministre.

A l'expiration du mois, à partir de la date de l'affiche, lesdites taxes pourront être perçues, si, dans cette intervalle, le ministre des travaux publics les a homologuées.

Si des modifications à quelques-uns des prix affichés étaient prescrites par le ministre, les prix modifiés devront être affichés de nouveau, et ne pourront être mis en perception qu'un mois après la date de ces affiches.

Art. 50. — La compagnie sera tenue d'effectuer avec soin, exactitude et célérité, et sans tour de faveur, les transports de marchandises, bestiaux et objets de toute nature qui lui sont confiés.

Au fur et à mesure que des colis, des bestiaux ou des objets quelconques arriveront au chemin de fer, enregistrement en sera fait immédiatement, avec mention du prix total dû pour le transport. Le transport s'effectuera dans l'ordre des inscriptions, à moins de délais demandés ou consentis par l'expéditeur et qui seront mentionnés dans l'enregistrement.

Un récépissé devra être délivré à l'expéditeur, s'il le demande, sans préjudice, s'il y a lieu, de la lettre de voiture. Le récépissé énoncera la nature et le poids des colis, le prix total du transport et le délai dans lequel ce transport pourra être effectué.

Les registres mentionnés au présent article seront représentés à toute réquisition des fonctionnaires et agents chargés de veiller à l'exécution du présent règlement.

TITRE VI.

De la surveillance de l'exploitation.

Art. 51. — La surveillance de l'exploitation des chemins de fer s'exercera concurremment :

Par les commissaires royaux (aujourd'hui inspecteurs principaux ou particuliers) ;

Par les ingénieurs des ponts et chaussées, les ingénieurs des mines et par les conducteurs, les gardes-mines et autres agents sous leurs ordres ;

Par les commissaires spéciaux de police et les agents sous leurs ordres.

Art. 52. — Les commissaires royaux (aujourd'hui inspecteurs principaux ou particuliers) seront chargés :

De surveiller le mode d'application des tarifs approuvés et l'exécution des mesures prescrites pour la réception et l'enregistrement des colis, leur transport et leur remise aux destinataires ;

De veiller à l'exécution des mesures approuvées ou prescrites, pour que le service des transports ne soit pas interrompu aux points extrêmes des lignes en communication l'une avec l'autre ;

De vérifier les conditions des traités qui seraient passés par les compagnies avec les entreprises de transport, par terre ou par eau, en correspondance avec les chemins de fer, et de signaler toutes les infractions au principe de l'égalité des taxes ;

De constater le mouvement de la circulation des voyageurs et des marchandises sur les chemins de fer, les dépenses d'entretien et d'exploitation, et les recettes.

Art. 53. — Pour l'exécution de l'article ci-dessus, les compagnies seront tenues de représenter, à toute réquisition, aux commissaires royaux (aujourd'hui inspecteurs principaux ou particuliers), leurs registres de dépenses et de recettes et les registres mentionnés à l'article 50 ci-dessus.

Art. 54. — A l'égard des chemins de fer pour lesquels les compagnies auraient obtenu de l'État soit un prêt avec intérêt privilégié, soit la garantie d'un minimum d'intérêt, ou pour lesquels l'État devra entrer en partage des produits nets, les commissaires royaux (aujourd'hui inspecteurs principaux ou particuliers), exerceront toutes les autres attributions qui seront déterminées par les règlements spéciaux à intervenir dans chaque cas particulier.

Art. 55. — Les ingénieurs, les conducteurs et autres agents du service des ponts et chaussées seront spécialement chargés de surveiller l'état de la voie de fer, des terrassements, des ouvrages d'art et des clôtures.

Art. 56. — Les ingénieurs des mines, les gardes-mines et autres agents du service des mines seront spécialement chargés de surveiller l'état des machines fixes et locomotives employées à la traction des convois, et, en général, de tout le matériel roulant servant à l'exploitation.

Ils pourront être suppléés par les ingénieurs, conducteurs et autres agents du service des ponts et chaussées, et réciproquement.

Art. 57. — Les commissaires spéciaux de police et les agents sous leurs ordres sont chargés particulièrement de surveiller la composition, le départ, l'arrivée, la marche et le stationnement des trains, l'entrée, le stationnement et la circulation des voitures dans les cours et stations, l'admission du public dans les gares et sur les quais des chemins de fer.

Art. 58. — Ces compagnies seront tenues de fournir des locaux convenables pour les commissaires spéciaux de police et les agents de surveillance.

Art 59. — Toutes les fois qu'il arrivera un accident sur le chemin de fer, il en sera fait immédiatement déclaration à l'autorité locale et au commissaire spécial de police, à la diligence du chef du convoi. Le préfet du département, l'ingénieur des ponts et chaussées et l'ingénieur des mines, chargés de la surveillance, et le commissaire royal (aujourd'hui inspecteur principal ou particulier) en seront immédiatement informés par les soins de la compagnie.

Art. 60. — Les compagnies devront soumettre à l'approbation du ministre des travaux publics leurs règlements relatifs au service et à l'exploitation des chemins de fer.

TITRE VII.

Des mesures concernant les voyageurs et les personnes étrangères au service des chemins de fer.

Art. 61. — Il est défendu à toute personne étrangère au service du chemins de fer ;

1° De s'introduire dans l'enceinte du chemin de fer, d'y circuler ou stationner ;

2° D'y jeter ou déposer aucuns matériaux ni objets quelconques ;

3° D'y introduire des chevaux, bestiaux ou animaux d'aucune espèce ;

4° D'y faire circuler ou stationner aucunes voitures, wagons ou machines étrangères au service.

Art. 62. — Sont exceptés de la défense portée au premier paragraphe de l'article précédent, les maires et adjoints, les commissaires de police, les officiers de gendarmerie, les gendarmes et autres agents de la force publique, les préposés aux douanes, aux contributions indirectes et aux octrois, les gardes champêtres et forestiers dans l'exercice de leurs fonctions et revêtus de leurs uniformes ou de leurs insignes.

Dans tous les cas, les fonctionnaires et les agents désignés au paragraphe précédent seront tenus de se conformer aux mesures spéciales de précaution qui auront été déterminées par le ministre, la compagnie entendue.

ART. 63. — Il est défendu :

1º D'entrer dans les voitures sans avoir pris un billet, et de se placer dans une voiture d'une autre classe que celle qui est indiquée par le billet ;

2º D'entrer dans les voitures ou d'en sortir autrement que par la portière qui fait face au côté extérieur de la ligne du chemin de fer ;

3º De passer d'une voiture dans une autre, de se pencher au dehors.

Les voyageurs ne doivent sortir des voitures qu'aux stations, et lorsque le train est complètement arrêté.

Il est défendu de fumer dans les voitures ou sur les voitures et dans les gares ; toutefois, à la demande de la compagnie et moyennant des mesures spéciales de précaution, des dérogations à cette disposition pourront être autorisées (1).

Les voyageurs sont tenus d'obtempérer aux injonctions des agents de la compagnie pour l'observation des dispositions mentionnées aux paragraphes ci-dessus.

ART. 64. — Il est interdit d'admettre dans les voitures plus de voyageurs que ne le comporte le nombre de places indiqué conformément à l'article 14 ci-dessus.

ART. 65. — L'entrée des voitures est interdite :

1º A toute personne en état d'ivresse ;

2º A tous individus porteurs d'armes à feu chargées ou de paquets qui, par leur nature, leur volume ou leur odeur, pourraient gêner ou incommoder les voyageurs.

Tout individu porteur d'une arme à feu devra, avant son admission sur les quais d'embarquement, faire constater que son arme n'est point chargée.

ART. 66. — Les personnes qui voudront expédier des marchandises de la nature de celles qui sont mentionnées à l'article 21, devront les déclarer au moment où elles les apporteront dans les stations du chemin de fer.

Des mesures spéciales de précaution seront prescrites, s'il y a lieu, pour le transport desdites marchandises, la compagnie entendue.

ART. 67. — Aucun chien ne sera admis dans les voitures servant au transport des voyageurs ; toutefois, la compagnie pourra placer dans des caisses de voitures spéciales les voyageurs qui ne voudraient pas se séparer de leurs chiens, pourvu que ces animaux soient muselés, en quelque saison que ce soit.

ART. 68. — Les cantonniers, gardes-barrières et autres agents du chemin de fer devront faire sortir immédiatement toute personne qui se serait introduite dans l'enceinte du chemin, ou dans quelque portion que ce soit de ses dépendances où elle n'aurait pas le droit d'entrer.

En cas de résistance de la part des contrevenants, tout employé du chemin de fer pourra requérir l'assistance des agents de l'administration et de la force publique.

Les chevaux ou bestiaux abandonnés qui seront trouvés dans l'enceinte du chemin de fer seront saisis est mis en fourrière.

(1) Article complété par le décret du 11 août 1883 (Voir ci-après ce décret).

TITRE VIII

Dispositions diverses

Art. 69. — Dans tous les cas où, conformément aux dispositions du présent règlement, le ministre des travaux publics devra statuer sur la proposition d'une compagnie, la compagnie sera tenue de lui soumettre cette propositions dans le délai qu'il aura déterminé, faute de quoi le ministre pourra statuer directement.

Si le ministre pense qu'il y a lieu de modifier la proposition de la compagnie, il devra, sauf les cas d'urgence, entendre la compagnie avant de prescrire les modifications.

Art. 70. — Aucun crieur, vendeur ou distributeur d'objets quelconques ne pourra être admis par les compagnies à exercer sa profession dans les cours ou bâtiments des stations et dans les salles d'attente destinées aux voyageurs, qu'en vertu d'une autorisation spéciale du préfet du département.

Art. 71. — Lorsqu'un chemin de fer traverse plusieurs départements, les attributions conférées aux préfets par le présent règlement pourront être centralisées en tout ou en partie dans les mains de l'un des préfets des départements traversés.

Art. 72. — Les attributions données aux préfets des départements, par la présente ordonnance seront, conformément à l'arrêté du 3 brumaire an IX, exercées par le préfet de police dans toute l'étendue du département de la Seine, et dans les communes de Saint-Cloud, Meudon et Sèvres, département de Seine-et-Oise.

Art. 73. — Tout agent employé sur les chemins de fer sera revêtu d'un uniforme ou porteur d'un signe distinctif; les cantonniers, gardes-barrières et surveillants pourront être armés d'un sabre.

Art. 74. — Nul ne pourra être employé en qualité de mécanicien-conducteur de train, s'il ne produit des certificats de capacité délivrés dans les formes qui seront déterminées par le ministre des travaux publics.

Art. 75. — Aux stations désignées par le ministre, les compagnies entretiendront les médicaments et moyens de secours nécessaires en cas d'accident.

Art. 76. — Il sera tenu dans chaque station, un registre côté et paraphé, à Paris, par le préfet de police, ailleurs par le maire du lieu, lequel sera destiné à recevoir les réclamations des voyageurs qui auraient des plaintes à formuler, soit contre la compagnie soit contre ses agents. Ce registre sera représenté à toute réquisition des voyageurs.

Art. 77. — Les registres mentionnés aux articles 9, 20 et 24 ci-dessus, seront côtés et paraphés par le commissaire de police.

Art. 78. — Des exemplaires du présent règlement seront constamment affichés, à la diligence des compagnies, aux abords des bureaux des chemins de fer et dans les salles d'attente.

Le conducteur principal d'un train en marche devra également être muni d'un exemplaire du règlement.

Des extraits devront être délivrés, chacun pour ce qui le concerne, aux mécaniciens, chauffeurs, gardes-freins, cantonniers, gardes-barrières et autres agents employés sur le chemin de fer.

Des extraits, en ce qui concerne les règles à observer par les voyageurs, pendant le trajet, devront être placés dans chaque caisse de voiture

ART. 79. — Seront constatées, poursuivies et réprimées, conformément au titre III de la loi du 15 juillet 1845, sur la police des chemins de fer, les contraventions au présent règlement, aux décisions rendues par le ministre des travaux publics, et aux arrêtés pris, sous son approbation, par les préfets, pour l'exécution dudit règlement.

LOI DU 11 JUIN 1880, relative aux chemins de fer d'intérêt local et aux tramways

CHAPITRE PREMIER

Chemins de fer d'intérêt local

ARTICLE PREMIER. — L'établissement des chemins de fer d'intérêt local par les départements ou par les communes, avec ou sans le concours des propriétaires intéressés, est soumis aux dispositions suivantes.

ART. 2. — S'il s'agit de chemins à établir par un département, sur le territoire d'une ou plusieurs communes, le conseil général arrête, après instruction préalable par le préfet et après enquête, la direction de ces chemins, le mode et les conditions de leur construction, ainsi que les traités et les dispositions nécessaires pour en assurer l'exploitation, en se conformant aux clauses et conditions du cahier des charges type approuvé par le Conseil d'Etat, sauf les modifications qui seraient apportées par la convention et la loi d'approbation.

Si la ligne doit s'étendre sur plusieurs départements, il y aura lieu à l'application des articles 89 et 90 de la loi du 10 août 1871.

S'il s'agit de chemins de fer d'intérêt local à établir par une commune sur son territoire, les attributions confiées au conseil général par le paragraphe 1er du présent article seront exercées par le conseil municipal dans les mêmes conditions et sans qu'il soit besoin de l'approbation du préfet.

Les projets de chemins de fer d'intérêt local départementaux ou communaux, ainsi arrêtés, sont soumis à l'examen du Conseil général des ponts et chaussées et du Conseil d'Etat. Si le projet a été arrêté par un conseil municipal, il est accompagné de l'avis du conseil général.

L'utilité publique est déclarée et l'exécution est autorisée par une loi.

ART. 3. — L'autorisation obtenue, s'il s'agit d'un chemin de fer concédé par le conseil général, le préfet, après avoir pris l'avis de l'ingénieur en chef du département, soumet les projets d'exécution au conseil général, qui statue définitivement.

Néanmoins, dans les deux mois qui suivent la délibération, le Ministre des travaux publics, sur la proposition du préfet, peut, après avoir pris l'avis du Conseil général des ponts et chaussées, appeler le conseil général du département à délibérer de nouveau sur lesdits projets.

Si la ligne doit s'étendre sur plusieurs départements, et s'il y a désaccord entre les conseils généraux, le Ministre statue.

S'il s'agit d'un chemin concédé par le conseil municipal, les attributions exercées par le conseil général, aux termes du paragraphe 1er du présent article, appartiennent au conseil municipal, dont la délibération est soumise à l'approbation du préfet.

16

Si un chemin de fer d'intérêt local doit emprunter le sol d'une voie publique, les projets d'exécution sont précédés de l'enquête prévue par l'article 29 de la présente loi.

Dans ce cas, sont également applicables les articles 34, 35, 37 et 38 ci-après.

Les projets de détail des ouvrages sont approuvés par le préfet, sur l'avis de l'ingénieur en chef.

ART. 4. — L'acte de concession détermine les droits de péage et les prix de transport que le concessionnaire est autorisé à percevoir pendant toute la durée de sa concession.

ART. 5. — Les taxes perçues dans les limites du maximum fixé par le cahier des charges sont homologuées par le Ministre des travaux publics, dans le cas où la ligne s'étend sur plusieurs départements, et dans le cas de tarifs communs à plusieurs lignes. Elles sont homologuées par le préfet dans les autres cas.

ART. 6. — L'autorité qui fait la concession a toujours le droit :

1º D'autoriser d'autres voies ferrées à s'embrancher sur des lignes concédées ou à s'y raccorder;

2º D'accorder à ces entreprises nouvelles, moyennant le payement des droits de péage fixés par le cahier des charges, la faculté de faire circuler leurs voitures sur les lignes concédées ;

3º De racheter la concession aux conditions qui seront fixées par le cahier des charges;

4º De supprimer ou de modifier une partie du tracé lorsque la nécessité en aura été reconnue après enquête.

Dans ces deux derniers cas, si les droits du concessionnaire ne sont pas réglés par un accord préalable ou par un arbitrage établi soit par le cahier des charges, soit par une convention postérieure, l'indemnité qui peut lui être due est liquidée par une commission spéciale formée comme il est dit au paragraphe 3 de l'article 11 de la présente loi.

ART. 7. — Le cahier des charges détermine :

1º Les droits et les obligations du concessionnaire pendant la durée de la concession ;

2º Les droits et les obligations du concessionnaire à l'expiration de la concession ;

3º Les cas dans lesquels l'inexécution des conditions de la concession peut entraîner la déchéance du concessionnaire, ainsi que les mesures à prendre à l'égard du concessionnaire déchu.

La déchéance est prononcée, dans tous les cas, par le Ministre des travaux publics, sauf recours au Conseil d'Etat par la voie contentieuse.

ART. 8. — Aucune concession ne pourra faire obstacle à ce qu'il soit accordé des concessions concurrentes, à moins de stipulation contraire dans l'acte de concession.

ART. 9. — A l'expiration de la concession, le concédant est substitué à tous les droits du concessionnaire sur les voies ferrées, qui doivent lui être remises en bon état d'entretien.

Le cahier des charges règle les droits et les obligations du concessionnaire en ce qui concerne les autres objets mobiliers ou immobiliers servant à l'exploitation de la voie ferrée.

ART. 10. — Toute cession totale ou partielle de la concession, la fusion des concessions ou des administrations, tout changement de concessionnaire, la substitution de l'exploitation directe à l'exploitation par concession, l'élévation des tarifs au-dessus du maximum fixé, ne pourront avoir lieu qu'en vertu d'un décret délibéré en Conseil d'Etat, rendu sur l'avis conforme du conseil général, s'il s'agit de lignes concédées par les départements, ou du conseil municipal, s'il s'agit de lignes concédées par les communes.

Les autres modifications pourront être faites par l'autorité qui a consenti la concession : s'il s'agit de lignes concédées par les départements, elles seront faites par le conseil général statuant conformément aux articles 48 et 49 de la loi du 10 août 1871; s'il s'agit de lignes concédées par les communes, elles seront faites par le conseil municipal, dont la délibération devra être approuvée par le préfet.

En cas de cession, l'inobservation des conditions qui précèdent entraîne la nullité et peut donner lieu à la déchéance.

Art. 11. — A toute époque, une voie ferrée peut être distraite du domaine public départemental ou communal et classée par une loi dans le domaine de l'État.

Dans ce cas, l'État est substitué aux droits et obligations du département ou de la commune, à l'égard des entrepreneurs ou concessionnaires, tels que ces droits et obligations résultent des conventions légalement autorisées.

En cas d'éviction du concessionnaire, si ses droits ne sont pas réglés par un accord préalable ou par un arbitrage établi, soit par le cahier des charges, soit par une convention postérieure, l'indemnité qui peut lui être due est liquidée par une commission spéciale qui fonctionne dans les conditions réglées par la loi du 29 mai 1845. Cette commission sera instituée par un décret et composée de neuf membres, dont trois désignés par le Ministre des travaux publics, trois par le concessionnaire et trois par l'unanimité de six membres déjà désignés; faute par ceux-ci de s'entendre dans le mois de la notification à eux faite de leur nomination, le choix de ceux des trois membres qui n'auront pas été désignés à l'unanimité sera fait par le premier président et les présidents réunis de la cour d'appel de Paris.

En cas de désaccord entre l'État et le département ou la commune, les indemnités ou dédommagements qui peuvent être dus par l'État sont déterminés par un décret délibéré en Conseil d'État.

Art. 12. — Les ressources créées en vertu de la loi du 21 mai 1836 peuvent être appliquées en partie, à la dépense des voies ferrées, par les communes qui ont assuré l'exécution de leur réseau subventionné et l'entretien de tous les chemins classés.

Art. 13. — Lors de l'établissement d'un chemin de fer d'intérêt local, l'Etat peut s'engager, — en cas d'insuffisance du produit brut pour couvrir les dépenses de l'exploitation et cinq pour cent (5 p. 0/0) par an du capital de premier établissement, tel qu'il a été prévu par l'acte de concession, augmenté, s'il y a lieu, des insuffisances constatées pendant la période assignée à la construction par ledit acte, — à subvenir pour partie au payement de cette insuffisance, à la condition qu'une partie au moins équivalente sera payée par le département ou par la commune, avec ou sans le concours des intéressés.

La subvention de l'État sera formée : 1º d'une somme fixe de cinq cents francs (500 fr.) par kilomètre exploité ; 2º du quart de la somme nécessaire pour relever la recette brute annuelle (impôts déduits) au chiffre de dix mille francs (10.000 fr.) par kilomètre pour les lignes établies de manière à recevoir les véhicules des grands réseaux; huit milles francs (8.000 fr.) pour les lignes qui ne peuvent recevoir ces véhicules.

En aucun cas, la subvention de l'État ne pourra élever la recette brute au-dessus de dix mille cinq cents francs (10,500 fr.) et de huit mille cinq cents francs (8,500 fr.), suivant les cas, ni attribuer au capital de premier établissement plus de cinq pour cent (5 p. 0/0) par an.

La participation de l'État sera suspendue quand la recette brute annuelle atteindra les limites ci-dessus fixées.

ART. 14. — La subvention de l'État ne peut être accordée que dans les limites fixées, pour chaque année, par la loi de finances.

La charge annuelle imposée au Trésor en exécution de la présente loi ne peut, en aucun cas, dépasser quatre cent mille francs (400,000 fr.) pour l'ensemble des lignes situées dans un même département.

ART. 15. — Dans le cas où le produit brut de la ligne pour laquelle une subvention a été payée devient suffisant pour couvrir les dépenses d'exploitation et six pour cent (6 p. 0/0) par an du capital de premier établissement, tel qu'il est prévu par l'article 13, la moitié du surplus de la recette est partagée entre l'État, le département, ou, s'il y a lieu, la commune et les autres intéressés, dans la proportion des avances faites par chacun d'eux, jusqu'à concurrence du complet remboursement de ces avances, sans intérêts.

ART. 16. — Un règlement d'administration publique déterminera :

1° Les justifications à fournir par les concessionnaires pour établir les recettes et les dépenses annuelles ;

2° Les conditions dans lesquelles seront fixés, en exécution de la présente loi, le chiffre de la subvention due par l'État, le département ou les communes, et, lorsqu'il y aura lieu, la part revenant à l'État, au département, aux communes ou aux intéressés, à titre de remboursement de leurs avances sur le produit net de l'exploitation.

ART. 17. — Le chemins de fer d'intérêt local qui reçoivent ou ont reçu une subvention du Trésor peuvent seuls être assujettis envers l'État à un service gratuit ou à une réduction du prix des places.

ART. 18. — Aucune émission d'obligations, pour les entreprises prévues par la présente loi, ne pourra avoir lieu qu'en vertu d'une autorisation donnée par le Ministre des travaux publics, après avis du Ministre des finances.

Il ne pourra être émis d'obligations pour une somme supérieure au montant du capital-actions, qui sera fixé à la moitié au moins de la dépense jugée nécessaire pour le complet établissement et la mise en exploitation de la voie ferrée. Le capital-actions devra être effectivement versé, sans qu'il puisse être tenu compte des actions libérées ou à libérer autrement qu'en argent.

Aucune émission d'obligations ne doit être autorisée avant que les quatre cinquièmes du capital-actions aient été versés et employés en achat de terrains, approvisionnements sur place ou en dépôt de cautionnement.

Toutefois les concessionnaires pourront être autorisés à émettre des obligations, lorsque la totalité du capital-actions aura été versée, et s'il est dûment justifié que plus de la moitié de ce capital-actions a été employée dans les termes du paragraphe précédent ; mais les fonds provenant de ces émissions anticipées devront être déposés à la Caisse des dépôts et consignations et ne pourront être mis à la disposition des concessionnaires que sur l'autorisation formelle du Ministre des travaux publics.

Les dispositions des paragraphes 2, 3 et 4 du présent article ne seront pas applicables dans le cas où la concession sera faite à une compagnie déjà concessionnaire d'autres chemins de fer en exploitation, si le Ministre des travaux publics reconnaît que les revenus nets de ces chemins sont suffisants pour assurer l'acquittement des charges résultant des obligations à émettre.

Art. 19. — Le compte rendu détaillé des résultats de l'exploitation, comprenant les dépenses d'établissement et d'exploitation et les recettes brutes, sera remis tous les trois mois, pour être publié, au préfet, au président de la commission départementale et au Ministre des travaux publics.

Le modèle des documents à fournir sera arrêté par le Ministre des travaux publics.

Art. 20. — Par dérogation aux dispositions de la loi du 15 juillet 1845 sur la police des chemins de fer, le préfet peut dispenser de poser des clôtures sur tout ou partie de la voie ferrée ; il peut également dispenser de poser des barrières au croissement des chemins peu fréquentés.

Art. 21. — La construction, l'entretien et les réparations des voies ferrées avec leurs dépendances, l'entretien du matériel et le service de l'exploitation sont soumis au contrôle et à la surveillance des préfets, sous l'autorité du Ministre des travaux publics.

Les frais de contrôle sont à la charge des concessionnaires. Ils seront réglés par le cahier des charges ou, à défaut, par le préfet, sur l'avis du conseil général, et approuvés par le Ministre des travaux publics.

Art. 22. — Les dispositions de l'article 20 de la présente loi sont également applicables aux concessions de chemins de fer industriels destinés à desservir des exploitations particulières.

Art. 23. — Sur la proposition des conseils généraux ou municipaux intéressés, et après adhésion des concessionnaires, la substitution, aux subdivitions en capital promises en exécution de l'article 5 de la loi de 1865, de la subvention en annuités stipulées par la présente loi, pourra, par décret délibéré par un Conseil d'État, être autorisée en faveur des lignes d'intérêt local actuellement déclarées d'utilité publique et non encore exécutées.

Ces lignes seront soumises, dès lors, à toutes les obligations résultant de la présente loi.

Il n'y aura pas lieu de renouveler les concessions consenties ou les mesures d'instruction accomplies avant la promulgation de la présente loi, si toutes les formalités qu'elle prescrit ont été observées par avance.

Art. 24. — Toutes les conventions relatives aux concessions consenties et rétrocessions de chemin de fer d'intérêt local, ainsi que les cahiers des charges annexés, ne seront passibles que du droit d'enregistrement fixe d'un franc.

Art. 25. — La loi du 12 juillet 1865 est abrogée.

CHAPITRE II

Tramways

Art. 26. — Il peut être établi, sur les voies dépendant du domaine public de l'État, des départements ou des communes, des tramways ou voies ferrées à traction de chevaux ou de moteurs mécaniques.

Ces voies ferrées, ainsi que les déviations accessoires construites en dehors du sol des routes et chemins et classées comme annexes, sont soumises aux dispositions suivantes.

ART. 27. — La concession est accordée par l'État lorsque la ligne doit être établie, en tout ou en partie, sur une voie dépendant du domaine de l'État.

Cette concession peut être faite aux villes ou aux départements intéressés avec faculté de rétrocession.

La concession est accordée par le conseil général, au nom du département, lorsque la voie ferrée, sans emprunter une route nationale, doit être établie, en tout ou en partie, soit sur une route départementale, soit sur un chemin grande communication ou d'intérêt commun, ou doit s'étendre sur le territoire de plusieurs communes.

Si la ligne doit s'étendre sur plusieurs départements, il y aura lieu à l'application des articles 89 et 90 de la loi du 10 août 1871.

La concession est accordée par le conseil municipal, lorsque la voie ferrée est établie entièrement sur le territoire de la commune et sur un chemin vicinal ordinaire ou sur un chemin rural.

ART. 28. — Le département peut accorder la concession à l'État ou à une commune avec faculté de rétrocession ; une commune peut agir de même à l'égard de l'État ou du département.

ART. 29. — Aucune concession ne peut être faite qu'après une enquête dans les formes déterminées par un règlement d'administration publique et dans laquelle les conseils généraux des départements et les conseils municipaux des communes dont la voie doit traverser le territoire seront entendus, lorsqu'il ne leur appartiendra pas de statuer sur la concession.

L'utilité publique est déclarée et l'exécution est autorisée par décret délibéré en Conseil d'État, sur le rapport du Ministre des travaux publics, après avis du Ministre de l'intérieur.

ART. 30. — Toute dérogation ou modification apportée aux clauses du cahier des charges-type, approuvé par le Conseil d'État, devra être expressément formulée dans les traités passés au sujet de la concession, lesquels seront soumis au Conseil d'État et annexés au décret.

ART. 31. — Lorsque, pour l'établissement d'un tramway, il y aura lieu à expropriation, soit pour l'élargissement d'un chemin vicinal, soit pour l'une des déviations prévues à l'article 26 de la présente loi, cette expropriation pourra être opérée conformément à l'article 16 de la loi du 21 mai 1836, sur les chemins vicinaux, et à l'article 2 de la loi du 8 juin 1864.

ART. 32. — Les projets d'exécution sont approuvés par le Ministre des travaux publics, lorsque la concession est accordée par l'État.

Les dispositions de l'article 3 sont applicables lorsque la concession est accordée par un département ou par une commune.

ART. 33 — Les taxes perçues dans les limites du maximum fixé par l'acte de concession sont homologuées par le Ministre des travaux publics, dans le cas où la concession est faite par l'État, et par le préfet dans les autres cas.

ART. 34. — Les concessionnaires de tramways ne sont pas soumis à l'impôt des prestations établi par l'article 3 de la loi du 21 mai 1836, à raison des voitures et des bêtes de trait exclusivement employées à l'exploitation du tramway.

Les départements ou les communes ne peuvent exiger des concessionnaires une redevance ou un droit de stationnement qui n'aurait pas été stipulé expressément dans l'acte de concession.

Art. 35. — A l'expiration de la concession, l'Administration peut exiger que les voies ferrées qu'elle avait concédées soient supprimées en tout ou en partie, et que les voies publiques et leurs déviations lui soient remises en bon état de viabilité aux frais du concessionnaire.

Art. 36. — Lors de l'établissement d'un tramway desservi par des locomotives et destiné au transport des marchandises en même temps qu'au transport des voyageurs, l'État peut s'engager, — en cas d'insuffisance du produit brut pour couvrir les dépenses d'exploitation et cinq pour cent (5 p. 0/0) par an du capital d'établissement tel qu'il a été prévu par l'acte de concession et augmenté, s'il y a lieu, des insuffisances constatées pendant la période assignée à la construction par ledit acte, — à subvenir, pour partie, au payement de cette insuffisance, à condition qu'une partie au moins équivalente sera payée par le département ou par la commune avec ou sans le concours des intéressés.

La subvention de l'État sera formée : 1° d'une somme fixe de cinq cents francs (500 fr.) par kilomètre exploité ; 2° du quart de la somme nécessaire pour élever la recette brute annuelle (impôts déduits) au chiffre de six mille francs (6,000 fr.) par kilomètre.

En aucun cas, la subvention de l'État ne pourra élever la recette brute au-dessus de six mille cinq francs (6,500 fr.) ni attribuer au capital de premier établissement plus de cinq pour cent (5 p. 0/0) par an.

La participation de l'État sera suspendue de plein droit quand les recettes brutes annuelles atteindront la limite ci-dessus fixée.

Art. 37. — La loi du 15 juillet 1845, sur la police des chemins de fer, est applicable aux tramways, à l'exception des articles 4, 5, 6, 7, 8, 9 et 10.

Art. 38. — Un règlement d'administration publique déterminera les mesures nécessaires à l'exécution des dispositions qui précèdent et notamment :

1° Les conditions spéciales auxquelles doivent satisfaire, tant pour leur construction que pour la circulation des voitures et des trains, les voies ferrées dont l'établissement sur le sol des voies publiques aura été autorisé ;

2° Les rapports entre le service de ces voies ferrées et les autres services intéressés.

Art. 39. — Sont applicables aux tramways les dispositions des articles 4, 6 à 12, 14 à 19, 21 et 24 de la présente loi.

La présente loi, délibérée et adoptée par le Sénat et la Chambre des députés, sera exécutée comme loi de l'État.

DÉCRET DU 18 MAI 1881

Portant règlement d'administration publique sur la forme des enquêtes, en matière de voies ferrées empruntant le sol des voies publiques (1).

Article premier. — Les demandes tendant à établir des voies ferrées à traction de chevaux ou de moteurs mécaniques sur les voies dépendant du domaine public sont adressées :

(1) Le préambule du Décret est ainsi conçu :
Vu la loi du 11 juin 1880, et notamment les articles ci-après :
« Article 29, § 1er (Chapitre 2. — Tramways), — Aucune concession ne peut être faite qu'après une enquête dans les formes déterminées par un règlement

Au ministre des travaux publics, lorsque la concession doit, conformément à l'article 27 de la loi susvisée, être accordée par l'État ;

Au préfet, lorsqu'elle doit être accordée par le conseil général ;

Au maire, lorsqu'elle peut l'être par le conseil municipal.

Art. 2 (1). — La demande doit être accompagnée d'un avant-projet comprenant :

1° Un extrait de carte à l'échelle de 1/80,000° ;

2° Un plan général des voies publiques empruntées, ainsi que des déviations proposées à l'échelle de 1/10,000°, avec indication des constructions qui bordent ces voies publiques, des chemins publics ou particuliers qui s'en détachent, des plantations et des ouvrages d'art qui en dépendent ; on désignera sur ce plan, au moyen de teintes conventionnelles, les sections du tramway que l'on projette de construire avec simple ou avec double voie, et celles qui seraient établies avec rails encastrés dans la chaussée et plate-forme accessible à la circulation des voitures ordinaires, ou avec rails saillants et plate-forme non praticable pour les voitures ordinaires ; on indiquera aussi les emplacements des stations, haltes, garages, et, en général, de toutes les dépendances du tramway ;

3° Un profil en long à l'échelle de 1,5000° pour les longueurs et de 1,1000° pour les hauteurs, indiquant au moyen d'un trait et de cotes noires les déclivités de la voie publique existante, et au moyen d'un trait et de cotes rouges celles de la voie ferrée, ainsi que les déviations projetées ;

4° Des profils en travers types, à l'échelle de deux centimètres (0 m. 02) pour mètre, indiquant les dispositions de la plate-forme de la voie ferrée avec le gabarit du matériel roulant, côté de dehors en dehors, de toutes les saillies latérales que ce matériel comporte ; ces profils en travers devant s'appliquer soit au cas où la plate-forme de la voie ferrée resterait accessible et praticable pour les voitures ordinaires, soit au cas où la plate-forme de la voie ferrée ne devrait pas être accessible à la circulation des voitures ordinaires ;

5° Un plan à l'échelle de cinq millimètres pour mètre de chacune des traverses suivies par le tramway.

Ce dernier plan sera dressé dans la forme des plans d'alignement des traverses.

Il indiquera les propriétés bâties en bordure, avec les noms des propriétaires.

Les caniveaux et les trottoirs y seront tracés exactement.

La zone qui doit être occupée par la circulation du matériel roulant du tramway (toutes saillies latérales comprises) sera limitée au moyen de deux traits bleus, et cette zone sera recouverte d'une teinte bleue.

d'administration publique et dans laquelle les conseils généraux des départements et les conseils municipaux des communes, dont la voie doit traverser le territoire, seront entendus, lorsqu'il ne leur appartiendra pas de statuer sur la concession ».

« Article 3, § 5 (Chapitre 1er. — Chemins de fer d'intérêt local). Si un chemin de fer d'intérêt local doit emprunter le sol d'une voie publique, les projets d'exécution sont précédés de l'enquête prévue par l'article 29 de la présente loi ».

Vu l'avis du Conseil général des ponts et chaussées, en date du 21 février 1881 ;

Le Conseil d'État entendu.

(1) Voir ci-après, l'instruction pour la composition des dossiers d'enquête en matière de tramways.

Ces cotes en nombre suffisant serviront à indiquer, notamment dans les parties étroites, la largeur de la zone qui serait affectée à la circulation du matériel du tramway, la largeur de chacune des parties latérales de la chaussée qui resteraient libres entre la zone teintée en bleu comme il est dit ci-dessus et les bordures des trottoirs, ainsi que la largeur de chaque trottoir ou les largeurs qui seraient comprises entre la même zone et les façades de constructions.

Art. 3. — A l'avant projet sera joint un mémoire descriptif indiquant le but de l'entreprise, les avantages qu'on peut s'en promettre et les dépenses qu'elle entraînera.

On y annexera le tarif des droits dont le produit serait destiné à couvrir les frais des travaux projetés.

Les données suivantes seront relatées dans un chapitre spécial du mémoire descriptif :

1° Le genre de service auquel le tramway serait affecté : voyageurs seulement, voyageurs et messageries ou voyageurs et marchandises ;

2° Le mode d'exploitation projeté, avec arrêts seulement à certaines gares et haltes déterminées, — ou bien avec arrêts en pleine voie, à l'effet de prendre et de laisser sur tous les points du parcours les voyageurs et les marchandises d'une certaine catégorie (sous réserve de l'observation des règlements de police à intervenir), indépendamment des stationnements aux gares et haltes indiquées ;

3° Le minimum du rayon des courbes suivant lesquelles la voie ferrée serait tracée ;

4° Le maximum des déclivités des rampes et pentes de la voie ferrée ;

5° Le mode de traction qui serait employé ;

6° Le maximum de largeur du matériel roulant, toutes saillies latérales comprises ;

7° Les dispositions qui seraient proposées à l'effet de maintenir l'accès des chemins publics ou particuliers, ainsi que des maisons riveraines ;

8° Le minimum de la distance qui séparera la zone affectée au tramway des façades des propriétés riveraines situées en rase campagne ou de l'arête extérieure de l'accotement des voies publiques ;

9° Le maximum de la longueur des trains ;

10° Le maximum de la vitesse des trains ;

11° Le nombre minimum des trains qui seront mis chaque jour à la disposition du public.

Art. 4. — Après instruction, la demande est soumise à l'autorité qui doit faire la concession, et celle-ci décide s'il y a lieu de procéder à l'enquête.

Quand cette autorité a décidé que l'enquête doit avoir lieu, le préfet prend un arrêté pour fixer le jour et les lieux où l'enquête sera ouverte et pour nommer les membres de la commission, le tout conformément aux règles ci-après.

Cet arrêté est affiché dans toutes les communes de chacun des cantons que la ligne doit traverser.

Art. 5. — La commission d'enquête se compose de sept membres au moins et de neuf au plus, pris parmi les principaux propriétaires de terres, de bois, de mines, les négociants et les chefs d'établissements industriels.

Si la ligne ne doit pas sortir des limites d'une commune, la commission se réunit à la mairie de cette commune ; si elle traverse plusieurs communes d'un même arrondissement, la commission se réunit à la sous-préfecture de cet arrondissement ; si elle traverse plusieurs arrondissements d'un même département, la commission siège à la préfecture ; si elle traverse deux ou plusieurs départements, il est nommé une commission par département et chacune d'elles siège à la préfecture.

La commission désigne elle-même son président et son secrétaire.

ART. 6. — Les pièces indiquées aux articles 2 et 3 ainsi que des registres destinés à recevoir les observations auxquelles peut donner lieu l'entreprise projetée restent déposés pendant un mois à la mairie de chaque chef-lieu de canton que la ligne doit traverser, où à la mairie de la commune, si la ligne ne sort pas du territoire d'une commune.

En outre, le plan de chaque traverse mentionnée au n° 5 de l'article 2 est déposé pendant le même temps avec un registre spécial à la mairie de la commune traversée.

Les pièces ci-dessus indiquées sont fournies par le demandeur en concession et à ses frais.

ART. 7. — A l'expiration du délai ci-dessus fixé, la commission d'enquête se réunit sur la convocation du préfet, du sous-préfet ou du maire, suivant le lieu où elle doit siéger, elle examine les déclarations consignées aux registres de l'enquête, entend les ingénieurs des ponts et chaussées et des mines employés dans le département, et, après avoir recueilli auprès de toutes les personnes qu'elle juge utile de consulter, les renseignements dont elle croit avoir besoin, elle donne son avis motivé tant sur l'utilité de l'entreprise que sur les diverses questions qui ont été posées par l'administration ou soulevées au cours de l'enquête.

Ces diverses opérations, dont elle dresse procès-verbal, doivent être terminées dans un délai de quinze jours.

ART. 8. — Aussitôt que le procès-verbal de la commission d'enquête est clos, et, au plus tard, à l'expiration du délai fixé en vertu de l'article précédent, le président de la commission transmet ledit procès-verbal au préfet avec les registres et les autres pièces.

ART. 9. — Les chambres de commerce, et à défaut les chambres consultatives des arts et manufactures des villes intéressées à l'exécution des travaux, sont appelées par le préfet à délibérer et à exprimer leur opinion sur l'utilité et la convenance de l'entreprise.

Les procès-verbaux de leurs délibérations doivent être remis au préfet avant l'expiration du délai fixé dans l'article 7.

ART. 10. — Les conseils généraux des départements et les conseils municipaux des communes dont la voie projetée doit traverser le territoire, convoqués au besoin en session extraordinaire, sont appelés à délibérer et à émettre leur avis sur les mêmes objets, lorsqu'il ne leur appartient pas de statuer sur la concession.

Art. 11. — Lorsque toutes les formalités prescrites par les articles précédents ont été remplies, ainsi que celles qui peuvent être nécessaires aux termes des lois et règlements sur les travaux mixtes, le préfet adresse dans le plus bref délai possible le dossier complet, avec l'avis des ingénieurs et son avis particulier, à l'autorité qui doit donner la concession ; il joint à ce dossier le projet du cahier des charges de la concession.

ART. 12. — Les dispositions qui précèdent sont applicables aux chemins de fer d'intérêt local qui doivent emprunter le sol de voies publiques sur une partie de leur parcours.

Les avant-projets et mémoires descriptifs de ces lignes de chemins de fer sont complétés conformément aux articles 2 et 3 du présent décret et au paragraphe 5 de l'article 3 de la loi susvisée, pour ce qui concerne les sections à poser sur les voies publiques.

L'enquête faite dans les formes ci-dessus sert pour faire déclarer l'utilité publique de l'entreprise et pour en faire autoriser l'exécution tant sur le sol des routes et chemins qu'en dehors des voies publiques.

Art. 13. — Le Ministre des travaux publics est chargé de l'exécution du présent décret, qui sera publié au *Journal officiel* et inséré au *Bulletin des lois.*

CIRCULAIRE DU 16 SEPTEMBRE 1881

Mesures à prendre au sujet des troupes rencontrées en marche par les conducteurs de tramways

Monsieur le Préfet, le décret du 13 octobre 1863 sur le service des places de guerre et des villes de garnison (art. 142) interdit aux troupes marchant en armes de se laisser couper par la foule ou par les véhicules. Cependant, les conducteurs de tramways, sur diverses lignes, n'arrêtent pas leurs voitures lorsqu'ils rencontrent les troupes en marche. Ils traversent les colonnes et les fractionnent en tronçons. M. le Ministre de la guerre a récemment signalé non seulement les inconvénients qu'entraîne au point de vue de la discipline militaire, cet oubli de la déférence due à l'armée, mais encore les graves dangers auxquels les soldats se trouvent exposés.

Il est du devoir de l'Administration civile, Monsieur le Préfet, de prescrire immédiatement les mesures de police nécessaires pour obvier à ces inconvénients et à ces dangers. Je vous prie, en conséquence, d'inviter sans retard le maire de chaque commune sur le territoire de laquelle il existe une ou plusieurs lignes de tramways, à édicter le plus tôt possible, en vertu du pouvoir que lui confèrent les lois des 16-24 août 1790 (titre XI, art. 3) et 18 juillet 1837 (art. 10 et 11), un règlement enjoignant à toute personne qui conduit une voiture ou train de tramways de l'arrêter jusqu'à ce que les troupes en marche qu'elle rencontre soit passées. Les infractions à cette injonction tomberaient sous l'application de l'article 471, n° 15, du Code pénal. La répression, par suite, devrait être poursuivie devant le tribunal de simple police.

Veuillez m'accuser réception de la présente circulaire et m'informer du résultat des instructions que vous aurez adressées aux autorités municipales.

Recevez, Monsieur le Préfet, l'assurance de ma considération très distinguée.

Le Ministre de l'Intérieur et des Cultes,
CONSTANS.

CIRCULAIRE DU 17 OCTOBRE 1881

Monsieur le Préfet, l'Administration supérieure a été consultée sur la question de savoir si une omission n'aurait pas été commise dans le cahier des charges-type relatif à la concession des chemins de fer d'intérêt local, lequel ne renferme aucune prescription fixant les conditions à imposer pour l'établissement des parties desdits chemins qui empruntent les voies publiques.

C'est avec intention que le conseil d'Etat a retranché du cahier des charges-type, préparé par l'Administration, les dispositions relatives aux sections des lignes d'intérêt local à établir sur le sol des voies publiques ; il lui a paru préférable d'insérer dans le règlement d'administration publique prévu par l'article 38 de la loi du 11 juin 1880 l'article 57 ainsi conçu : « Les disposi-« tions du présent règlement sont applicables aux chemins de fer d'intérêt « local sur les sections où ces chemins de fer empruntent le sol des voies « publiques, sans préjudice de l'application de l'ordonnance du 15 novembre « 1846 », et de reporter au cahier des charges-type pour la concession des tramways les dispositions qui s'appliquent plus spécialement à ces dernières voies ferrées.

Il est néanmoins permis de se demander s'il n'y a pas là une lacune. Afin de prévenir les difficultés qui pourraient se produire lorsqu'une ligne d'intérêt local devra emprunter une ou plusieurs voies publiques, j'estime qu'il conviendrait d'insérer dans le cahier des charges concernant la concession de cette ligne les articles du cahier des charges-type des tramways qui pourront y être applicables, et qui portent notamment les numéros 5, 6, 7, 8, 9, 12, 13 et 15. Les cinq premiers de ces articles pourraient être intercalées entre les articles 19 et 20 du cahier des charges des chemins de fer d'intérêt local ; les deux suivants (12 et 13), entre les articles 29 et 30 ; enfin, le dernier viendrait après l'article 32.

Je vous prie de m'accuser réception de la présente circulaire, dont j'adresse une ampliation à M. l'Ingénieur en chef de votre département.

Recevez, Monsieur le Préfet, l'assurance de ma considération la plus distinguée.

Le Ministre des Travaux publics,
SADI CARNOT.

DÉCRET

Du 20 mars 1882 (1), modifié par le décret du 23 décembre 1885, portant règlement d'administration publique pour l'exécution des articles 16 et 39 de la loi du 11 juin 1880.

Conditions financières imposées aux concessionnaires de chemins de fer d'intérêt local et de tramways.

ARTICLE PREMIER. — Le capital de premier établissement qui doit servir

(1) Le préambule du décret du 20 mars 1882, est ainsi conçu :
Vu la loi du 11 juin 1880, relative aux chemins de fer d'intérêt local et aux tramways, notamment l'article 16 ainsi conçu :
« Un règlement d'administration publique déterminera :
« 1° Les justifications à fournir par les concessionnaires pour établir les recettes « et les dépenses annuelles ;
« 2° Les conditions dans lesquelles seront fixés, en exécution de la présente « loi, le chiffre de la subvention due par l'Etat, le département ou les communes, « et, lorsqu'il y aura lieu, la part revenant à l'Etat, au département, aux com-« munes ou aux intéressés, à titre de remboursement de leurs avances, sur le

de base pour l'application des articles 13 et 36 de la loi sus-visée est fixé dans les conditions ci-après et dans les limites du maximum prévu par les actes de concession, à moins qu'il n'ait été fixé à forfait par une stipulation expresse.

Ce capital comprend toutes les sommes que le concessionnaire justifie avoir dépensées dans un but d'utilité pour l'exécution des travaux de construction proprement dits, l'achat du matériel fixe et d'exploitation, le parachèvement de la ligne après après sa mise en exploitation, la constitution du capital-actions, l'émission des obligations, les intérêts des capitaux engagés pendant la période assignée à la construction par l'acte de concession ou jusqu'à la mise en exploitation, si elle a lieu avant le délai fixé. Il peut être augmenté, s'il y a lieu, des insuffisances de recettes résultant de l'exploitation partielle des sections qui seraient ouvertes pendant ladite période de construction.

Les dépenses relatives à la constitution du capital-actions et à l'émission des obligations ne sont admises en compte que jusqu'à concurrence d'un maximum spécialement stipulé dans l'acte de concession.

ART. 2. — Tout concessionnaire de chemin de fer d'intérêt local ou de tramway subventionné doit remettre au préfet du département, dans un délai de quatre mois, à partir du jour de la mise en exploitation de la ligne entière, le compte détaillé des dépenses de premier établissement qu'il a faites jusqu'à ce jour.

Il présente, avant le 31 mars de chaque année, un compte supplémentaire de celles qu'il peut être autorisé à ne faire qu'après la mise en exploitation pour le parachèvement de la ligne ; mais, en tout cas, le compte de premier établissement doit être clos quatre ans au plus tard après la mise en exploitation de la ligne entière.

Dans le cas où l'acte de concession a prévu que le capital de premier établissement pourrait être successivement augmenté, jusqu'à concurrence d'une somme déterminée et pendant un certain délai, pour travaux complémentaires, tels que agrandissements de gares. augmentation du matériel roulant, pose de secondes voies ou de voies de garage, le concessionnaire doit, chaque année avant le 31 mars, présenter un compte détaillé des dépenses qu'il a ainsi faites pendant l'année précédente en vertu d'une autorisation spéciale et préalable donnée par le Ministre des travaux publics quand l'État a consenti à garantir ce capital complémentaire, et par le préfet dans les autres cas.

ART. 3. — Avant le 31 mars de chaque année, le concessionnaire remet au préfet du département un compte détaillé, établi d'après ses registres, et comprenant pour l'année précédente :

1° Les produits bruts de toute nature, de l'exploitation ;

2° Les frais d'entretien et d'exploitation, à moins que ces frais n'aient été déterminés à forfait par l'acte de concession ou par un acte postérieur.

Le compte d'entretien et d'exploitation ne peut comprendre aucune dépense d'établissement ni aucune dépense pour augmentation du matériel roulant.

ART. 4. — Le Ministre des travaux publics détermine, après avoir pris l'avis du Ministre des finances, les justifications que le concessionnaire doit

« produit net de l'exploitation » ;

Vu l'avis du conseil général des ponts et chaussées, en date du 8 février 1881, et les lettres du Ministre des finances, en date des 25 juillet et 24 décembre 1881 ;

Le Conseil d'État entendu.

produire à l'appui de ces différents comptes, dont les développements par article sont présentés conformément aux modèles arrêtés par lui.

Art. 5. — Les comptes ainsi produits par le concessionnaire sont soumis à l'examen d'une commission instituée par le Ministre des travaux publics et composée ainsi qu'il suit :

Le préfet ou le secrétaire général délégué, président ;

Un membre du conseil général du département ou du conseil municipal, si la concession émane d'une commune, ledit membre désigné par le conseil auquel il appartient.

Un ingénieur des ponts et chaussées ou des mines, désigné par le Ministre des travaux publics ;

Un fonctionnaire de l'administration des finances, désigné par le Ministre des finances.

La Commission désigne elle-même son secrétaire : s'il est pris en dehors de son sein, il n'a que voix consultative.

Le président a voix prépondérante en cas de partage.

Dans le cas où la ligne s'étend sur plusieurs départements, il est institué une commission spéciale pour chaque département. Ces commissions peuvent se réunir et délibérer en commun si la concession a été faite conjointement par les conseils généraux de ces départements, par application des articles 89 et 90 de la loi du 10 août 1871 ; la présidence appartient au préfet du département que la ligne traverse dans la plus grande longueur.

Art. 6. — Le concessionnaire est tenu de représenter les registres, pièces comptables, correspondances et tous autres documents que la Commission juge nécessaires à la vérification des comptes.

La Commission peut se transporter au besoin, par elle-même ou par ses délégués, soit au siège de l'entreprise, soit dans les gares, stations ou bureaux de la ligne.

Art. 7. — La Commission adresse son rapport avec les comptes et les pièces justificatives au Ministre des travaux publics, qui les examine après les avoir communiqués au Ministre des finances.

Si cet examen ne révèle pas de difficultés ou si les modifications jugées nécessaires sont acceptées par le Ministre des finances, le département, les communes et le concessionnaire, le Ministre des travaux publics, arrête définitivement le capital de premier établissement qui doit servir de base pour l'application des articles 13 et 36 de la loi du 11 juin 1880.

Il est procédé de la même manière pour arrêter annuellement le chiffre de la subvention due par l'État, le département ou les communes et, lorsqu'il y a lieu, la part revenant à l'État, au département, aux communes ou aux intéressés, à titre de remboursement de leurs avances, sur le produit net de l'exploitation.

Art. 8. — (Modifié par le décret du 23 décembre 1885). — Lorsqu'il n'y a pas accord entre l'État, le département ou la commune et le concessionnaire, les comptes sont soumis, avec toutes les pièces à l'appui, à la Commission de vérification des comptes des compagnies de chemins de fer, instituée en exécution du décret du 28 mars 1883.

La Commission adresse son rapport au Ministre des travaux publics, qui statue, après avoir pris l'avis du Ministre des Finances, sauf recours au Conseil d'État.

Par dérogation à l'article 7, la Commission est toujours consultée sur les comptes des lignes d'intérêt local et des tramways dont les concessionnaires sont liés à l'Etat par des conventions financières pour des chemins de fer d'intérêt général.

Elle est, en outre, consultée directement et sans l'intervention de la Commission locale, prévue par l'article 5, sur les comptes des lignes d'intérêt local et des tramways non concédés, ainsi que sur les comptes des tramways concédés à un département ou à une commune et non rétrocédés.

Dans tous les cas, elle a les pouvoirs conférés par l'article 6 aux commissions locales.

ART. 9. — En présentant son compte annuel, le concessionnaire peut demander une avance sur la somme qui lui sera due à titre de subvention.

Le montant de l'avance est déterminé par le Ministre des travaux publics, sur le rapport de la Commission locale, après communication au Ministre des finances.

Dans le cas où le règlement définitif des comptes de l'exercice ferait reconnaître que cette avance a été trop considérable, le concessionnaire devra rembourser immédiatement l'excédent au Trésor, au département ou à la commune, avec les intérêts à 4 p. 0/0 par an.

ART. 10. — La comptabilité de tout concessionnaire subventionné est soumise à la vérification de l'inspection générale des finances, qui a, pour l'accomplissement de cette mission, tous les droits dévolus aux commissions de contrôle par l'article 6 du présent décret.

ART. 11. — Dans le cas où l'Etat n'a pris aucun engagement et où l'entreprise de chemin de fer ou de tramway est subventionnée seulement par un département ou par une commune, il est procédé à l'examen et au règlement des comptes dans les mêmes formes ; mais les attributions conférées au Ministre des travaux publics par les articles 4, 5, 7 et 9 sont exercées par le projet, sans qu'il soit besoin de consulter le Ministre des finances.

Lorsqu'une des parties conteste le compte arrêté par le préfet, l'article 8 est applicable.

ART. 12. — Si la subvention est donnée par le département ou la commune en capital, en terrains, en travaux ou sous toute autre forme que celle d'annuités, elle est évaluée et transformée en annuités au taux de 4 p. 0/0, pour l'application des articles 13 et 36 de la loi, aux termes desquels l'Etat ne peut subvenir pour partie aux insuffisances annuelles qu'à la condition qu'une partie au moins équivalente sera payée par le département ou la commune.

ART. 13. — La subvention à allouer pour l'année de la mise en exploitation de la ligne sera calculée, d'après les bases indiquées dans les articles 13 et 36 de la loi susvisée, au prorata du temps écoulé depuis le jour de l'ouverture de la ligne jusqu'au 31 décembre suivant.

Chaque loi ou décret par lequel l'Etat s'engage à subventionner un chemin de fer d'intérêt local ou un tramway fixe le maximum de la charge annuelle que peut résulter pour le Trésor de l'application des articles 13 ou 36 de la loi susvisée, de manière que le montant réuni de ces maxima ne dépasse, en aucun cas, la somme de 400,000 francs fixé par l'article 14 pour l'ensemble des lignes situées dans un même département.

ART. 15. — Le Ministre des travaux publics et le Ministre des finances sont chargés chacun en ce qui le concerne, de l'exécution du présent décret, qui sera promulgué au *Journal officiel* et inséré au *Bulletin des Lois*.

LOI DU 17 JUILLET 1883 ayant pour objet de rendre exécutoire, en Algérie, la loi du 11 juin 1880 sur les chemins de fer d'intérêt local et les tramways.

ARTICLE UNIQUE. — La loi du 11 juin 1880, sur les chemins de fer d'intérêt local et les tramways, est rendue exécutoire en Algérie, à l'exception de l'article 31 et moyennant les modifications apportées aux articles 12 et 34 ci-après, savoir :

ART. 12. — Les ressources créées en vertu du décret du 5 juillet 1854 et celles qui pourront être créées en vertu de lois et décrets postérieurs pour l'établissement des chemins vicinaux pourront être appliquées, en partie, à la dépense des voies ferrées, par les communes qui auront assuré l'exécution de leur réseau subventionné et l'entretien de tous les chemins classés.

ART. 34. — Les concessionnaires de tramways ne sont pas soumis à l'impôt des prestations établi par l'article 4 du décret du 5 juillet 1854, à raison des voitures et des bêtes de trait exclusivement employées à l'exploitation du tramway.

Les départements ou les communes ne peuvent exiger des concessionnaires une redevance ou un droit de stationnement qui n'aurait pas été stipulé expressément dans l'acte de concession.

DÉCRET qui modifie l'art. 63 de l'ordonnance du 15 novembre 1846 sur la police, la sûreté et l'exploitation du chemin de fer.

(11 août 1883)

ARTICLE PREMIER. — L'article 63 de l'ordonnance du 15 novembre 1846, titre VII (des mesures concernant les voyageurs et les personnes étrangères au service du chemin de fer) est complété de la manière suivante :

ART 63. — Il est défendu :

1° . . . .

2° . . . .

3° . . . .

4° de se servir, sans motif plausible, du signal d'alarme mis à la disposition des voyageurs pour faire appel aux agents de la compagnie.

DÉCRET DU 23 DÉCEMBRE 1885

Le président de la République Française,

Sur le rapport du Ministre des travaux publics,

Vu la loi du 11 juin 1880, relative aux chemins de fer d'intérêt local et aux tramways ;

Vu le décret du 20 mars 1882, portant règlement d'administration publique pour l'exécution des articles 16 et 39 de cette loi ;

Vu la lettre du Ministre des Finances, en date du 4 novembre 1885 ;

Le conseil d'État entendu,

Décrète :

Art. 1er. — L'article 8 du décret du 20 mars 1882, portant règlement d'administration publique pour l'exécution des articles 16 et 39 de la loi du 11 juin 1880, est modifié comme il suit :

« Art. 8. — Lorsqu'il n'y a pas accord entre l'État, le département ou la commune et le concessionnaire, les comptes sont soumis, avec toutes les pièces à l'appui, à la commission de vérification des comptes des Compagnies de chemins de fer, instituée en exécution du décret du 28 mars 1883.

« La commission adresse son rapport au Ministre des travaux publics, qui statue, après avoir pris l'avis du Ministre des Finances, sauf recours au conseil d'État.

« Par dérogation à l'article 7, cette commission est toujours consultée sur les comptes des lignes d'intérêt local et des tramways dont les concessionnaires sont liés à l'État, par des conventions financières, par des chemins de fer d'intérêt général.

« Elle est, en outre, consultée directement, et sans l'intervention de la commission locale prévue par l'article 5, sur les comptes des lignes d'intérêt local et des tramways non concédés, ainsi que sur les comptes des tramways concédés à un département ou à une commune et non rétrocédés.

« Dans tous les cas, elle a les pouvoirs conférés par l'article 6 aux commissions locales ».

Art. 2. — Le Ministre des Travaux publics et le ministre des Finances sont chargés, chacun en ce qui les concerne, de l'exécution du présent décret, qui sera promulgué au *Journal officiel* et inséré au *Bulletin des lois*.

Fait à Paris, le 23 décembre 1885.

JULES GRÉVY.

Par le Président de la République.
Le ministre des Travaux publics,
DEMÔLE.

CIRCULAIRE

Du ministre des travaux publics aux préfets

26 septembre 1887.

CHEMINS DE FER D'INTÉRÊT LOCAL ET TRAMWAY
SUBVENTION DE L'ÉTAT

I. Transformation en annuité d'une subvention en capital donnée par le département ou la commune

Monsieur le Préfet, la loi du 11 juin 1880 et le règlement d'administration publique du 20 mars 1882 ont fixé les conditions dans lesquelles l'État peut subventionner les chemins de fer d'intérêt local et les tramways.

Ces conditions sont quelquefois perdues de vue ou mal interprétées, et il me paraît utile de les rappeler, en en précisant la portée.

Le concours de l'État prend obligatoirement la forme d'une *subvention annuelle, payable pendant la période d'exploitation,* qui est assujettie à des règles déterminées, et l'une de ces règles veut (art. 13 et 36 de la loi du 11 juin 1880) qu'une partie, *au moins équivalente,* de l'insuffisance que

17

cette subvention est destinée à couvrir soit payée par le département ou par la commune, avec ou sans le concours des intéressés.

Le département ou la commune n'est pas tenu de donner son concours sous la même forme que l'État, et il a toute liberté pour en régler le mode ou l'importance.

S'il donne une subvention annuelle fixe ou variable, payable également pendant la période d'exploitation, il n'y a aucune difficulté, et la subvention à payer chaque année par l'État ne peut pas dépasser celle qui est payée par le département ou la commune.

Lorsque la subvention du département ou de la commune est donnée en capital, en terrains, en travaux ou sous toute autre forme que celles d'annuités, l'article 12 du décret du 20 mars 1882 prescrit de l'évaluer et de la transformer en *annuités*, au taux de 4 p. 0/0, pour l'application des articles 13 et 36 de la loi du 11 juin 1880.

Il résulte évidemment de cet article que la subvention annuelle de l'État ne peut pas dépasser l'annuité ainsi calculée, mais des doutes se sont élevés sur le sens à attribuer à l'expression : transformer le capital donné par le département ou la commune en annuités à 4 p. 0/0.

Le conseil général des ponts et chaussées avait pensé que l'annuité qu'il s'agit de calculer est celle qui devrait être servie, pendant la période d'exploitation, pour payer au taux de 4 p. 0/0, l'intérêt simple et l'amortissement du capital donné par le département ou la commune.

Mais le conseil d'État n'a pas admis cette interprétation, il a émis l'avis que l'on devrait prendre l'intérêt simple à 4 p. 0/0 du capital donné et mon Administration s'est ralliée à cette manière de voir.

II. Limites fixées par la loi du 11 juin 1880 pour la subvention de l'État

Cela posé, soient :

A. Le capital de premier établissement par kilomètre (1) ;

R. La recette brute par kilomètre ;

F. Les frais d'exploitation par kilomètre ;

I. L'insuffisance kilométrique à laquelle l'État peut subvenir pour partie :

S. La subvention annuelle de l'État par kilomètre ;

G. La subvention kilométrique du département ou de la commune si elle est annuelle, ou l'annuité à 4 p. 0/0 qui doit lui être substituée, si elle est donnée en capital ou sous toute autre forme que celle d'annuités.

Il faut, pour que l'État intervienne, que la recette brute soit insuffisante pour couvrir les frais d'exploitation et 5 p. 0/0 du capital de premier établissement, c'est-à-dire que l'on ait :

$$R < 0.05\,A + F$$

et l'insuffisance I à couvrir a pour valeur :

$$I = 0.05\,A + (F - R).$$

Le premier terme de cette expression $0.05\,A$ est invariable et le second terme $(F - R)$ varie avec F et R.

Lorsque les frais d'exploitations sont supérieurs à la recette brute, $(F - R)$

(1) Y compris, s'il y a lieu, les insuffisances constatées pendant la période de construction.

est positif et il représente le *déficit de l'exploitation* qui s'ajoute à 5 p. 0/0 de A pour donner la valeur de l'insuffisance à couvrir.

Lorsque, au contraire, les frais d'exploitation sont inférieurs à la recette brute, (R — F) est négatif et (R — F) représente le *gain de l'exploitation* que l'on doit retrancher de 0,05 A pour avoir la valeur de l'insuffisance à couvrir.

Cette insuffisance devient nulle et la subvention de l'État cesse, quand le gain de l'exploitation est égal ou supérieur à 0,05 A.

La loi porte que l'État peut subvenir pour partie au payement de l'insuffisance I, à condition qu'une partie au moins équivalente sera payée par le département ou la commune.

Il en résulte que la subvention S de l'État ne peut dépasser ni C ni $\frac{1}{2}$ I, d'où :

$$S \leqq \frac{1}{2} I \quad (1)$$

$$S \leqq G \quad (2)$$

Les seconds membres de ces inégalités représentent donc deux maxima que la subvention de l'État ne peut pas dépasser.

La loi a fixé une troisième limite qui ne dépend que de la recette brute.

Elle porte, en effet, que la subvention de l'État sera formée en ajoutant 500 francs au quart de la somme nécessaire pour *élever* la recette brute à un chiffre déterminé *m* (1).

Il en résulte que la subvention de l'État doit être calculée par la formule

$$S = 500^f + \frac{m - R}{4} (3)$$

Cette formule assigne à la subvention de l'État une valeur de 500 francs quand la recette brute atteint le chiffre *m*, et elle cesse d'être applicable quand la recette brute dépasse ce chiffre.

Elle donne un troisième maximum fixé à l'avance, que la subvention de l'État ne peut pas dépasser pour les recettes brutes comprises entre O et M.

La loi a enfin assigné à la subvention de l'État deux autres limites qui résultent de la prescription ci-après :

« En aucun cas, la subvention de l'État ne pourra élever la recette brute au-dessus de (*m* + 500^f), ni attribuer au capital de premier établissement plus de 5 p. 0/0 par an ».

Ce texte prête à des interprétations différentes, et si l'on se reporte aux discussions du Parlement pour en déterminer le véritable sens, on est conduit à admettre que :

1° L'État ne doit intervenir que si la subvention du département ou de la commune ne suffit pas pour élever la recette brute au chiffre de (*m* + 500^f) et seulement dans la mesure nécessaire pour parfaire ce chiffre, avec la subvention du département ou de la commune; d'où la condition :

$$S \leqq m - 500^f - R) - G \quad (4)$$

(1) *m* = 10.000 francs pour les chemins de fer d'intérêt local susceptibles de recevoir les véhicules des grands réseaux.

    m = 8.000 francs pour les chemins de fer d'intérêt local qui ne peuvent pas recevoir ces véhicules.

    m = 6 000 francs pour les tramways.

2º L'État ne doit intervenir que si la subvention du département ou de la commune ne suffit pas pour couvrir l'insuffisance I, et seulement dans la mesure nécessaire pour parfaire cette insuffisance avec le concours du département ; d'où la condition :

$$S \leqq I - G. \quad (5)$$

Les seconds membres de ces inégalités représentent les deux derniers maxima que la subvention de l'État ne peut pas dépasser.

Il faut donc, pour avoir le chiffre réel de la subvention à payer par l'Etat, calculer, pour chaque valeur de la recette brute, ces cinq maxima et prendre le plus petit.

III. Représentation graphique des résultats qui précèdent

Chaque maximum peut être représenté graphiquement par une courbe tracée en prenant les recettes brutes pour abscisses, et le diagramme ainsi obtenu (fig. 1) permet de se rendre bien compte de l'économie de la loi.

L'insuffisance à couvrir $I = 0,05\,A + (F - R)$ est représentée dans ce diagramme par la courbe C D E, tracée en menant une droite A B parallèle à l'axe des x à une distance $O\,A = 0,05\,A$ de cet axe, et en ajoutant aux ordonnées de cette droite la valeur de (F C) (1).

Le premier maximum $\frac{1}{2}I$ est représenté par la courbe C' D' E, obtenue en prenant la moitié des ordonnées de la courbe des C D E.

Le deuxième maximum G est représenté par la ligne M N (2).

Le troisième maximum $500^f + \dfrac{m - R}{4}$ est représenté par la ligne droite K H dont les points extrêmes K et H sont faciles à déterminer : l'ordonnée OK est égale à la valeur que donne la formule pour $R = O$, et le point extrême H s'obtient en prenant $O\,G = m$ et $G\,H = 500^f$.

Le quatrième maximum est représenté par la ligne P' L'. Cette ligne s'obtient en prenant $O\,P = O\,L = m + 500^f$, en traçant la droite P L qui passe par le point H et dont les ordonnées ont pour valeur $m + 500 - R$, et en retranchant des ordonnées de cette droite la subvention G du département ou de la commune.

Le cinquième maximum est enfin représenté par la ligne C" D" E", obtenue en retranchant des ordonnées de la ligne C D E la subvention G du département ou de la commune.

On voit immédiatement, à l'inspection de la figure, que la subvention de l'État, qui doit être égale au plus petit de ces cinq maxima, est représentée par les ordonnées de la courbe M Q R S L'.

___

(1) On admet généralement, quand on traite à forfait, que les frais d'exploitation sont reliés à la recette brute par une expression du 1er degré de la forme $F = n + f\,R$, dans laquelle n représente un nombre entier et f une fraction. Dans ce cas, la courbe C D E est une ligne droite : c'est ce que suppose la figure.

(2) Cette ligne est une droite parallèle à l'axe des x, quand le département donne tous les ans la même subvention, ou quand il donne un capital à transformer en annuités : c'est le cas que suppose la figure.

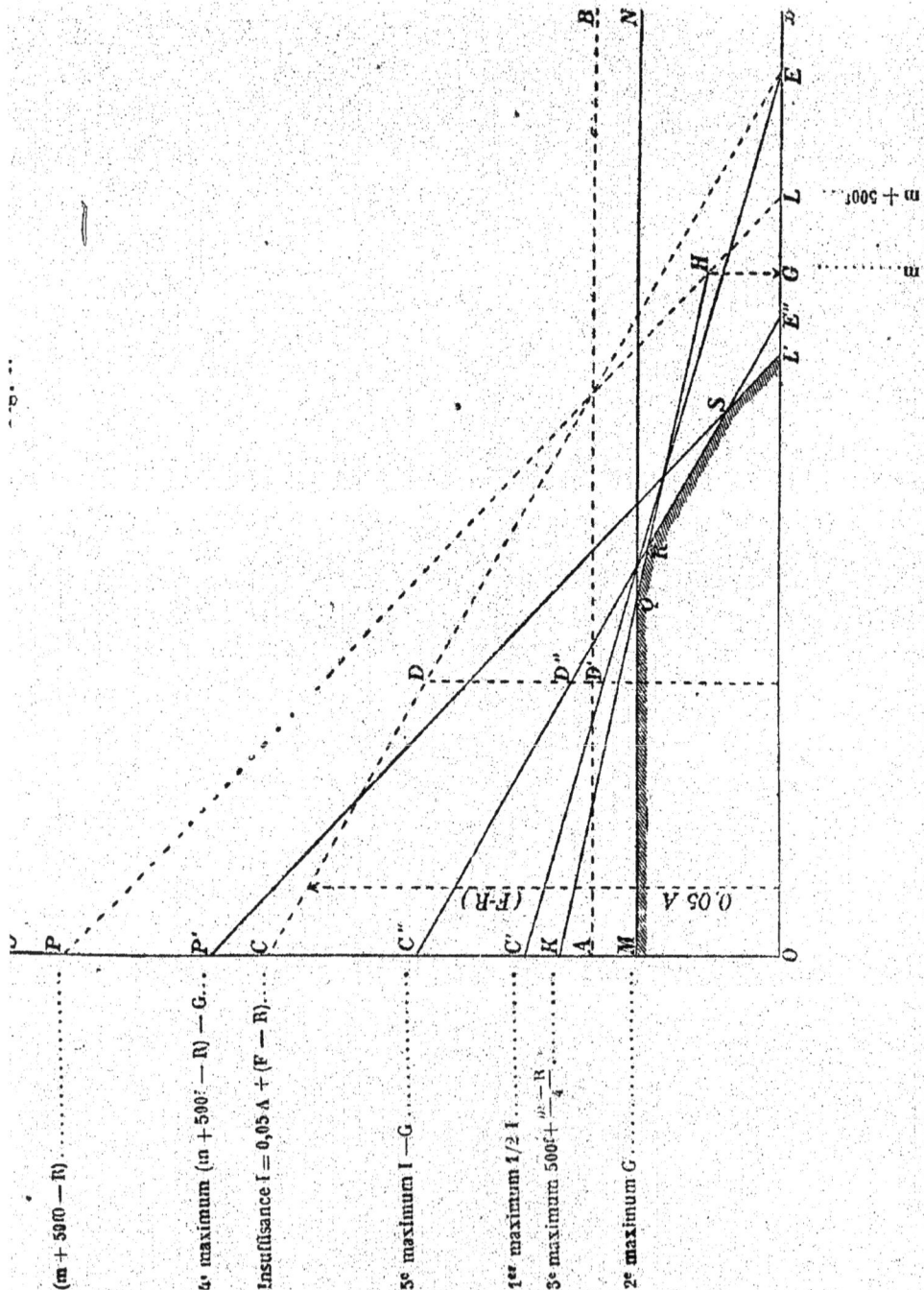

$(m + 50^f_0 - R)$ ....

4e maximum $(m + 500^f - R) - G$ ...

Insuffisance $I = 0,05 A + (F - R)$ .....

5e maximum $I - G$ ....

1er maximum $1/2$ I ....

3e maximum $500f + \frac{m - R}{4}$ ....

2e maximum G ....

Fig. 2.

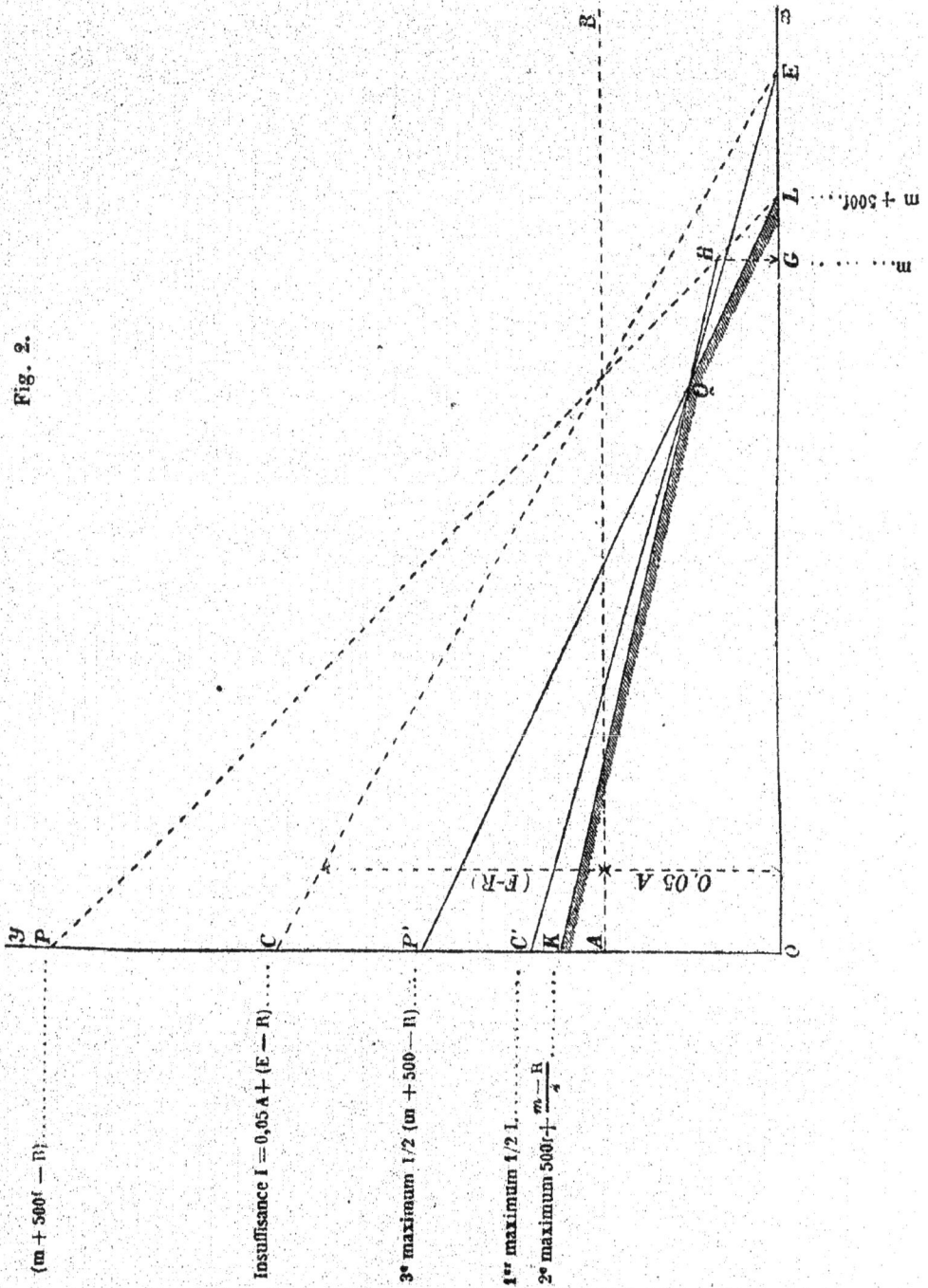

$(m + 500^f — R)$ ....

Insuffisance $I = 0,05 A + (E — R)$ .....

3° maximum $1/2 (m + 500 — R)$ .....

1° maximum $1/2 L$ ....

2° maximum $500^f + \dfrac{m — R}{4}$ ....

IV. Cas particulier.

Si l'on suppose que la subvention du département ou de la commune est chaque année égale à celle de l'État et calculée de la même manière, les cinq maxima ci-dessus se réduisent alors aux trois suivants :

$$\frac{1}{2}\,\mathrm{I}. \tag{6}$$

$$500 + \frac{m - \mathrm{R}}{4}. \tag{7}$$

$$\frac{1}{2}\,(m + 500 - \mathrm{R}). \tag{8}$$

La figure 2 donne le diagramme qui correspond à ce cas particulier ; on y voit que la subvention de l'État est représentée par les ordonnées de K Q L.

V. La subvention de l'État ne constitue qu'une avance remboursable. — Conditions de remboursement.

Les subventions ainsi fixées ne constituent d'ailleurs que des avances, et la loi du 11 juin 1880 porte (art. 15) que, lorsque la recette brute devient suffisante pour couvrir les frais d'exploitation et 6 0/0 du capital de premier établissement, la moitié du surplus de la recette est partagée entre l'État, le département, ou, s'il y a lieu, la commune ou les autres intéressés, dans la proportion des avances faites par chacun d'eux, jusqu'à concurrence du complet remboursement de ces avances sans intérêts.

VI. Calcul du maximum de la subvention de l'État à inscrire dans la loi ou le décret déclaratif d'utilité publique.

La loi ou le décret par lequel l'État s'engage à subventionner un chemin de fer d'intérêt local ou un tramway, doit, aux termes de l'article 14 du décret du 20 mars 1882, fixer le maximum de la charge annuelle qui peut résulter pour le Trésor de l'application des articles 13 et 36 de la loi du 11 juin 1880.

Pour trouver ce maximum, il suffira de rechercher les valeurs maxima que peuvent prendre les cinq maxima prévus par la loi et de tracer avec ces valeurs maxima un diagramme analogue à ceux qui précèdent.

On devra ensuite vérifier si le chiffre ainsi déterminé satisfait aux prescriptions de l'article 14 du décret du 20 mars 1882, qui veut que la somme des subventions maxima garanties ne dépasse pas 400,000 francs pour l'ensemble des lignes situées dans un même département.

Des cinq maxima prévus par la loi, le troisième $S = 500 + \dfrac{m - \mathrm{R}}{4}$ est fixé à l'avance d'une manière ferme et invariable.

Le second et le quatrième $S \leqq G$ et $S \leqq (500) + m - \mathrm{R}) - G$ ne dépendent que du concours du département ou de la commune.

Le premier $\dfrac{1}{2}\,\mathrm{I}$ ne relève que de l'insuffisance I.

Enfin le cinquième $S \leq I - G$ est fonction à la fois de l'insuffisance I et du concours du département ou de la commune.

Le concours du département ou de la commune est toujours connu. C'est une des données de la question.

On prendra la subvention même du département ou de la commune, si elle est payable annuellement pendant la période de l'exploitation; et si elle est donnée sous une autre forme, on l'évaluera et on prendra l'intérêt simple à 4 p. 0/0 de cette évaluation.

Comme l'État ne peut donner que des subventions annuelles liquidées d'après les insuffisances constatées, on ne devra tenir compte que des allocations données à titre ferme, dont la réalisation est certaine, et on laissera de côté les allocations éventuelles subordonnées à des circonstances aléatoires qui peuvent ne pas se produire.

On devra d'ailleurs ajouter, s'il y a lieu, à la subvention propre du département ou de la commune, les subventions des autres intéressés. Mais ces dernières subventions ne pourront entrer en ligne de compte que si elles sont données par l'intermédiaire du département ou de la commune. Il faut que le département ou la commune les endosse en quelque sorte, et qu'il les comprenne, sous sa garantie et sa responsabilité, dans ses offres de concours.

On obtiendra ainsi la valeur de G qui entre dans le deuxième, le quatrième et le cinquième maximum.

Pour déterminer la valeur maxima du quatrième et du cinquième maximum, il faut connaître en outre la valeur maxima de l'insuffisance I, c'est-à-dire la valeur maxima des deux termes $0,05 A$ et $(F - R)$ qui constituent cette insuffisance.

La plus grande valeur du premier terme $0,05 A$ sera donnée soit par le chiffre forfaitaire, soit par le chiffre maximum que l'acte de concession aura assigné au capital de premier établissement (1), si l'on reconnaît que ces chiffres ne sont pas exagérés et peuvent être admis. Dans le cas contraire, on leur fera subir les réductions nécessaires.

On y ajoutera, s'il y a lieu, les insuffisances probables pendant la période assignée à la construction.

Enfin, si l'acte de concession prévoit, conformément à l'article 2 du décret du 20 mars 1882, que le capital de premier établissement peut être successivement augmenté, jusqu'à concurrence d'une somme déterminée et pendant un certain délai, pour travaux complémentaires, et si l'État doit garantir ce capital complémentaire, on devra également en tenir compte.

Le second terme $(F - R)$ se déduira du barème inscrit dans l'acte de concession si les frais d'exploitation sont fixés à forfait, et, à défaut, on devra faire une hypothèse sur la valeur maxima qu'il pourra atteindre.

Le diagramme tracé en partant de ces données montrera comment le maximum de la subvention de l'État varie avec la recette brute ; et on aura, en dernier lieu, à faire entrer en ligne de compte le chiffre probable de la recette brute au début de l'exploitation, pour déterminer la valeur correspondante du maximum de la subvention de l'État.

C'est cette valeur qui représentera le maximum de la charge imposée au

---

(1) Ce chiffre forfaitaire ou maximum doit être reproduit dans la loi ou le décret à intervenir, qui fixe, en outre, dans le second cas, le chiffre maximum pour lequel les dépenses relatives à la constitution du capital-actions et à l'émission des obligations peuvent être admises en compte.

Trésor, à inscrire dans la loi ou le décret de concession, si les circonstances de l'affaire justifient l'allocation par l'État du maximum de subvention compatible avec les prescriptions de la loi du 11 juin 1880.

Dans le cas contraire, on fera subir à ce chiffre les réductions qui seront jugées opportunes.

On ne doit pas perdre de vue, en effet, que l'État n'est pas tenu de couvrir, avec le concours du département ou de la commune, la totalité de l'insuffisance à laquelle sa subvention doit s'appliquer, et qu'il est le maître absolu de restreindre l'importance de son concours dans la mesure qu'il juge convenable.

Telles sont, Monsieur le Préfet, les règles qui doivent servir de base pour le calcul de la subvention de l'État.

Il ne vous échappera pas que le département ou la commune, qui fait une concession, n'a pas qualité pour engager l'État, et qu'il ne doit pas dès lors insérer dans l'acte de concession, en ce qui concerne la subvention de l'État, des clauses qui seraient impératives ou contraires aux prescriptions de la loi.

Mais il peut arriver que le département ou la commune ne veuille consentir à accorder la concession que s'il obtient de l'État une subvention déterminée, et, dans ce cas, je ne verrais pas d'inconvénient à ce que l'acte de concession renfermât à cet égard une clause suspensive, car l'Administration restera ainsi maîtresse d'apprécier si elle peut accueillir la demande du département ou de la commune.

Je vous prie, Monsieur le Préfet, de m'accuser réception de la présente circulaire, dont j'adresse ampliation à M. l'ingénieur en chef.

CIRCULAIRE DU 12 DÉCEMBRE 1887

Monsieur le Préfet, préoccupé de faciliter l'utilisation des wagons à marchandises des chemins de fer *à voie de un mètre* pour le transport des troupes et du matériel de guerre, M. le Ministre de la guerre a fait étudier, par la Commission militaire supérieure des chemins de fer, les dispositions et dimensions principales qu'il conviendrait d'adopter définitivement pour la construction de ces véhicules. Examen fait des résultats de cette étude et sur la demande de mon Collègue, j'ai, par une circulaire du 10 novembre 1887, fixé les conditions auxquelles devront satisfaire les wagons à construire, à l'avenir, pour les chemins de fer *d'intérêt général* à voie de un mètre de largeur.

En ce qui touche les chemins de fer *d'intérêt local, à voie de un mètre*, de votre département, je vous prie, Monsieur le Préfet, de vouloir bien, à bref délai, rendre exécutoire, en le revêtant de votre signature, le projet d'arrêté ci-après, dont le dispositif est exactement conforme à celui de ma circulaire sus-visée du 10 novembre dernier, relative aux chemins de fer d'intérêt général.

ARRÊTÉ

Le Préfet du département d

Considérant qu'aux termes des cahiers des charges des concessions de chemins de fer d'intérêt local, les concessionnaires sont tenus, pour la mise en service du matériel roulant, de se conformer à tous les règlements sur la matière ;

Vu la dépêche de M. le Ministre des Travaux publics en date du 12 décembre 1887.

ARRÊTE :

ARTICLE PREMIER. — Les wagons à marchandises à construire, à l'avenir, pour les chemins de fer d'intérêt local, à voie d'un mètre de largeur, du département d ⎯⎯⎯⎯ devront satisfaire aux conditions ci-après définies :

I. — Wagons couverts et wagons plats.

ESSIEUX.

Les essieux sont établis de telle sorte que les wagons puissent porter une charge de 10 tonnes.

II. — Wagons couverts.

DIMENSIONS MINIMA.

1º Longueur intérieure 5m,45
2º Ouverture de la porte 1m,45
3º Largeur intérieure 2m,00
4º Hauteur sous les courbes du plafond, mesurée près de la paroi et contre la porte. 1m,98
5º Hauteur libre entre le plancher du wagon et le fond de la guérite du garde-frein dans les wagons à frein 1m,70
6º Hauteur de l'entrée 1m,89

ACCÈS.

7º Les portes seront roulantes, à un ou deux vantau.;, et disposées de telle sorte qu'un homme puisse, de *l'intérieur*, manœuvrer, *facilement*, l'organe de fermeture et la porte elle-même ;

8º Les wagons seront pourvus d'étriers ou de marchepieds longitudinaux ;

AÉRATION.

9º Les wagons seront munis de volets à glissières ou se rabattant à l'extérieur.

Le nombre de ces volets pourra être réduit à un sur chaque face. Dans ce cas, le volet unique pourra être placé dans la porte ; ses dimensions seront, au maximum, celle des volets actuellement en usage dans les wagons à marchandises et, au minimum, 0m,50 sur 0m,30.

II. — Wagons plats.

Trucs à fonds complètement plats.

DIMENSIONS MINIMA.

1º Longueur intérieure 5m,40
2º Largeur intérieure 2m,00

DISPOSITIONS RELATIVES AUX COTÉS.

Pour le cas seulement où la hauteur de ces côtés excédera 0ᵐ,20
3° Les petits côtés seront à rabattement ;
1° Les grands côtés auront, sur chaque face, une porte d'au moins 3 mètres, laquelle sera pratiquée, non pas au milieu, mais vers l'extrémité du grand côté ; les portes des deux faces seront, l'une par rapport à l'autre, disposées en diagonale.

Trucs à fonds garnis de traverses saillantes.

DIMENSIONS MINIMA.

1° Longueur.........
2° Largeur......... } Comme pour les trucs à fonds plats ;

DISPOSITIONS RELATIVES AUX COTÉS.

3° Petits côtés.......
4° Grands côtés...... } Comme pour les trucs à fonds plats ;

TRAVERSES.

5° Saillie maxima 6ᵐ,06
6° Écartement minimum. 0ᵐ,76
7° Le plancher devra être libre de traverses dans l'espace compris entre les deux côtés 1ᵐ,25 et 2ᵐ,08, comptés horizontalement à partir de l'aplomb des tampons arrivés à la limite du refoulement.

RÉSISTANCE DU PLANCHER

8° Les planchers des trucs munis de traverses saillantes offriront autant de résistance que ceux des trucs à fonds plats.

ART. 2. — Le présent arrêté sera notifié aux Compagnies de chemins de fer d'intérêt local à voie d'un mètre.

Les fonctionnaires et agents du contrôle sont chargés d'en surveiller l'exécution.

Fait à   *Le Préfet,*

Je désire recevoir, le plus tôt possible, deux exemplaires de l'arrêté que vous aurez pris, conformément à ma présente instruction, dont j'adresse ampliation à M. l'Ingénieur en chef du département.

D'autre part, je vous prie de me faire savoir pour chacune des Compagnies concessionnaires de chemins de fer d'intérêt local à voie de un mètre dans votre département :

Quel est le nombre des wagons à marchandises, couverts ou plats actuellement en service ;

Combien d'entre ces véhicules satisfont aux conditions prescrites dans le projet d'arrêté ci-dessus transcrit ;

Et, enfin, de quelle quantité de nouveaux wagons la Compagnie a, dès à présent, fait commande ou prévoit la construction prochaine.

Recevez, Monsieur le Préfet, l'assurance de ma considération la plus distinguée.

Le Ministre des Travaux publics,
S. DE HEREDIA,

CIRCULAIRE DU 12 JANVIER 1888.

Monsieur le Préfet, en présence de l'extension que prennent en France, sous le régime de la loi du 11 juin 1880, les chemins de fer d'intérêt local et tramways à vapeur à voie étroite, le Gouvernement a été amené à reconnaître que, pour aider à la prospérité commerciale de ces entreprises, qui le plus souvent engagent les finances de l'État, et rendre ces voies ferrées véritablement utilisables pour les transports militaires, il devenait indispensable de les approprier, par l'adoption d'une largeur de voie unique, à la circulation d'un même matériel.

Cette largeur ne peut être, évidemment, que celle *d'un mètre* (1m,00) *entre les bords intérieurs des rails*, déjà réalisée sur la presque totalité des lignes existantes.

En conséquence, après avoir pris l'avis de mon collègue de la guerre, j'ai résolu de ne provoquer, à l'avenir, sauf exceptions dûment justifiées et admises par mon Administration d'accord avec l'autorité militaire, la déclaration d'utilité publique d'aucun chemin de fer ou tramway à vapeur à voie étroite qui serait projeté avec une largeur de voie autre que celle susindiquée (1).

J'ai décidé, en outre, toujours dans le double intérêt invoqué ci-dessus, que, toutes les fois qu'une ligne d'intérêt local ou tramway à voie étroite devra se relier à une ou plusieurs lignes à voie normale, le cahier des charges de la concession devra contenir une clause spéciale prescrivant l'établissement, dans la ou les gares de jonction, de moyens de transbordement commodes pour les voyageurs et les marchandises.

Je vous prie de m'accuser réception de la présente circulaire et d'en donner connaissance au Conseil général de votre département dans sa plus prochaine session.

Recevez, Monsieur le Préfet, l'assurance de ma considération la plus distinguée.

Le Ministre des Travaux publics,
ÉMILE LOUBET.

DÉCRET qui modifie l'article 10 de l'ordonnance du 15 novembre 1846 portant règlement sur la police, la sûreté et l'exploitation des chemins de fer.

(23 janvier 1899).

ARTICLE PREMIER. — L'article 10 ci-dessus visé de l'ordonnance du 15 novembre 1846 est modifié de la manière suivante :

ART. 10. — Il est interdit d'affecter au transport des voyageurs aucune locomotive, tender ou voiture montés sur des roues en fonte cerclées ou non en fer ou en acier.

Les wagons de marchandises non munis de freins et montés sur roues en fonte coulées en coquilles ou cerclées en fer ou en acier pourront être placés

(1) Depuis 1888, on a admis assez fréquemment des exceptions à cette règle; elle ne doit donc pas être considérée comme absolue.

dans les trains mixtes dont la vitesse normale de marche ne dépassera pas à moins d'autorisation spéciale du ministre des travaux publics, quarante-cinq kilomètres à l'heure.

DÉCRET qui autorise la circulation des trains dits légers et modifie pour ces trains les articles 18 et 20 de l'ordonnance du 15 novembre 1846.

(9 mars 1889).

ARTICLE PREMIER. — Le ministre des travaux publics peut autoriser la mise en circulation des trains dits légers, sous les conditions déterminées par le présent décret.

ART. 2. — Les trains légers sont ceux dont les véhicules sont portés par seize essieux ou plus ; ils peuvent être remorqués soit par une locomotive, soit par un moteur contenu dans un de ces véhicules. Dans ce dernier cas, les essieux de la voiture motrice comptent dans le nombre de seize.

ART. 3. — Pour tous les trains légers, les compagnies de chemins de fer sont dispensées de l'obligation, prévue par l'article 20 de l'ordonnance du 15 novembre 1846, d'interposer un fourgon ou une voiture ne portant pas de voyageurs entre le moteur et la première voiture à voyageurs.

ART. 4. — Pour les trains légers dont tous les véhicules à voyageurs sont munis du frein continu, le ministre des travaux publics peut autoriser la suppression du chauffeur prévu par l'article 18 de la même ordonnance, sous la réserve que le conducteur chef du train se tiendra habituellement soit sur la machine, soit dans la première voiture du train ; qu'il pourra, dans tous les cas, accéder facilement à la machine et qu'il pourra l'arrêter en cas de besoin.

Lorsque les véhicules à voyageurs et à marchandises dont se compose un train léger sont tous munis de freins continus, le ministre peut, en outre, autoriser la suppression de l'obligation, imposée par le même article 18, d'avoir sur le dernier véhicule ou sur l'un des derniers véhicules un conducteur spécial chargé de la manœuvre du frein.

ART. 5. — La mise en circulation des trains légers reste soumise aux prescriptions de l'ordonnance du 15 novembre 1846 et du décret du 23 janvier 1889, pour toutes les dispositions auxquelles il n'est pas dérogé par le présent décret.

ART. 6. — Les décrets du 20 mai 1880 et du 19 septembre 1887 sont abrogés.

CIRCULAIRE DU 28 FÉVRIER 1894

Monsieur le Préfet,

L'article 5 du règlement d'administration publique du 6 août 1881, concernant l'établissement et l'exploitation des voies ferrées sur le sol des voies publiques, dispose, en son dernier alinéa, que, si l'emplacement occupé par la voie ferrée reste accessible et praticable pour les voitures ordinaires, les rails seront à gorge ou munis de contre-rails.

Depuis 1881, l'expérience a permis de reconnaître que l'emploi des rails à gorge ou des contre-rails n'est surtout utile que dans les chaussées pavées. Dans les chaussées empierrées, il peut présenter plus d'inconvénients que d'avantages, parce qu'il se produit le long du contre-rail une ornière qui double l'ornière ménagée pour le passage des roues du tramway. Si l'on a soin de maintenir la chaussée, sur tout l'emplacement du tramway, au niveau des bords supérieurs des champignons, les simples rails peuvent être compatibles avec la commodité de la circulation terrestre. Telle a été l'opinion du Conseil général des ponts et chaussées, appelé à examiner la question.

Le Conseil d'État a également reconnu que, tout en laissant subsister la règle générale inscrite dans l'article 5 du décret du 6 août 1881, il convenait de donner à l'administration la faculté d'en dispenser le concessionnaire, à titre révocable, sur tout ou partie des voies publiques dont le sol est emprunté par la voie ferrée.

En conformité de cet avis a été rendu le décret du 30 janvier dernier, dont une copie est ci-jointe.

Afin d'assurer l'exécution de ce décret, il conviendra, lorsque mon Administration sera saisie d'un avant-projet de tramway à établir sur le sol des voies publiques, d'indiquer d'ores et déjà les parties de ces voies sur lesquelles les rails à gorge ou les contre-rails ne seront pas exigés. Au cas où il serait à prévoir que, sur quelques parties des voies publiques, l'emploi des rails à gorge ou les contre-rails ne seront pas exigés. Au cas où il serait à prévoir que, sur quelques parties des voies publiques, l'emploi des rails à gorge ou des contre-rails pourrait être ultérieurement reconnu nécessaire, il conviendra de tenir compte de cette éventualité dans la détermination du maximum des travaux complémentaires.

J'adresse copie de la présente circulaire à MM. les Ingénieurs.

Recevez, Monsieur le Préfet, l'assurance de ma considération la plus distinguée.

Le Ministre des Travaux publics,
JONNART.

DÉCRET

Le Président de la République française,

Sur le rapport du Ministre des Travaux publics ;

Vu la loi du 11 juin 1880 et notamment l'article 38 ;

Vu le décret du 6 août 1881, portant règlement d'administration publique pour l'établissement et l'exploitation des voies ferrées sur le sol des voies publiques et, notamment l'article 5 ;

Vu l'avis du Conseil général des ponts et chaussées, en date du 27 juin 1892 ;

Le Conseil d'État entendu,

DÉCRÈTE :

ARTICLE PREMIER. — L'article 5 du décret susvisé, du 6 août 1881, est complété par la disposition suivante :

« Toutefois, l'Administration peut, à titre révocable, dispenser le conces-
« sionnaire de poser des rails à gorge ou des contre-rails sur tout ou partie
« des voies publiques dont le sol est emprunté par la voie ferrée ».

ART. 2. — Le Ministre des Travaux publics est chargé de l'exécution du présent décret, qui sera inséré au *Bulletin des lois*.

Fait à Paris, le trente janvier mil huit cent quatre-vingt-quatorze.

Signé : CARNOT,

Par le Président de la République :

Le Ministre des Travaux publics,
JONNART.

CIRCULAIRE MINISTÉRIELLE DU 24 JUILLET 1895

Formalités à remplir préalablement à l'approbation des modifications du tracé des tramways et forme de cette approbation.

Monsieur le Préfet,

Mon administration est assez fréquemment appelée à statuer sur des modifications que les concessionnaires de tramways proposent d'apporter aux avant-projets qui ont servi de base à la déclaration d'utilité publique. Elle peut aussi se trouver dans la nécessité de prescrire d'office des modifications de ce genre.

La procédure suivie en pareil cas dans les départements n'ayant pas toujours été conforme aux dispositions réglementaires, j'ai cru devoir consulter sur la question la section des Travaux publics du Conseil d'État. La présente circulaire a pour objet de vous indiquer, d'après l'avis de la section, la marche qu'il conviendra dorénavant de donner à l'instruction dans les divers cas.

1° *Déviations en dehors des voies publiques non prévues dans le décret d'utilité publique ou actes y annexés.*

Le Conseil d'État, statuant au Contentieux (arrêt du 8 avril 1892, tramway de Bayonne à Biarritz) a décidé que le Ministre des Travaux publics ne pouvait, sans excéder ses pouvoirs, autoriser, avant tout classement régulier et sans enquête préalable, une déviation non prévue au cahier des charges, affectant une longueur de plus de 1.500 mètres sur un parcours total de quelques kilomètres et constituant, dit l'arrêt, une véritable modification du tracé primitif.

De son côté, la Cour de cassation (6 novembre 1894, tramway de Fontaine-Française à Mornay) a annulé un jugement prononçant, sans nouvelle déclaration d'utilité publique, l'expropriation de parcelles nécessaires à l'établissement d'une déviation importante par rapport au parcours total de la ligne, et ne pouvant être considérée comme une simple modification de détail technique.

Il résulte de là qu'un décret précédé d'une enquête est indispensable pour autoriser une déviation importante.

Si, au contraire, la déviation n'a qu'une faible longueur, c'est une simple modification de détail technique qui peut être approuvée dans les mêmes conditions que le projet d'exécution.

2° *Modification de la position du tramway sur les voies publiques, contrairement aux termes du Décret déclaratif d'utilité publique ou des actes y annexés.*

La nécessité d'un décret précédé d'une enquête s'impose également dans ce cas.

Ainsi, pour permettre l'établissement d'un tramway sur l'accotement gauche d'une route, un décret du 13 octobre 1893 a dû modifier le cahier des charges qui prévoyait l'emprunt de l'accotement opposé.

3° *Modification de la position du tramway sur les voies publiques, non contraire aux termes du décret d'utilité publique ou des actes y annexés.*

Il y a lieu de distinguer tout d'abord si la modification est prescrite d'office en raison de l'exécution d'un autre travail public ou si elle est proposée par le concessionnaire du tramway.

Dans le premier cas, si par exemple il s'agit de déplacer le tramway en vue d'établir un passage à niveau à la rencontre de la voie terrestre et d'un nouveau chemin de fer, une enquête n'est pas nécessaire ; la modification du tramway est la conséquence du nouveau travail public et elle se trouve autorisée, par le fait même que ce travail est régulièrement ordonné.

Dans le second cas, il y a lieu d'examiner si la portion de tracé à modifier est située sur une route ou chemin en rase campagne, ou dans une traverse.

Quand il s'agit d'une traverse, les articles 2 et 3 du décret du 18 mai 1881 exigent que les avant-projets qui servent de base à l'enquête soient établis d'une manière beaucoup plus précise qu'en rase campagne. Au lieu d'un plan à l'échelle de 1/10.000ᵉ, le demandeur doit produire un plan à l'échelle de 0,005, plan qui doit indiquer les propriétés bâties en bordure avec les noms des propriétaires ; la zone qui doit être occupée par la circulation du matériel roulant doit être tracée sur ce plan, de manière que chaque riverain puisse s'assurer qu'il conservera les accès de son immeuble.

Après une enquête aussi minutieuse, il ne serait pas possible de modifier le tracé dans les traverses (en dehors du cas indiqué ci-dessus où cette modification est la conséquence forcée d'un autre travail), sans faire une nouvelle enquête, et par exemple, de faire passer le tramway sur le côté opposé à celui qui a été prévu dans l'enquête. L'approbation des modifications soumises ainsi à l'enquête doit être donnée par décret, même quand la convention ou le cahier des charges n'ont pas expressément spécifié le tracé. Le décret, en effet, se référait à l'avant-projet soumis à la première enquête; et, dès lors, une simple décision ministérielle ou préfectorale ne peut modifier, *dans leurs parties essentielles*, les dispositions qui figuraient dans cet avant-projet.

Au contraire, lorsque le tracé doit être modifié dans les parties de routes ou de chemins en rase campagne, les avant-projets n'ayant pas précisé le point exact de ces routes et chemins où le tramway sera établi, il n'est nécessaire ni de recommencer l'enquête, ni de rendre un nouveau décret. La modification n'est plus qu'un détail d'exécution qui peut être approuvé par l'autorité chargée de statuer sur les projets d'exécution.

Je vous prie, Monsieur le Préfet, de donner connaissance de la présente à MM. les Ingénieurs de votre département pour qu'il en soit tenu compte le cas échéant.

CIRCULAIRE MINISTÉRIELLE DU 1ᵉʳ JUILLET 1896

Monsieur le Préfet,

En vertu des dispositions de l'article 1ᵉʳ du règlement d'administration publique du 6 août 1881, vous devez, en approuvant le projet d'exécution d'un tramway, vous conformer à la décision de l'autorité compétente sur les projets d'ensemble. Quand il s'agit de tramways concédés par l'État, cette décision est prise par le Ministre.

Dans la pratique, il n'est pas dressé de projets d'ensemble distincts soit de l'avant-projet, soit du projet d'exécution, de sorte que c'est ce dernier projet qui est soumis à l'examen de mon Administration.

Or il arrive souvent que le projet d'exécution reproduit presque sans changements les dispositions de l'avant-projet qui a servi de base à la déclaration d'utilité publique et qui a été examiné par mon Administration préalablement à cette déclaration, une première fois avant l'ouverture de l'enquête et une seconde fois après cette enquête. Souvent aussi, le concessionnaire n'a fait que tenir compte des observations formulées dans des décisions ministérielles antérieures au décret déclaratif d'utilité publique.

Le nouvel examen auquel mon Administration a à procéder devient, dans ces conditions, sans utilité réelle et la procédure pourrait être simplifiée sans inconvénients.

Je vous prie, en conséquence, Monsieur le Préfet, lorsque vous serez saisi d'un projet d'exécution de tramway concédé par l'État, de prendre à son sujet l'avis de l'ingénieur en chef; s'il résulte de cet avis que le projet est conforme aux prescriptions du cahier des charges, qu'aucun changement notable n'a été apporté aux dispositions de l'avant-projet, et que le concessionnaire a tenu compte des observations déjà formulées par mon Administration, je vous autorise à considérer la lettre de notification du décret déclaratif d'utilité publique comme la décision en vertu de laquelle vous pouvez approuver le projet.

Vous pourrez également approuver les propositions du concessionnaire en ce qui concerne le nombre et l'emplacement des stations, sur l'avis de l'ingénieur en chef, si l'enquête n'a révélé aucune difficulté.

Les projets de déviations dont les travaux affecteraient des cours d'eau ou comporteraient des ouvrages par dessus ou par-dessous une route nationale, ceux des traversées des chemins de fer d'intérêt général et des raccordements avec ces voies devront, dans tous les cas, être soumis à mon approbation et donner lieu à des décisions ministérielles spéciales.

CIRCULAIRE MINISTÉRIELLE DU 10 JUIN 1898

Monsieur le Préfet,

Les Sociétés anonymes qui se constituent en vue d'obtenir la concession de chemins de fer d'intérêt local ou de tramways insèrent ordinairement dans leurs statuts des dispositions qui leur permettent de céder la concession, de louer l'exploitation de leurs lignes, de fusionner ou de s'allier avec d'autres Sociétés, et même de se dissoudre par anticipation pour quelque cause que ce soit.

Il résulte explicitement de l'article 10 de la loi du 11 juin 1880, qu'une société concessionnaire de voies ferrées ne peut céder tout ou partie de sa concession et par conséquent louer l'exploitation de ces lignes sans autorisation préalable.

Le Conseil d'État, dans de nombreux avis, a considéré en outre qu'il serait contraire au but que l'on s'est proposé en exigeant la constitution de sociétés anonymes pour l'exploitation des voies ferrées, de les laisser prévoir dans leurs statuts la faculté de se dissoudre avant l'expiration de la concession en dehors des cas de déchéance ou de rachat, des cas de cession ou de fusion régulièrement autorisés, ou en dehors de la situation spéciale prévue par l'article 37 de la loi du 24 juillet 1867 (perte des trois-quarts du capital social).

-- Si donc une Société qui se constitue veut faire figurer dans ses statuts des stipulations relatives aux divers objets sus énoncés, il est indispensable que les clauses relatives à la cession, à la fusion, à la location de l'exploitation des lignes réservent expressément les autorisations exigée par la loi du 11 juin 1880 et que celles concernant la dissolution anticipée limitent la possibilité de cette dissolution aux cas énumérés plus haut.

J'ai l'honneur de vous informer en conséquence que je renverrai dorénavant dans les départements, avant même de les soumettre au Conseil d'État, les propositions qui me seraient faites soit pour une concession nouvelle, soit pour une substitution à un concessionnaire primitif, en faveur de toute société dont les statuts renfermeraient des clauses contraires aux principes que je viens de rappeler.

A titre de renseignement, je crois utile de vous signaler la rédaction suivante :

« La compagnie ne pourra volontairement provoquer sa dissolution et sa mise en liquidation avant d'avoir accompli l'objet social en vue duquel elle a été constituée ; elle ne pourra céder tout ou partie de la concession, louer l'exploitation des lignes, fusionner ou faire alliance avec d'autres sociétés, sans les autorisations exigées par l'article 10 de la loi du 11 juin 1880. Néanmoins, sur la proposition du conseil d'administration, une assemblée générale extraordinaire pourra décider à toute époque la dissolution anticipée de la Société, mais cette dissolution, si elle n'est pas la conséquence d'une disposition légale, ne pourra avoir d'effet qu'autant qu'elle aura été précédée soit du rachat ou de la déchéance, soit du transfert de la concession à une autre société, dans les conditions prévues à l'article 10 de la loi du 11 juin 1880 ».

CIRCULAIRE MINISTÉRIELLE
DU 9 OCTOBRE 1899.

Monsieur le Préfet,

D'après les dispositions combinées des articles 4 et 1 du règlement d'administration publique du 18 mai 1881, l'autorisation de procéder à l'enquête d'utilité publique sur les avant-projets de tramways doit émaner du Ministre des Travaux publics, lorsqu'il appartient à l'État d'accorder la concession. Au contraire, pour les chemins de fer d'intérêt local, et pour les tramways à concéder par les départements et les communes, mon administration n'est saisie des dossiers qu'après l'accomplissement des formalités d'enquête. Il résulte de là que l'instruction des projets de tramways à concéder par l'État est de beaucoup la plus longue.

Préoccupé d'apporter, autant que possible, des simplifications dans les formalités administratives, j'ai l'honneur de vous faire connaître, Monsieur le Préfet, que je vous délègue, dans des conditions analogues à celles qui ont déjà été adoptées par une circulaire ministérielle du 1er juillet 1896 pour les projets d'exécution des tramways, c'est-à-dire quand l'affaire ne présente pas de difficultés spéciales, la faculté d'autoriser l'ouverture de l'enquête d'utilité publique sur les avant-projets de tramways pour lesquels le pouvoir concédant appartient à l'État, étant bien entendu que l'ouverture de l'enquête ne préjuge en aucune façon la suite qui pourra être donnée à l'affaire quand elle me sera soumise.

En conséquence, lorsque vous serez saisi, avec la demande de concession ou de rétrocession, d'un avant-projet de cette nature, vous voudrez bien prendre à son sujet l'avis des Ingénieurs des Ponts et Chaussées de votre département. S'ils estiment que l'entreprise peut être prise en considération et que l'avant projet est susceptible d'être soumis à l'enquête, avec ou sans modifications préalables, vous pourrez, conformément à leur avis et sans m'en référer, prescrire l'accomplissement des formalités prévues par les articles 4 et suivants du règlement d'administration publique du 18 mai 1881.

Je ne saurais trop recommander à MM. les Ingénieurs de vérifier exactement les dossiers et de s'assurer qu'il sont en état, afin d'éviter que l'enquête soit recommencée et que l'on perde ainsi le bénéfice de la simplification que j'ai en vue.

Vous trouverez ci-joint au sujet de la composition des dossiers une instruction qui facilitera la tâche de MM. les Ingénieurs.

Dans le cas où le tracé serait compris dans les limites de la zone frontière, MM. les Ingénieurs provoqueront la tenue des conférences mixtes, sans avoir à demander l'autorisation ministérielle visée dans la circulaire du 12 juin 1895.

Pour les lignes à traction électrique, MM. les Ingénieurs auront à tenir des conférences spéciales avec les représentants de l'Administration des Postes et des Télégraphes.

Les dispositions qui précèdent seront applicables dans les différents cas (tels, en particulier, que modifications de tracés approuvés) qui doivent faire l'objet d'une enquête (voir la circulaire du 24 juillet 1895).

Quand vous me transmettrez le dossier de l'affaire, vous voudrez bien veiller à ce que l'instruction soit complète, que le conseil général ou le conseil municipal ait délibéré, que les conférences aient eu lieu et que le dossier soit accompagné du rapport de MM. les Ingénieurs, dont la production est exigée par l'article 11 du décret du 18 mai 1881. Ce rapport devra notamment résumer les différentes phases de l'instruction, en analyser les résultats, fournir les renseignements nécessaires au sujet de l'utilité de l'entreprise, de sa vitalité, etc. ; formuler les observations que suggérera l'examen des projets de conventions et de cahier des charges ; signaler nettement les modifications qu'on propose d'apporter au cahier des charges-type, fournir des explications précises sur les dispositions financières de la convention et enfin donner, le cas échéant, les éléments du calcul de la subvention qui serait demandée à l'État.

Il est indispensable que l'extrait de la carte au 1/80000 et celui du plan au 1/10000 des voies publiques empruntées soient fournis au moins en double exemplaire. Dans certains dossiers relatifs à des réseaux comprenant plusieurs lignes, j'ai remarqué qu'on avait produit des cartes sur lesquelles n'était figurée à la fois qu'une seule ligne, de sorte qu'il était fort difficile d'apprécier la consistance du réseau et ses relations avec les lignes qui existent déjà, sont déclarées d'utilité publique ou sont classées dans le réseau d'intérêt général. Il convient que le dossier contienne en double exemplaire une carte d'ensemble donnant le tracé de tout le réseau projeté et sur laquelle seront figurées avec des couleurs différentes toutes les lignes des autres réseaux. Ces indications seront portées sur les plans à 1/10000 ou sur le plan de la ville pour les réseaux urbains.

J'appelle enfin votre attention sur la convenance de produire des dossiers bien classés et accompagnés de bordereaux détaillés, d'autant plus nécessaires que les dossiers sont souvent très volumineux et arrivent parfois au Ministère en plusieurs envois.

Ces dossiers devront comprendre vingt copies de la convention et du cahier des charges pour en faciliter l'examen tant par les différentes administrations intéressées que par le Conseil d'État.

Le Ministre des Travaux publics,
PIERRE BAUDIN.

INSTRUCTION pour la composition des dossiers d'enquête en matière de tramways

Le règlement d'administration publique du 18 mai 1881 a déterminé la forme des enquêtes en matière de tramways.

La présente instruction est destinée à faciliter l'application des prescriptions dudit règlement en ce qui concerne la composition des dossiers qui doivent servir de base à ces enquêtes.

Demande de concession. — D'après l'article 1er du règlement du 18 mai 1881, les demandes de concession doivent être adressées au Ministre des travaux publics lorsque la concession doit être accordée par l'État. Mais le plus souvent, l'État ne concède pas les tramways directement aux particuliers ou aux compagnies ; il donne les concessions aux départements ou aux communes à charge de rétrocession. Le dossier à produire par l'auteur d'un projet doit donc être adressé au préfet, aussi bien dans le cas où la concession doit être accordée par l'État que dans celui où elle doit être accordée par le département.

Lorsque la concession doit être demandée ou doit être donnée par une commune, c'est au maire de cette commune que le projet doit être adressé.

Les demandes de concession ou de rétrocession peuvent émaner soit d'une société anonyme, soit d'un ou plusieurs particuliers à charge de se substituer une société anonyme dans un délai déterminé qui est ordinairement de six mois à partir de la déclaration d'utilité publique de la ligne.

Avant-projet. — Les demandeurs en concession doivent se conformer très exactement dans la préparation des avant-projets aux prescriptions de l'article 2 du règlement et MM. les ingénieurs doivent vérifier avec soin avant l'enquête que ces prescriptions ont été observées.

Il est notamment indispensable que le dossier contienne un plan général à une échelle suffisante ; l'échelle de 1/10000 indiquée dans le règlement doit être considérée comme un minimum.

Les plans de traverses ont souvent donné lieu à des critiques portant sur l'insuffisance du nombre des cotes, sur leur inexactitude, sur l'absence des noms des propriétaires des maisons urbaines. Il est indispensable, surtout dans les passages rétrécis des traverses, que les largeurs des zones réservées à la circulation des voitures ordinaires soient clairement indiquées à tous les points où il peut y avoir doute sur la possibilité des croisements et sur l'observation des deuxième et troisième paragraphes de l'article 5 du règlement du 6 août 1881.

On ne doit pas omettre non plus, sur les plans de traverses, l'indication des alignements approuvés (de grande ou de petite voirie) partout où il en existe, comme aussi d'y marquer les arbres, candélabres et autres obstacles isolés pouvant influer sur la position de la voie ferrée. Lorsque le demandeur en concession propose plusieurs tracés, les ingénieurs doivent toujours donner un avis motivé sur le choix à faire entre ces tracés ; en général un seul tracé doit être mis à l'enquête, et ce n'est qu'à titre de simple renseignement que les variantes doivent être jointes comme annexes au dossier de l'enquête. Au cas toutefois où le choix entre deux tracés serait indifférent au point de vue des questions techniques ou économiques, et où les préférences du public pourraient avoir une importance décisive, les deux tracés pourraient figurer avec des teintes diverses sur la carte et le plan général.

Dépendances du tramway. — Le troisième paragrapge de l'article 2 du règlement mentionne que sur le plan général on devra faire figurer toutes les dépendances du tramway. La question s'est posée de savoir si on doit comprendre dans ces dépendances les voies accessoires, les dépôts de voitures, les usines génératrices d'électricité, etc.

On ne doit faire figurer au plan général que les dépendances à l'usage du public ou intéressant le public. Dans la plupart des cas, il importe peu au public que le dépôt des voitures et les voies qui y conduisent soient à tel ou tel emplacement ; ces emplacements ne doivent pas alors figurer sur le plan général.

Il en est de même pour les usines génératrices d'énergie électrique ou autres.

Il n'y a pas lieu non plus de faire figurer sur les profils et les plans de traverses, les installations souterraines et, en général, les installations qui fonctionnent sans que le public puisse en éprouver de gêne.

Au contraire, en ce qui concerne les poteaux, les fils aériens et autres installations visibles à établir sur la voie publique, il convient de fournir dans les pièces de l'avant-projet des indications suffisantes pour que le public puisse se prononcer sur les dispositions projetées.

Mémoire descriptif. — Le mémoire descriptif doit, d'après l'article 3 du règlement, contenir des renseignements sur le but de l'entreprise, sur les avantages qu'on peut s'en promettre, sur les dépenses qu'elle entrainera. En ce qui concerne le but de l'entreprise, il sera presque toujours facile de le définir, car il s'agira de créer ou d'améliorer des moyens de transport sur un parcours déterminé.

Mais on perd trop souvent de vue que la création de certains tramways ne présente pas uniquement des avantages. Il peut se faire que la ligne projetée fasse concurrence à une ligne existante, parfois même à une ligne subventionnée, d'intérêt général ou local, qu'elle se borne à déplacer le courant du trafic, au lieu de créer un trafic nouveau et que ce déplacement médiocrement utile en soi, se traduise par des diminutions de recettes sur les lignes existantes, et par l'augmentation corrélative des subventions du Trésor, lorsque ces lignes sont subventionnées.

Ce point doit être examiné avec soin par MM. les Ingénieurs avant l'enquête ; au besoin, ils devront provoquer les observations des services intéressés.

Il ne suffit pas, en outre, que le tramway produise un trafic, il faut que l'activité de ce trafic soit telle que les capitaux engagés dans la construction et l'exploitation soient rémunérés et amortis pendant la durée de la concession ; il faut, si une subvention est demandée à l'État, au département ou à la commune, que cette subvention soit justifiée par les avantages à tirer de l'entreprise. Le mémoire doit fournir à cet égard toutes les indications utiles.

La durée de la concession doit, notamment, y être mentionnée et justifiée.

Il est d'ailleurs désirable que la durée de la concession ne dépasse pas cinquante ans, à moins de circonstances exceptionnelles, et même qu'elle reste sensiblement au-dessous de ce chiffre pour les tramways urbains.

Quant aux autres conditions de la concession, formules d'exploitation servant au calcul des subventions, etc., à insérer dans la convention, il n'y a pas lieu de les faire figurer, non plus que le cahier des charges, dans les pièces de l'enquête. MM. les Ingénieurs n'ont à discuter ces conditions que pour renseigner le conseil général ou le conseil municipal et ensuite l'Administration, lorsque le dossier lui sera envoyé.

Mais il est nécessaire que les dépenses probables d'exploitation soient indiquées avec détail dans le mémoire descriptif et ne soient pas simplement évaluées à un tant pour cent des recettes brutes, comme il arrive souvent.

De même pour les dépenses de construction, elles ne doivent pas être données en bloc, ce qui favorise les exagérations.

Pour ces dernières dépenses, y compris celle des usines productives d'énergie, et pour les dépenses d'exploitation, il sera facile à MM. les Ingénieurs par des exemples tirés d'entreprises similaires, aujourd'hui très nombreux, de contrôler les renseignements inscrits dans le mémoire descriptif et de les discuter dans leur rapport.

Il est essentiel d'annexer à l'avant-projet le tarif des droits à percevoir, en spécifiant la part réservée au péage et celle qui est réservée au transport.

L'article 3 du règlement exige que, dans un chapitre spécial du mémoire descriptif, soit relaté le genre de service auquel le tramway sera affecté :

Voyageurs seulement, ou *voyageurs et messageries*, ou *voyageurs et marchandises.*

Le tramway ne peut être subventionné que dans ce dernier cas, d'après l'article 36 de la loi du 11 juin 1880.

Il importe que le mémoire soit très explicite sur cette question du genre de service, qui est d'un intérêt considérable pour le public.

Il convient également, si le tramway ne doit s'arrêter qu'à des points fixes, que cette particularité soit clairement indiquée dans le mémoire et que le public sache si les voyageurs seuls, ou les voyageurs et les messageries, ou enfin les voyageurs et les marchandises seront reçus ou déchargés à tous les arrêts ou seulement à quelques-uns.

Quant au mode de traction, les demandeurs en concession se bornent assez souvent à dire que la traction sera mécanique ou animale, se réservant, lorsqu'il s'agit de traction mécanique, d'employer un mode quelconque agréé par l'Administration. Il en résulte que le public ne sait pas à l'avance si on emploiera des locomotives ordinaires, des machines ou des automobiles d'un autre système, ou des voitures empruntant la force à un courant continu.

Ces questions ne lui sont pas indifférentes et, l'enquête ayant pour objet de faire connaître l'opinion du public, il est nécessaire que le système de traction soit défini dans le mémoire.

Il est nécessaire aussi, en ce qui concerne les entreprises électriques, de fournir des renseignements explicites sur la production, le transport et l'emploi de l'énergie, le parcours des conducteurs, leur position, l'intensité du courant, son mode de retour et son mode d'action sur les véhicules. On doit pouvoir apprécier si l'usage de l'électricité est compatible avec la présence de lignes télégraphiques ou téléphoniques, de conduites d'eau de câbles électriques pour le transport des forces, etc. Les intéressés, prévenus par la publicité de l'enquête, pourront ainsi venir présenter leurs objections.

Il est essentiel enfin, toutes les fois que la voie doit être établie sur plateforme indépendante et notamment sur un des trottoirs ou accotements de la route, que les dispositions prévues à l'effet de maintenir l'accès des chemins publics ou particuliers, ainsi que des maisons riveraines, soient nettement définies dans le mémoire, car elles intéressent au premier chef les riverains et le public.

Toutes les dispositions proposées doivent, en principe, être conformes aux prescriptions du cahier des charges-type. Il est de jurisprudence de n'admettre de dérogations à ces prescriptions que lorsqu'elles sont justifiées par des circonstances spéciales et locales; dans le cas où l'on juge utile de prévoir des dérogations de ce genre, on doit les signaler et les justifier avec soin dans le mémoire.

En ce qui touche la longueur et le nombre des trains, il faut remarquer que, dans beaucoup de cas, l'intérêt du concessionnaire est d'avoir des trains longs, peu nombreux, et celui du public d'avoir des trains courts, aussi nombreux que possible. Le concessionnaire peut être amené assez vite à comprendre que son intérêt bien entendu est conforme à celui du public, parce que les satisfactions données à ce dernier se traduisent le plus souvent par un accroissement de trafic plus considérable que l'accroissement des frais d'exploitation. Mais le public doit être appelé à fournir ces observations sur les propositions du concessionnaire et celui-ci ne doit pas indiquer à la légère le nombre minimum des trains journaliers dans le mémoire descriptif, car ce nombre figurera dans le cahier des charges (art. 14) et deviendra une des obligations de la concession.

Quant à la répartition des trains entre les différentes heures de la journée, elle est faite par le préfet sur la proposition du concessionnaire et ne doit pas être soumise à l'enquête. Il est toutefois utile, pour certains tramways de donner dans le mémoire descriptif, les heures initiale et finale du service journalier dans les différentes saisons.

DÉCRET DU 13 FÉVRIER 1900

Ce décret est inséré au *Journal Officiel* du 14 février 1900, où son texte occupe sept pages en petits caractères. Il ne renferme que des dispositions qui sont reproduites ci-après :

Au règlement d'administration publique, au cahier des charges-type des chemins de fer d'intérêt local, et au cahier des charges type des tramways.

Ces trois documents donnent tous les articles actuellement en vigueur ; il a donc paru inutile de reproduire ici le texte du décret du 13 février 1900.

DÉCRET

Du 6 août 1881 modifié par les décrets des 30 janvier 1894, 3 août 1898, 25 juillet 1899 et 13 février 1900 (1) portant règlement d'administration publique pour l'exécution de l'article 38 de la loi du 11 juin 1880.

(Établissement et exploitation des voies ferrées sur le sol des voies publiques).

TITRE PREMIER

Construction

ARTICLE PREMIER (Modifié par le décret du 13 février 1900).— *Projet d'exécution.* — Aucun travail ne peut être entrepris pour l'établissement d'une

(1) Le préambule du décret du 6 août 1881 est ainsi conçu :
Le Président de la République française,
Sur le rapport du ministre des travaux publics ;
Vu la loi du 11 juin 1880 et notamment l'article 38 ainsi conçu :
« Un règlement d'administration publique déterminera les mesures nécessaires à l'exécution des dispositions qui précèdent et notamment :
« 1° Les conditions spéciales auxquelles doivent satisfaire, tant pour leur construction que pour la circulation des voitures et des trains, les voies ferrées dont l'établissement sur le sol des voies publiques aura été autorisé ,
« 2° Les rapports entre le service de ces voies ferrées et les autres services intéressés » ;
Vu les avis du Conseil général des ponts et chaussées, en date des 20 janvier et 7 juillet 1881 ;
Le Conseil d'Etat entendu,
        DÉCRÈTE ....
Celui du décret du 13 février 1900 qui a modifié les articles 1er, 4. 21, 22, 23, 28, 32, 33, 34, 37, 39 et 42 du décret du 6 août 1881 et qui a été promulgué au *Journal Officiel* du 14 février 1900, est reproduit ci-après :
Le Président de la République française,
Sur le rapport du ministre des travaux publics,
Vu la loi du 11 juin 1880 sur les chemins de fer d'intérêt local et les tramways ;
Vu le décret du 6 août 1881, portant règlement d'administration publique pour l'exécution de l'article 38 de ladite loi (établissement et exploitation des voies ferrées sur le sol des voies publiques) ;
Vu le décret du 30 janvier 1894, modifiant l'article 5 du décret ci-dessus visé du 6 août 1881 ; le décret du 3 août 1898, modifiant l'article 48, et le décret du 25 juillet 1899, modifiant l'article 27 ;
Vu les décrets du 6 août 1881, approuvant les cahiers des charges-types dressés en exécution des articles 2 et 30 de la loi du 11 juin 1880 pour la concession des chemins de fer d'intérêt local et des tramways ;
Vu le décret du 31 juillet 1898, modifiant l'article 31 du cahier des charges-type des chemins de fer d'intérêt local ;
Vu le rapport présenté, le 8 avril 1897 par une commission spéciale, au sujet des modifications à apporter au décret du 6 août 1881, concernant l'établissement et l'exploitation des voies ferrées sur le sol des voies publiques, et aux cahiers des charges-types approuvés par les décrets du 6 août 1881 ci-dessus visés ;
Vu les avis du comité de l'exploitation technique des chemins de fer, en date du 24 novembre 1896 et du 12 décembre 1899 ;
Vu l'avis du conseil général des ponts et chaussées en date des 17, 24 et 28 juin 1897.

voie ferrée sur le sol de voies publiques qu'avec l'autorisation de l'administration compétente donnée sur le vu des projets d'exécution.

Chaque projet d'exécution comprend l'extrait de carte, le plan général, le profil en long, les profils en travers types et les plans de traverses dont la production est exigée par l'article 2 du règlement d'administration publique du 18 mai 1881 ; ces documents dressés dans la forme prescrite par l'article précité et dûment complétés ou rectifiés d'après les résultats de l'instruction à laquelle l'avant-projet a été soumis.

Le projet d'exécution comprend en outre :

1° Des profils en travers à l'échelle de 5 millimètres pour mètre, relevés en nombre suffisant, principalement dans les traverses et dans les parties où les voies publiques empruntées n'ont pas la largeur et le profil normal ;

2° Un devis descriptif dans lequel sont reproduites, sous forme de tableau, les indications relatives aux déclivités et aux courbes déjà données sur le profil en long.

3° Un mémoire dans lequel toutes les dispositions essentielles du projet sont justifiées.

Dans le cas où les travaux ne sont pas exécutés par le département, les projets d'exécution sont remis au préfet en deux expéditions.

L'une de ces expéditions est rendue au concessionnaire, ou à la commune si c'est elle qui exécute les travaux, revêtue de l'approbation qui aura été donnée suivant les cas, soit par le ministre des travaux publics, soit par le préfet, en se conformant à la décision de l'autorité compétente, et l'autre expédition demeurera entre les mains du préfet.

Lorsque les travaux sont exécutés par le département ou la commune pour être remis ensuite à un exploitant, les projets sont communiqués à ce dernier avant toute approbation, pour qu'il puisse fournir ses observations.

Les projets comprenant des déviations en dehors du sol des routes et chemins sont soumis à l'approbation du ministre des travaux publics, pour ce qui concerne la grande voirie et les cours d'eau, et ne peuvent être adoptés par l'autorité qui a donné la concession que sous la réserve des décisions prises ou à prendre par le ministre des travaux publics sur les objets qui précèdent.

Avant comme pendant l'exécution, le concessionnaire aura la faculté de proposer aux projets approuvés les modifications qu'il jugerait utiles ; mais ces modifications ne pourront être exécutées qu'avec l'approbation de l'autorité qui a revêtu de sa sanction les dispositions à modifier.

De son côté, l'administration pourra ordonner d'office les modifications dont l'expérience ou les changements à opérer sur la voie publique feraient reconnaître la nécessité.

En aucun cas ces modifications ne pourront donner lieu à indemnité.

ART. 2. — *Bureaux d'attente et de contrôle, égoûts, etc.* — La position des bureaux d'attente et de contrôle qui peuvent être autorisés sur la voie publique, celle des égoûts, de leurs bouches et regards, et des conduites d'eau et de gaz, doivent être indiquées sur les plans présentés par le concessionnaire, ainsi que tout ce qui serait de nature à influer sur la position de la voie ferrée et sur le bon fonctionnement de divers services qui peuvent en être affectés.

ART. 3. — *Voies doubles et gares d'évitement.* — Le projet d'exécution indique le nombre des voies à établir sur les différentes sections des lignes concédées, ainsi que le nombre et la disposition des gares d'évitement.

ART. 4 (Modifié par le décret du 13 février 1900). — *Largeur de la voie.*

Gabarit du matériel. Entrevoie. — La largeur de la voie est fixée pour chaque concession par le cahier des charges.

La largeur et la hauteur maxima des caisses des véhicules ainsi que de leurs
chargements et la largeur extrême occupée par le matériel roulant, y compris
toutes saillies, sont fixées par le cahier des charges.

Dans les parties à plusieurs voies, la largeur de chaque entrevoie est telle,
qu'il reste un intervalle libre d'au moins 50 centimètres entre les parties les
plus saillantes de deux véhicules qui se croisent.

Art. 5. — (Modifié par le décret du 30 janvier 1894). — *Établissement de
la voie ferrée. Largeur réservée à la circulation publique.* — L'autorité qui a
fait la concession détermine les sections de la ligne où la voie sera établie au
niveau de la chaussée, avec rails noyés, en restant accessible et praticable
pour les voitures ordinaires, et celle où elle sera placée sur un accotement
praticable pour les piétons, mais interdit aux voitures ordinaires.

Le cahier des charges de chaque concession détermine les largeurs qui
doivent être réservées pour la libre circulation sur la voie publique, de telle
façon que le croisement de deux voitures soit toujours assuré, l'une de ces
deux voitures pouvant être le véhicule du tramway dans le premier des deux
cas considérés ci-dessus.

Les dispositions prescrites doivent d'ailleurs assurer dans tous les cas la
sécurité du piéton qui circule sur la voie publique et celle du riverain dont
les bâtiments sont en façade sur cette voie.

Si l'emplacement occupé par la voie ferrée reste accessible et praticable
pour les voitures ordinaires, les rails sont à gorge ou accompagnés de contre-rails ; la largeur des vides pour ornières ne peut excéder vingt-neuf millimètres ($0^m,029$) dans les parties droites et trente-cinq millimètres ($0^m,035$)
dans les parties courbes. Les voies ferrées sont posées au niveau de la chaussée, sans saillie ni dépression sur le profil normal de celle-ci.

Toutefois, l'Administration peut, à titre révocable, dispenser le concessionnaire de poser des rails à gorge ou des contre-rails sur tout ou partie des
voies publiques dont le sol est emprunté par la voie ferrée.

Art. 6. — *Parties des routes à modifier. Traversées à niveau. Accès des
propriétés riveraines.* — Le concessionnaire fournit, sur les points qui lui
sont indiqués, des emplacements pour le dépôt des matériaux d'entretien qui
trouvaient place auparavant sur l'accotement occupé par la voie ferrée.

Lorsque, pour maintenir la voie de fer dans les limites de courbure et de
déclivité fixées par le cahier des charges, ou pour maintenir le fonctionnement des services intéressés (article 2), on doit faire subir quelques modifications à l'état de la voie publique, le concessionnaire exécute tous les travaux,
soit à ses frais, soit avec le concours des services intéressés, s'il y a lieu, conformément aux projets approuvés par l'Administration.

Il opère pareillement les élargissements qui sont indispensables afin de
restituer à la voie publique la largeur exigée en vertu de l'article précédent.

Il doit maintenir l'accès à la voie publique des voitures ordinaires, au
droit des chemins publics et particuliers ainsi que des entrées charretières
qui seraient interceptées par la voie de fer. La traversée des routes et des
chemins publics ou particuliers est opérée à niveau, sans que le rail forme
saillie ou dépression sur la surface de ces chemins.

Le concessionnaire doit d'ailleurs prendre les dispositions nécessaires pour
faciliter l'exécution des travaux qui sont prescrits ou autorisés par l'Administration afin de créer de nouveaux accès, soit aux chemins publics et particuliers, soit aux propriétés riveraines.

ART. 7. — *Déviations à construire en dehors du sol des routes et chemins.* — Les déviations à construire en dehors du sol des routes et chemins et à classer comme annexes sont établies conformément aux dispositions arrêtées par l'autorité compétente.

ART. 8. — *Écoulement des eaux. Rétablissement des communications.* — Le concessionnaire est tenu de rétablir et d'assurer à ses frais, pendant la durée de la concession, les écoulements d'eau qui seraient arrêtés, suspendus ou modifiés par ses travaux.

Il rétablit de même les communications publiques ou particulières que l'exécution de ses travaux l'oblige à modifier momentanément.

ART. 9. — *Exécution des travaux.* — La démolition des chaussées et l'ouverture des tranchées pour la pose et l'entretien de la voie ferrée sont effectués avec célérité et avec toutes les précautions convenables.

Les chaussées doivent être remises dans le meilleur état.

Les travaux sont conduits de manière à ne pas compromettre la liberté et la sûreté de la circulation. Toute fouille restant ouverte sur le sol des voies publiques, ainsi que tout dépôt de matériaux, est éclairée et gardée au besoin pendant la nuit, jusqu'à ce que la voie publique soit débarrassée et rendue conforme au profil normal du projet.

ART. 10. — *Gares et stations.* — Le cahier des charges indiquera si le tramway devra s'arrêter en pleine voie pour prendre ou laisser des voyageurs ou des marchandises sur tous les points du parcours, ou si, au contraire, il ne s'arrêtera qu'à des gares, stations ou haltes désignées, ou si enfin les deux modes d'exploitation seront combinés.

Dans ces deux derniers cas, si les gares, stations et haltes n'ont pas été déterminées par le cahier des charges, elles le seront lors de l'approbation des projets définitifs par l'autorité concédante, sur la proposition du concessionnaire et après enquête.

Si, pendant l'exploitation, de nouvelles stations, gares ou haltes sont reconnues nécessaires d'accord entre l'autorité concédante et le concessionnaire, il sera procédé à une enquête spéciale dans les formes prescrites par le règlement d'administration publique du 18 mai 1881, et l'emplacement en sera définitivement arrêté par le préfet, le concessionnaire entendu.

Le nombre, l'étendue et l'emplacement des gares d'évitement seront déterminés par le préfet, le concessionnaire entendu ; si la sécurité l'exige, le préfet pourra, pendant le cours de l'exploitation, prescrire l'établissement de nouvelles gares d'évitement ainsi que l'augmentation des voies dans les stations et aux abords des stations.

Le concessionnaire est tenu, préalablement à tout commencement d'exécution, de soumettre au préfet le projet des gares, stations ou haltes, lequel se compose :

1º D'un plan à l'échelle de $\frac{1}{500}$, indiquant les voies, les quais, les bâtiments et leur distribution intérieure, ainsi que la disposition de leurs abords ;

2º D'une élévation des bâtiments à l'échelle d'un centimètre par mètre ;

3º D'un mémoire descriptif dans lequel les dispositions essentielles du projet sont justifiées.

ART. 11. — *Indemnités de terrains et de dommages.* — Tous les terrains nécessaires pour l'établissement de la voie ferrée et de ses dépendances en dehors du sol des routes et chemins, pour la déviation des voies de communication et des cours d'eau déplacés, et, en général, pour l'exécution des travaux, quels qu'ils soient, auxquels cet établissement peut donner lieu, sont achetés et payés par le concessionnaire, à moins que l'autorité qui fait la concession n'ait pris l'engagement de fournir elle-même les terrains.

Les indemnités pour occupation temporaire ou pour détérioration de terrains, pour chômage, modification ou destruction d'usines, et pour tous dommages quelconques résultant des travaux, sont supportées et payées par le concessionnaire.

ART. 12. — *Droits conférés au concessionnaire.* — L'entreprise étant d'utilité publique, le concessionnaire est investi, pour l'exécution des travaux dépendant de sa concession, de tous les droits que les lois et règlements confèrent à l'Administration en matière de travaux publics, soit pour l'acquisition des terrains par voie d'expropriation, soit pour l'extraction, le transport ou le dépôt des terres, matériaux, etc., et il demeure en même temps soumis à toutes les obligations qui dérivent, pour l'Administration, de ces lois et règlements.

ART. 13. — *Servitudes militaires.* — Dans les limites de la zone frontière et dans le rayon des servitudes des enceintes fortifiées, le concessionnaire est tenu, pour l'étude et l'exécution de ses projets, de se soumettre à l'accomplissement de toutes les formalités et de toutes les conditions exigées par les lois, décrets et règlements concernant les travaux mixtes.

ART. 14. — *Mines.* — Si la voie ferrée traverse un sol déjà concédé pour l'exploitation d'une mine, le Ministre des Travaux publics détermine les mesures à prendre pour que l'établissement de cette voie ne nuise pas à l'exploitation de la mine, et, réciproquement, pour que, le cas échéant, l'exploitation de la mine ne compromette pas l'existence de la voie ferrée.

Les travaux de consolidation à faire dans l'intérieur de la mine en raison de la traversée de la voie ferrée, et tous les dommages résultant de cette traversée pour les concessionnaires de la mine, sont à la charge du concessionnaire de la voie ferrée.

ART. 15. — *Carrières.* — Si la voie ferrée s'étend sur des terrains renfermant des carrières ou les traverse souterrainement, elle ne peut être livrée à la circulation avant que les excavations qui pourraient en compromettre la solidité aient été remblayées ou consolidées.

Le Ministre des Travaux publics détermine la nature et l'étendue des travaux qu'il convient d'entreprendre à cet effet, et qui sont d'ailleurs exécutés par les soins et aux frais du concessionnaire.

ART. 16. — *Contrôle et surveillance des travaux.* — Les travaux sont soumis au contrôle et à la surveillance du préfet, sous l'autorité du Ministre des Travaux publics.

Ce contrôle et cette surveillance ont pour objet d'empêcher le concessionnaire de s'écarter des dispositions prescrites par le présent règlement et de celles qui résultent soit des cahiers des charges, soit des projets approuvés.

ART. 17. — *Réception des travaux.* — A mesure que les travaux sont terminés sur des parties de voie ferrée susceptibles d'être livrées utilement à la circulation, il est procédé à la reconnaissance et, s'il y a lieu, à la réception provisoire de ces travaux par un ou plusieurs commissaire que le préfet désigne.

Sur le vu du procès-verbal de cette reconnaissance, le préfet autorise, s'il y a lieu, la mise en exploitation des parties dont il s'agit ; après cette autorisation, le concessionnaire peut mettre lesdites parties en service et y percevoir les taxes déterminées par le cahier des charges. Toutefois, ces réceptions

partielles ne deviennent définitives que par la réception générale de la voie
ferrée, laquelle est faite dans la même forme que les réceptions partielles.

ART. 18. — *Bornage et plan cadastral des parties en déviation.* — Immédiatement après l'achèvement des travaux et au plus tard six mois après la
mise en exploitation de la ligne ou de chaque section, le concessionnaire doit
faire faire à ses frais un bornage contradictoire avec chaque propriétaire riverain, en présence du préfet ou de son représentant, ainsi qu'un plan cadastral des parties de la voie ferrée et de ses dépendances qui sont situées en
dehors du sol des routes et chemins. Il fait dresser également à ses frais, et
contradictoirement avec les agents désignés par le préfet, un état descriptif
de tous les ouvrages d'art qui ont été exécutés, ledit état accompagné d'un
atlas contenant les dessins cotés de tous les ouvrages.

Une expédition dûment certifiée des procès-verbaux de bornage, du plan
cadastral, de l'état descriptif et de l'atlas est dressée aux frais du concessionnaire et déposée dans les archives de la préfecture.

Les terrains acquis par le concessionnaire postérieurement au bornage
général, en vue de satisfaire aux besoins de l'exploitation, et qui, par cela
même, deviennent partie intégrante de la voie ferrée, donnent lieu, au fur et
à mesure de leur acquisition, à des bornages supplémentaires, et sont ajoutés
sur le plan cadastral ; addition est également faite sur l'atlas de tous les
ouvrages d'art exécutés postérieurement à sa rédaction.

TITRE II

Entretien et exploitation.

ART. 19. — *Entretien.* — La voie ferrée et tout le matériel qui en dépend
doivent être constamment entretenus en bon état, de manière que la circulation y soit toujours facile et sûre.

Les frais d'entretien et ceux auxquels donnent lieu les réparations ordinaires et extraordinaires de la voie ferrée sont à la charge du concessionnaire.

Sur les sections à rails noyés où la voie ferrée est accessible aux voitures
ordinaires, l'entretien du pavage ou de l'empierrement de la surface affectée
à la circulation du tramway est réglé, pour chaque concession, par le cahier
des charges, qui indique le service chargé d'exécuter cet entretien, ainsi
que la répartition des dépenses.

Sur les sections où la voie ferrée n'est pas accessible aux voitures ordinaires,
l'entretien, qui est à la charge du concessionnaire, comprend la surface
entière des voies, augmentée d'une zone d'un mètre (1m,00), qui sera mesurée à partir de chaque rail extérieur.

Si la voie ferrée et les parties de la voie publique dont l'entretien est confié au concessionnaire ne sont pas constamment entretenues en bon
état, il y est pourvu d'office à la diligence du préfet et aux frais du concessionnaire, sans préjudice, s'il y a lieu, de l'application des dispositions indiquées ci-après dans l'article 41.

Le montant des avances faites est recouvré au moyen de rôles que le préfet rend exécutoires.

ART. 20. — *Du matériel employé à l'exploitation.* — Le matériel roulant,
qui est mis en circulation sur la voie ferrée doit passer librement dans le
gabarit, dont les dimensions sont fixées conformément aux dispositions de
l'article 4 du présent règlement.

La traction est opérée conformément aux clauses de la concession.

Art. 21. — (Modifié par le décret du 13 février 1900). — *Machines locomotives à vapeur.* — Les machines locomotives à vapeur sont construites sur les meilleurs modèles ; elles doivent satisfaire aux prescriptions des articles 7, 8, 9, 11 et 15 de l'ordonnance du 15 novembre 1846 et, pour ce qui concerne spécialement leur générateur, aux dispositions du décret du 30 avril 1880.

Les types des machines employées, leur poids et leur maximum de charge par essieu doivent être approuvés par le préfet, sur l'avis du service du contrôle, eu égard aux besoins de l'exploitation et à la composition ainsi qu'à l'état de la voie.

Les machines et les tenders doivent être munis de frein à main.

Les moyens de freinage des machines et tenders doivent être assez puissants pour que, lancés avec une vitesse de 20 kilomètres à l'heure, sur des rails secs et propres et sur une voie en palier, les machines puissent être arrêtées sur un espace de 20 mètres au plus, à partir du moment où le serrage est ordonné.

Les locomotives à feu ne doivent donner aucune odeur et ne doivent répandre, sur la voie publique, ni flammèches ni escarbilles ni cendres, ni fumée ni eau excédante, le concessionnaire étant expressément responsable de tout incendie causé par l'emploi des machines à feu, soit sur la voie publique, soit dans les propriétés riveraines.

Aucune locomotive ne peut être mise en service qu'en vertu d'un permis spécial de circulation délivré par le préfet sur la proposition du service du contrôle, après accomplissement des formalités prescrites pour les locomotives de chemins de fer et après vérification de l'efficacité des moyens de freinage.

Art. 22. — (Modifié par le décret du 13 février 1900). — *Autres moteurs mécaniques.* — Les machines fixes et les machines locomotives de tout autre système que la machine locomotive à vapeur munie d'un foyer doivent satisfaire aux prescriptions spéciales arrêtées par le Ministre des travaux publics.

S'il est fait usage de l'énergie électrique pour la traction, l'étude et l'exécution des projets, ainsi que l'exploitation de la ligne concédée, sont soumises à l'accomplissement de toutes les formalités et à toutes les conditions prescrites par les lois, décrets et règlements concernant les installations électriques.

Art. 23. — (Modifié par le décret du 13 février 1900). — *Voitures et wagons.* — Les voitures de voyageurs doivent satisfaire aux prescriptions des articles 8, 9, 12, 13, 14 et 15 de l'ordonnance royale du 15 novembre 1846. Elles sont suspendues sur ressorts. Elles peuvent être à deux étages, lorsque la largeur de la voie n'est pas inférieure à 1 mètre.

L'étage inférieur est complètement couvert, garni de banquettes avec dossiers, fermé à glaces au moins pendant l'hiver, muni de rideaux et éclairé pendant la nuit ; l'étage supérieur est garni de banquettes avec dossier ; on y accède au moyens d'escaliers qui sont accompagnés, ainsi que les couloirs latéraux donnant accès aux places, de garde-corps solides d'au moins 1^m,10 de hauteur effective.

Sur les voies ferrées où la traction est opérée au moyen de locomotives, l'étage supérieur est couvert et protégé à l'avant et à l'arrière par des cloisons.

Les dossiers et les banquettes doivent être inclinés et les dossiers sont élevés à la hauteur des épaules des voyageurs.

Il peut y avoir des places de plusieurs classes ; la disposition particulière des places de chaque classe est conforme aux prescriptions arrêtées par le préfet.

Les wagons destinés au transport des marchandises, des chevaux ou des bestiaux, les plates-formes, et en général toutes les parties du matériel roulant, sont de bonne et solide construction et satisfont aux prescriptions des articles 8, 9 et 15 de l'ordonnance royale du 15 novembre 1846.

Chaque voiture sans exception est munie de freins. Ces freins doivent être assez puissants pour que, en joignant leur action à celle des moyens de freinage de la machine, les trains lancés avec une vitesse de 20 kilomètres à l'heure, sur des rails secs et propres et sur une voie en palier, puissent être arrêtés sur un espace de 20 mètres au plus, à partir du moment où le serrage est ordonné.

Le préfet, après avis du service du contrôle et le concessionnaire entendu, peut prescrire l'emploi de freins continus et même automatiques.

Art. 24. — *Entretien du matériel roulant.* — Le matériel roulant et tout le matériel servant à l'exploitation sont constamment maintenus dans un bon état d'entretien et de propreté.

Si le matériel dont il s'agit n'est pas entretenu en bon état, il y est pourvu d'office, à la diligence du préfet et aux frais du concessionnaire, sans préjudice, s'il y a lieu, des dispositions indiquées ci-après dans l'article 41.

Art. 25. — *Règles d'exploitation applicables à tous les services de tramways.* — *Gardiennage et signaux.* — Le concessionnaire est tenu de prendre à ses frais, partout où la nécessité en aura été reconnue par le préfet, sur l'avis du service du contrôle, et eu égard au mode d'exploitation employé, les mesures nécessaires pour assurer la liberté et la sécurité du passage des voitures et des trains sur la voie ferrée, et celle de la circulation ordinaire sur les routes et chemins que suit ou traverse la voie ferrée.

Art. 26. — *Règles d'exploitation applicables à tous les services de tramways.* — *Ateliers de réparation de la voie.* — Lorsqu'un atelier de réparation est établi sur une voie, des signaux doivent indiquer si l'état de la voie ne permet pas le passage des voitures ou des trains, ou s'il suffit d'en ralentir la marche.

Art. 27. — (Modifié par le décret du 25 juillet 1899). — *Règles d'exploitation applicables à tous les services de tramways.* — *Eclairage des voitures ou des trains.* — Toute voiture isolée ou tout train porte extérieurement un feu blanc à l'avant et un feu rouge de l'arrière. Les fanaux sont à réflecteurs ; ils sont allumés au coucher du soleil et ne peuvent être éteints avant son lever.

Art. 28. — (Modifié par le décret du 13 février 1900). — *Règles d'exploitation applicables à tous les services de tramways.* — *Transport de matières dangereuses.* — Il est interdit d'admettre dans les convois qui portent des voyageurs aucune matière pouvant donner lieu soit à des explosions, soit à des incendies, sauf les exceptions autorisées par le Ministre des travaux publics.

Le transport de ces matières est réglé par le préfet sous l'autorité du Ministre des travaux publics.

Art. 29. — *Service des tramways à traction de chevaux.* — Le cocher doit avoir l'appareil de manœuvre du frein sous la main ; il doit porter son attention sur l'état de la voie, sur l'approche des voitures ordinaires ou des troupeaux, et ralentir ou même arrêter la marche en cas d'obstacles, suivant les circonstances ; il doit se conformer aux signaux de ralentissement ou d'arrêt qui lui sont faits par les gardiens et ouvriers de la voie.

Le cocher est muni d'une trompe ou d'un cornet, ou de tout autre instrument du même genre, afin de signaler son approche.

Dans les tramways à service de voyageurs, le cocher doit se trouver en communication, au moyen d'un signal d'arrêt, soit avec le receveur, soit avec les voyageurs dans les voitures où il n'y a pas de receveur.

Art. 30. — *Service des tramways à traction mécanique. Composition des trains.* — Sur les lignes de tramways à traction mécanique, la longueur des trains ne peut dépasser soixante mètres (60m). Sous la réserve de cette condition, qui est de rigueur, tout convoi ordinaire de voyageurs doit contenir des voitures ou des compartiments de toutes classes en nombre suffisant pour le service du public.

Les machines et voitures entrant dans la composition de tous les trains sont liées entre elles par des attaches rigides, avec ressorts.

Art. 31. - *Service des tramways à traction mécanique. — Composition des trains. Machines.* — Les machines sont placées en tête des trains. Il ne peut être dérogé à cette disposition que pour les manœuvres à exécuter dans les stations ou pour le cas de secours ; dans ces cas spéciaux, la vitesse ne doit pas dépasser cinq kilomètres à l'heure (5k).

Les trains sont remorqués par une seule machine, sauf à la montée des rampes de forte inclinaison ou en cas d'accident.

Il est, dans tous les cas, interdit d'atteler simultanément plus de deux machines à un train ; la machine placée en tête règle la marche du train, dont la vitesse ne doit jamais dépasser dix kilomètres à l'heure (10k) dans le cas d'un double attelage.

Art. 32. — (Modifié par le décret du 13 février 1900). — *Composition des trains. Machines. — Personnel des trains,* — Chaque machine à feu est conduite par un mécanicien et un chauffeur

Il ne peut être employé que des mécaniciens agréés par le préfet sur le rapport du service du contrôle.

Le chauffeur doit être capable d'arrêter la machine en cas de besoin.

Chaque train est accompagné, en outre, du nombre de conducteurs gardes-freins qui sera jugé nécessaire ; il y a d'ailleurs, en tout cas, sur la dernière voiture, un conducteur qui est mis en communication avec le mécanicien.

Lorsqu'il y a plusieurs conducteurs dans un train, l'un deux doit avoir autorité sur les autres.

Pour les voitures isolées, ou pour les trains dont tous les véhicules sont munis de freins continus, le Ministre des travaux publics peut autoriser la suppression du chauffeur, sous la réserve que le conducteur chef du train puisse toujours accéder à la machine et soit en état de l'arrêter en cas de besoin.

Avant le départ du train, le mécanicien s'assure si toutes les parties de la locomotive sont en bon état et, particulièrement, si les moyens de freinage dont il dispose fonctionnent convenablement. Il ne doit mettre le train en marche que lorsque le conducteur chef du train a donné le signal du départ.

En marche, le mécanicien doit porter son attention sur l'état de la voie, sur l'approche des voitures ordinaires ou des troupeaux, et ralentir ou même arrêter en cas d'obstacles, suivant les circonstances ; il doit se conformer aux signaux qui lui sont faits par les gardiens et ouvriers de la voie.

Cet agent signale l'approche du train au moyen d'une trompe, d'une cloche, ou de tout autre instrument du même genre, à l'exclusion du sifflet à vapeur.

Dans les tramways à service de voyageurs, le mécanicien doit se trouver en communication, au moyen d'un signal d'arrêt, soit avec le receveur ou employé, soit avec les voyageurs.

Aucune personne autre que le mécanicien et le chauffeur ne peut monter sur la locomotive, à moins d'une permission spéciale et écrite du directeur de l'exploitation de la voie ferrée. Sont exceptés de cette interdiction les fonctionnaires chargés de la surveillance.

Art. 33. — (Modifié par le décret du 13 février 1900). — *Service des tramways à traction mécanique. Composition des trains. — Marche des trains.* — Le préfet détermine, sur la proposition du concessionnaire et l'avis du service du contrôle, le maximum de la vitesse des convois de voyageurs et de marchandises sur les différentes sections de la ligne, ainsi que le tableau du service des trains.

La vitesse des trains en marche ne peut dépasser 20 kilomètres à l'heure, s'il est fait usage de freins ordinaires, et 25 kilomètres, s'il est fait usage de freins continus. Ces vitesses doivent d'ailleurs être diminuées dans la traversée des lieux habités ou en cas d'encombrement de la route.

Le mouvement doit également être ralenti ou même arrêté toutes les fois que l'arrivée d'un train effrayant les chevaux ou autres animaux pourrait être la cause de désordres et occasionner des accidents.

Les trains ne peuvent stationner en dehors des gares que durant le temps strictement nécessaire pour les besoins du service.

Le préfet peut autoriser, sur la demande du concessionnaire et sur la proposition du service du contrôle, l'arrêt de certains trains pendant le temps déterminé par l'horaire pour prendre ou laisser des voyageurs ou des marchandises sur des points de la voie ferrée situés en dehors des gares, stations ou haltes. Cette autorisation ne peut être donnée qu'à titre précaire et révocable, si ce service n'est pas prévu par le cahier des charges.

Les locomotives ou les voitures isolées ne peuvent stationner sur les voies affectées à la circulation.

Il est expressément interdit d'effectuer le nettoyage des grilles sur la voie publique.

Art. 34. — (Modifié par le décret du 13 février 1900). — *Service des tramways à traction mécanique. Composition des trains. — Accidents.* — Des machines de réserve et des wagons de secours munis de tous les agrès et outils nécessaires en cas d'accident doivent être entretenus, constamment prêts à partir, aux points désignés par le préfet, si celui-ci le prescrit, après avis du service du contrôle.

Chaque train doit d'ailleurs être muni des outils les plus indispensables.

Aux stations ou bureaux de contrôle et d'attente désignés par le préfet, le concessionnaire entretiendra les médicaments et moyens de secours nécessaires en cas d'accident.

TITRE III

Police et surveillance.

Art. 35 — *Des mesures concernant les personnes étrangères au service des voies ferrées.* — Il est défendu à toute personne étrangère au service de la voie ferrée :

1º De déranger, altérer ou modifier, sous quelque prétexte que ce soit, la voie ferrée et les ouvrages qui en dépendent ;

2º De stationner sur la voie de fer ou d'y faire stationner des voitures ;

3º D'y laisser séjourner des chevaux, bestiaux ou animaux d'aucune sorte ;

4º D'y jeter ou déposer aucuns matériaux ni objets quelconques ,

5º D'emprunter les rails de la voie ferrée pour la circulation de voitures étrangères au service.

Tout conducteur de voiture doit, à l'approche d'un train ou d'une voiture appartenant au service de la voie ferrée, prendre en main les guides ou le cordeau de son équipage, de façon à se rendre maître de ses chevaux, dégager immédiatement la voie, et s'en écarter de manière à livrer toute la largeur nécessaire au passage du matériel de la voie ferrée.

Tout conducteur de troupeau doit écarter les bestiaux de la voie ferrée à l'approche d'un train ou d'une voiture appartenant au service de cette voie.

Art. 36. — *Des mesures concernant les voyageurs.* — Il est défendu aux voyageurs :

1º D'entrer dans les voitures ou d'en sortir pendant la marche et autrement que par la portière réservée à cet effet ;

2º De passer d'une voiture dans une autre, de se pencher au dehors, de stationner debout sur les impériales pendant la marche.

Il est interdit d'admettre dans les voitures plus de voyageurs que ne le comporte le nombre de places indiqué dans chaque compartiment.

L'entrée des voitures est interdite :

1º A toute personne en état d'ivresse ;

2º A tous individus porteurs d'armes à feu chargées ou de paquets qui, par leur nature, leur volume ou leur odeur, pourraient gêner ou incommoder les voyageurs. Tout individu porteur d'une arme à feu doit, avant son admission dans les voitures, faire constater que son arme n'est point chargée.

Aucun chien n'est admis dans les voitures servant au transport des voyageurs ; toutefois la Compagnie peut placer dans des compartiments spéciaux les voyageurs qui ne voudraient pas se séparer de leurs chiens, pourvu que ces animaux soient muselés, en quelque saison que ce soit.

Art. 37. (Modifié par le décret du 13 février 1900). — *Expédition de matières dangereuses.* — Les personnes qui veulent expédier les marchandises classées comme dangereuses ou infectes par les règlements en vigueur doivent en faire la déclaration formelle au moment où elles les livrent au service de la voie ferrée et se conformer à toutes les prescriptions desdits règlements en ce qui concerne le conditionnement, l'emballage et la marque des colis.

Art. 38. — *Affichage du service des voies ferrées.* — Des affiches placées dans les stations et dans les bureaux d'attente et de contrôle font connaître au public les heures de départ des convois ordinaires, les stations qu'ils doivent desservir, les heures auxquelles ils doivent arriver à ces stations et en partir.

Si l'exploitation de la ligne comporte des arrêts en pleine voie, afin de prendre ou de laisser soit des voyageurs, soit des marchandises, ces affiches font connaître cette circonstance en n'annonçant dans ce cas que les heures de départ des gares extrêmes.

Art. 39. (Modifié par le décret du 13 février 1900). — *Contrôle et surveillance de l'exploitation.* — Le préfet nomme, sous l'autorité du Ministre des travaux publics, les agents chargés du contrôle et de la surveillance prévus par l'article 21 de la loi du 11 juin 1890. Ces agents sont pris dans le service des ponts et chaussées et des mines (1).

Ils ont notamment pour mission :

1° En ce qui concerne l'exploitation commerciale :

De surveiller le mode d'application des tarifs approuvés et l'exécution des mesures prescrites pour la réception et l'enregistrement des colis, leur transport et leur remise aux destinataires ;

De veiller à l'exécution des mesures prescrites pour que le service des transports ne soit pas interrompu aux points extrêmes de lignes en communication l'une avec l'autre ;

De vérifier les conditions des traités qui seraient passés par les compagnies avec les entreprises de transport par terre ou par eau en correspondance avec la voie ferrée, et de signaler toutes les infractions au principe de l'égalité des taxes ;

De constater le mouvement de la circulation des voyageurs et des marchandises, les dépenses d'entretien et d'exploitation, et les recettes ;

2° En ce qui concerne l'exploitation technique ;

De vérifier l'état de la voie de fer, des terrassements, des ouvrages d'art et du matériel roulant, et de veiller à l'exécution des règlements relatifs à la police et la sûreté de la circulation ;

3° En ce qui concerne la police :

De surveiller la composition, le départ, l'arrivée, la marche et le stationnement des trains, l'observation des règlements de police, tant par le public que par le concessionnaire, sur les voies publiques empruntées par la voie ferrée, l'entrée, le stationnement et la circulation des voitures dans les cours et stations, l'admission du public dans les gares et sur les quais de la voie ferrée.

Les concessionnaires sont tenus de fournir des locaux convenables aux agents du contrôle spécialement désignés par le préfet. Ils sont aussi tenus de présenter aux agents du contrôle, à toute réquisition, les registres de dépenses et de recettes relatifs à l'exploitation commerciale, ainsi que les registres de réception et d'expédition des colis.

Toutes les fois qu'il arrive un accident sur la voie ferrée, il en est fait immédiatement déclaration, par le chef de train, à l'agent du contrôle dont le poste est le plus voisin. Le préfet et le chef du contrôle en sont immédiatement informés par les soins du concessionnaire.

Outre la surveillance ordinaire, le préfet délègue, aussi souvent qu'il le juge utile, un ou plusieurs commissaires à l'effet de reconnaître et de constater l'état de la voie ferrée, de ses dépendances et de son matériel, et à l'effet d'exercer une surveillance spéciale sur tout ce qui ne rentre pas dans les attributions des agents du contrôle.

ART. 40. — *Règlements de police et d'exploitation.* — Le concessionnaire est tenu ainsi que le public de se conformer aux prescriptions des arrêtés qui sont pris par les préfets pour l'exécution des dispositions qui précèdent.

_____

(1) Le décret du 13 février 1900, contient en son article 2 une disposition ainsi conçue :

« ART. 2. — Pour les voies ferrées dont le contrôle et la surveillance sont déjà organisés, le Ministre des travaux publics peut, sur la demande du Conseil général du département intéressé, ajourner l'application des dispositions du 1er paragraphe de l'article 39, du décret du 6 août 1881 modifié par l'article 1er du présent décret ».

Voir à la page 297 le N. B. concernant l'article 39 du Règlement.

Toutes les dépenses qu'entraîne l'exécution de ces prescriptions sont à la charge du concessionnaire.

Le concessionnaire est tenu de soumettre à l'approbation du préfet les règlements de service intérieur relatifs à l'exploitation de la voie ferrée.

Les règlements dont il s'agit sont obligatoires non seulement pour le concessionnaire, mais encore pour tous ceux qui obtiendront ultérieurement l'autorisation d'établir des lignes ferrées d'embranchement ou de prolongement, et en général pour toutes les personnes qui emprunteront l'usage du chemin de fer.

ART. 41. — *Interruption de l'exploitation.* — Si l'exploitation de la voie ferrée vient à être interrompue en totalité ou en partie, si le mauvais état de la voie ou du matériel roulant compromet la sécurité du public, si le mauvais entretien de la partie de la route dont le concessionnaire doit prendre soin compromet la sécurité publique, le préfet prend immédiatement, aux frais et risques du concessionnaire, les mesures nécessaires afin d'assurer provisoirement le service.

Si, dans les trois mois de l'organisation du service provisoire, le concessionnaire n'a pas valablement justifié qu'il est en état de reprendre et de continuer l'exploitation, et s'il ne l'a pas effectivement reprise, la déchéance peut être prononcée par le Ministre des Travaux publics, sauf recours au Conseil d'État par la voie contentieuse.

Il est pourvu tant à la continuation et à l'achèvement des travaux qu'à l'exécution des autres engagements contractés par le concessionnaire au moyen d'une adjudication qui sera ouverte sur une mise à prix des ouvrages exécutés, des matériaux approvisionnés et des parties de la voie ferrée déjà livrées à l'exploitation.

Nul ne sera admis à concourir à cette adjudication s'il n'a été préalablement agréé par le préfet.

A cet effet, les personnes qui voudraient concourir seront tenues de déclarer, dans le délai qui sera fixé, leur intention par un écrit déposé à la préfecture et accompagné des pièces propres à justifier des ressources nécessaires pour remplir les engagements à contracter.

Ces pièces seront examinées par le préfet en conseil de préfecture. Chaque soumissionnaire sera informé de la décision prise en ce qui le concerne, et, s'il y a lieu, du jour de l'adjudication.

Les personnes qui auront été admises à concourir devront faire, soit à la Caisse des dépôts et consignations, soit à la caisse du trésorier-payeur général du département, le dépôt de garantie, qui devra être égal au moins au trentième de la dépense à faire par le concessionnaire.

L'adjudication aura lieu suivant les formes indiquées aux articles 11, 12, 13, 15 et 16 de l'ordonnance royale du 10 mai 1829.

Les soumissions ne pourront pas être inférieures à la mise à prix.

L'adjudicataire sera substitué aux charges et aux droits du concessionnaire évincé ; il recevra notamment les subventions de toute nature à échoir aux termes de l'acte de concession ; le concessionnaire évincé recevra de lui le prix que la nouvelle adjudication aura fixé.

La partie du cautionnement qui n'aura pas encore été restituée deviendra la propriété de l'autorité qui a fait la concession.

Si l'adjudication ouverte n'amène aucun résultat, une seconde adjudication sera tentée sur les mêmes bases après un délai de trois mois ; si cette seconde tentative reste également sans résultat, le concessionnaire sera définitivement déchu de tous droits, et alors les ouvrages exécutés, les matériaux approvisionnés et les parties de voie ferrée déjà livrées à l'exploitation appartiendront à l'autorité qui a fait la concession.

TITRE IV.

Dispositions diverses.

ART. 42. (Modifié par le décret du 13 février 1900). — *Construction de nouvelles voies de communication.* — Dans le cas où le Gouvernement ordonne ou autorise la construction de routes nationales, départementales ou vicinales, de chemins de fer ou de canaux qui traversent une ligne concédée, ou l'installation de communications télégraphiques ou téléphoniques qui obligent à modifier les transmissions d'énergie établies en vue de la traction électrique, le concessionnaire ne peut s'opposer à ces travaux, mais toutes les dispositions sont prises pour qu'il n'en résulte aucun obstacle à la construction ou au service de la voie ferrée, ni aucuns frais pour le concessionnaire.

ART. 43. — *Concessions ultérieures de nouvelles lignes.* — Toute exécution ou autorisation ultérieure de route, de canal, de chemin de fer, de travaux de navigation dans la contrée où est située une voie ferrée qui a fait l'objet d'une concession, ou dans toute autre contrée voisine ou éloignée, ne peut donner ouverture à aucune demande d'indemnité de la part du concessionnaire.

ART. 44. — *Retrait d'autorisation.* — L'autorisation d'établir ou de maintenir une voie ferrée sur le sol des voies publiques peut être retirée à toute époque, en totalité ou en partie, dans les formes suivies pour la concession, lorsque la nécessité en a été reconnue dans l'intérêt public par le Gouvernement, après une enquête ; le tout sous réserve de l'application des articles 6 et 11 de la loi du 11 juin 1880.

ART. 45. — *Réserves sous lesquelles le concessionnaire est admis à emprunter le sol des voies publiques.* — Le concessionnaire n'est admis à réclamer aucune indemnité :

Ni à raison des dommages que le roulage ordinaire pourrait occasionner aux ouvrages de la voie ferrée ;

Ni à raison de l'état de la chaussée et des conséquences qui pourraient en résulter pour l'état et l'entretien de la voie ;

Ni enfin pour une cause quelconque résultant de l'usage de la voie publique.

Les indemnités dues à des tiers pour des dommages pouvant résulter de la construction ou de l'exploitation de la voie ferrée sont entièrement à la charge du concessionnaire.

ART. 46. — *Réserves sous lesquelles le concessionnaire est admis à emprunter le sol des voies publiques.* — En cas d'interruption de la voie ferrée par suite de travaux exécutés sur la voie publique, le concessionnaire peut être tenu de rétablir provisoirement les communications, soit en déplaçant momentanément ses voies, soit en employant pour la traversée de l'obstacle des voitures ordinaires qui puissent le tourner en suivant d'autres lignes.

ART. 47. — *Concessions de voies de fer d'embranchement et de prolongement.* — Le Gouvernement, le département et les communes ont le droit de concéder de nouvelles voies de fer s'embranchant sur une voie ferrée déjà concédée, ou à établir en prolongement de la même voie.

Le concessionnaire de la ligne principale ne peut s'opposer à l'exécution de ces embranchements, ni réclamer, à l'occasion de leur établissement, une indemnité quelconque, pourvu qu'il n'en résulte aucun obstacle à la circulation ni aucuns frais particuliers pour son entreprise.

Les concessionnaires des voies de fer d'embranchement ou de prolongement ont la faculté, moyennant l'observation du paragraphe 1er de l'article 20 du présent règlement, et des règlements de police et de service qui régissent la ligne principale, et moyennant les tarifs du cahier des charges de cette dernière ligne, de faire circuler leurs voitures, wagons et machines sur la ligne principale. Cette faculté est réciproque à l'égard desdits embranchements et prolongements.

Dans le cas où les divers concessionnaires ne peuvent s'entendre sur l'exercice de cette faculté, le Ministre des Travaux publics statue sur les difficultés qui s'élèvent entre eux à cet égard.

Le concessionnaire d'une voie ferrée ne peut toutefois être tenu d'admettre sur ses rails un matériel dont le poids serait hors de proportion avec les éléments constitutifs de ses voies.

Dans le cas où un concessionnaire d'embranchement ou de prolongement joignant la ligne principale n'use pas de la faculté de circuler sur cette ligne, comme aussi dans le cas où le concessionnaire de cette dernière ligne ne veut pas circuler sur les prolongements et embranchements, ces concessionnaires sont tenus de s'arranger entre eux de manière que le service de transport ne soit jamais interrompu aux points de jonction des diverses lignes.

Celui des concessionnaires qui se sert d'un matériel qui n'est pas sa propriété paye une indemnité en rapport avec l'usage et la détérioration de ce matériel. Dans le cas où les concessionnaires ne se mettent pas d'accord sur la quotité de l'indemnité ou sur les moyens d'assurer la continuation du service sur toutes les lignes, l'Administration y pourvoit d'office et prescrit toutes les mesures nécessaires.

Gares communes. — Le concessionnaire est tenu, si l'autorité compétente le juge convenable, de partager l'usage des stations établies à l'origine des voies de fer d'embranchement avec les compagnies qui deviendraient concessionnaires desdits embranchements.

Il est fait un partage équitable des frais résultant de l'usage commun desdites gares, et les sommes à payer par les compagnies nouvelles sont, en cas de dissentiment, reglées par voie d'arbitrage.

En cas de désaccord sur le principe ou l'exercice de l'usage commun des gares, il est statué par le Ministre des Travaux publics, les concessionnaires entendus.

ART. 48. — (Modifié par le décret du 3 août 1898). — *Embranchements industriels.* — Le concessionnaire de toute voie ferrée affectée au transport des marchandises est tenu de s'entendre avec tout propriétaire de carrières, de mines ou d'usines, avec tout propriétaire ou concessionnaire de magasins généraux ou avec tout concessionnaire de l'outillage des ports maritimes ou de navigation intérieure qui, offrant de se soumettre aux conditions prescrites ci-après, demande un embranchement ; à défaut d'accord, le préfet statue sur la demande, le concessionnaire entendu.

Les embranchements sont construits aux frais des propriétaires de carrières, de mines et d'usines, des propriétaires ou concessionnaires de magasins généraux ou des concessionnaires de l'outillages des ports maritimes ou de navigation intérieure, et de manière qu'il ne résulte de leurs établissement aucune entrave à la circulation générale, aucune cause d'avarie pour le matériel, ni aucuns frais pour le service de la ligne principale.

Leur entretien est fait avec soin, aux frais de leurs propriétaires, et sous le contrôle du préfet. Le concessionnaire a le droit de faire surveiller par ces agents cet entretien, ainsi que l'emploi de son matériel sur les embranchements.

Le préfet peut, à toute époque, prescrire les modifications qui sont jugées utiles dans la soudure, le tracé ou l'établissement de la voie desdits embranchements, et les changements sont opérés aux frais des propriétaires.

Le préfet peut même, après avoir entendu les propriétaires, ordonner l'enlèvement temporaire des aiguilles de soudure, dans le cas où les établissements embranchés viendraient à suspendre en tout ou en partie leurs transports.

Le concessionnaire est tenu d'envoyer ses wagons sur tous les embranchements autorisés destinés à faire communiquer des établissements de carrières, de mines ou d'usines, de magasins généraux ou d'outillage des ports maritimes ou de navigation intérieure avec la ligne principale.

Le concessionnaire amène ses wagons à l'entrée des embranchements.

Les expéditeurs ou destinataires font conduire les wagons dans leurs établissements pour les charger ou décharger, et les ramènent au point de jonction avec la ligne principale, le tout à leurs frais.

Les wagons ne peuvent d'ailleurs être employés qu'au transport d'objets et marchandises destinés à la ligne principale.

Le temps pendant lequel les wagons séjournent sur les embranchements particuliers ne peut excéder six heures lorsque l'embranchement n'a pas plus d'un kilomètre. Ce temps est augmenté d'une demi heure par kilomètre en sus du premier, non compris les heures de la nuit, depuis le coucher jusqu'au lever du soleil.

Dans le cas où les limites de temps sont dépassées nonobstant l'avertissement spécial donné par le concessionnaire, il peut exiger une indemnité égale à la valeur du droit de loyer des wagons, pour chaque période de retard après l'avertissement.

S'il est jugé nécessaire par le préfet, statuant sur l'avis du service du contrôle, d'établir un gardien aux aiguilles d'un embranchement industriel, le traitement de cet agent est à la charge du propriétaire de l'embranchement ; mais il est nommé et payé par le concessionnaire.

En cas de difficulté, il est statué par l'Administration, le concessionnaire entendu.

Les propriétaires d'embranchement sont responsables des avaries que le matériel peut éprouver pendant son parcours ou son séjour sur ces lignes.

Dans le cas d'inexécution d'une ou de plusieurs des conditions énoncées ci-dessus, le préfet peut, sur la plainte du concessionnaire et après avoir entendu le propriétaire de l'embranchement, ordonner par un arrêté la suspension du service et faire supprimer la soudure, sauf recours à l'Administration supérieure, et sans préjudice, de tous dommages-intérêts que le concessionnaire serait en droit de répéter pour la non-exécution de ces conditions.

Le concessionnaire est indemnisé de la fourniture et de l'envoi de son matériel sur les embranchements par la perception du tarif qui est fixé par son cahier des charges pour chaque kilomètre parcouru.

Tout kilomètre entamé est payé comme s'il avait été parcouru en entier.

Le chargement et le déchargement sur les embranchements s'opèrent aux frais des expéditeurs ou destinataires, soit qu'ils les fassent eux-mêmes, soit que la compagnie du tramway consente à les opérer.

Dans ce dernier cas, ces frais sont l'objet d'un règlement arrêté par le préfet, sur la proposition du concessionnaire.

Tout wagon envoyé par le concessionnaire sur un embranchement doit être payé comme wagon complet, lors même qu'il ne serait pas complètement chargé.

La surcharge, s'il y en a, est payée au prix du tarif légal et au prorata du poids réel. Le concessionnaire est en droit de refuser les chargements qui dépasseraient le maximum déterminé par son cahier des charges.

Ce maximum sera revisé par le préfet de manière à être toujours en rapport avec la capacité des wagons.

Les wagons sont pesés à la station d'arrivée par les soins et aux frais du concessionnaire.

ART. 49. — *Contribution foncière.* — La contribution foncière pour les dépendances situées en dehors de l'assiette des routes, chemins et autres voies publiques est établie en raison de la surface occupée par ces dépendances ; la cote en est calculée comme pour les canaux conformément à la loi du 25 avril 1803.

Les bâtiments et magasins dépendant de l'exploitation de la voie ferrée sont assimilés aux propriétés bâties de la localité. Toutes les contributions auxquelles ces édifices peuvent être soumis sont, aussi bien que la contribution foncière, à la charge du concessionnaire.

ART. 50. — *Agents du concessionnaire.* — Les agents et gardes que le concessionnaire établit, soit pour la perception des droits, soit pour la surveillance et la police de la voie de fer et de ses dépendances, peuvent être assermentés, et sont, dans ce cas, assimilés aux gardes champêtres. Ces agents sont revêtus d'un uniforme ou sont porteurs d'un signe distinctif.

ART. 51. — *Comptes rendus statistiques annuels et trimestriels.* — Tout concessionnaire doit adresser chaque année au préfet des états statistiques conformes aux modèles qui seront arrêtés par le Ministre des travaux publics et qui comprennent les renseignements relatifs à l'année entière (du 1er janvier au 31 décembre).

Cet envoi est fait le 15 avril de chaque année au plus tard. Les renseignements fournis par le concessionnaire peuvent être publiés.

Indépendamment de ces états annuels, le compte rendu des résultats de l'exploitation, comprenant les dépenses d'établissement et d'exploitation et les recettes brutes, est remis au préfet dans le mois qui suit l'expiration de chaque trimestre. Ce compte rendu est dressé en trois expéditions, destinées au préfet, au représentant de l'autorité qui a donné la concession, et au Ministre des travaux publics ; il est publié, au moins par extraits dans le *Journal officiel*, conformément aux prescriptions de l'article 19 de la loi du 11 juin 1880.

ART. 52. — *Frais de contrôle.* — Les frais de visite, de surveillance et de réception des travaux et les frais de contrôle de l'exploitation sont supportés par le concessionnaire.

Afin de pourvoir à ces frais, le concessionnaire est tenu de verser chaque année, à la caisse centrale du trésorier-payeur général du département, la somme qui est fixée dans le cahier des charges de la concession par chaque kilomètre de voie ferrée concédé.

Si le concessionnaire ne verse pas la somme ci-dessus réglée aux époques fixées, le préfet rend un rôle exécutoire, et le montant en est recouvré en matière de contributions publiques.

ART. 53. — *Registre des réclamations.* — Il est tenu dans chaque station et dans chaque bureau d'attente un registre coté et parafé par le maire de la commune, lequel est destiné à recevoir les réclamations des personnes (voyageurs ou autres) qui auraient des plaintes à former, soit contre le concessionnaire, soit contre ses agents.

Ce registre est présenté à toute réquisition du public ; il est visé par les agents du service du contrôle et de surveillance administrative.

ART. 54. — *Propositions du concessionnaire.* — Dans tous les cas où, conformément aux dispositions du présent règlement, le préfet doit statuer sur la proposition d'un concessionnaire, celui-ci est tenu de lui soumettre cette proposition dans le délai qui a été déterminé, faute de quoi le préfet peut statuer directement.

Si le préfet pense qu'il y a lieu de modifier la proposition du concessionnaire, il doit, sauf le cas d'urgence, entendre celui-ci avant de prescrire les modifications dont il s'agit.

ART. 55. — *Affichage et publication du présent règlement.* — Des exemplaires du présent règlement, ainsi que des articles de l'ordonnance royale du 15 novembre 1846, du décret du 30 avril 1880 et du décret du 12 août 1874, auxquels il se réfère, sont constamment affichés, à la diligence du concessionnaire, aux abords des bureaux des voies ferrées qui empruntent le sol des voies publiques ainsi que dans les salles d'attente.

Le conducteur ou receveur de toute voiture, le conducteur principal de tout train en marche sont munis d'un exemplaire du règlement. Des extraits sont délivrés, chacun pour ce qui le concerne, aux cochers, receveurs, mécaniciens, chauffeurs, gardes-freins et autres agents employés sur la voie ferrée.

Des extraits, en ce qui concerne les règles à observer par les voyageurs pendant le trajet, sont placés dans chaque caisse de voiture.

ART. 56. — *Constatation et poursuite de contraventions.* — Sont constatées, poursuivies et réprimées conformément aux dispositions de la loi du 15 juillet 1845, qui ont été rendues applicables aux tramways par l'article 37 de la loi du 11 juin 1880, les contraventions au présent règlement, aux décisions ministérielles et aux arrêtés pris par les préfets pour l'exécution de ce règlement.

ART. 57. — Les dispositions du présent règlement sont applicables aux chemins de fer d'intérêt local sur les sections où ces chemins de fer empruntent le sol des voies publiques, sans préjudice de l'application de l'ordonnance du 15 novembre 1846.

ART. 58. — *Exécution du présent règlement,* — Le Ministre des travaux publics est chargé de l'exécution du présent décret, qui sera inséré au *Bulletin des Lois* et au *Journal officiel.*

N. B. — M. le Ministre des Travaux publics a déclaré, dans la séance de la Chambre des députés du 22 juin 1900, qu'elle sera saisie d'un projet de loi modifiant les dispositions édictées, depuis le 13 février 1900, par le premier alinéa du Règlement d'administration publique. Dans cette séance, la Chambre a voté l'ordre du jour suivant, présenté par MM. Guillemet, René Brice et Bourrat, et accepté par M. le Ministre des Travaux publics :

« La Chambre invite le Gouvernement à maintenir aux Conseils généraux, « en matière de contrôle des tramways départementaux les pouvoirs qui leur « sont conférés par les lois des 12 juillet 1865, 10 août 1871 et 11 juin 1880 ».

On peut observer que la loi du 12 juillet 1865 a été explicitement et entièrement abrogée par l'art 25 de la loi du 11 juin 1880.

CAHIER DES CHARGES, pour la concession des chemins de fer d'intérêt local (1).

Cahier des charges-type (2).

TITRE PREMIER

Tracé et construction.

ARTICLE PREMIER. — *Tracé.* — Le chemin de fer d'intérêt local qui fait l'objet du présent cahier des charges partira de
passera à où près

ART. 2. — *Délais d'exécution.* — Les travaux devront être commencés dans un délai de...., à partir de la loi déclarative d'utilité publique. Ils seront poursuivis de telle façon que *la section de   à   soit* livrée à l'exploitation le   *la section de   à   le   et* la ligne entière le

ART. 3. — *Approbation des projets.* — Aucun travail ne pourra être entrepris pour l'établissement du chemin de fer et de ses dépendances sans que

(1) Le cahier des charges a été approuvé par le décret du 6 août 1881, ainsi conçu :
Le Président de la République française,
Sur le rapport du Ministre des travaux publics ;
Vu l'article 2 de la loi du 11 juin 1880, aux termes duquel le conseil général arrête la direction des chemins de fer d'intérêt local, le mode et les conditions de leur construction, ainsi que les traités et les dispositions nécessaires pour en assurer l'exploitation, en se conformant aux clauses et conditions du cahier des charges-type approuvé par le Conseil d'État, sauf les modifications qui seront apportées par la convention et la loi d'approbation ;
Vu l'instruction à laquelle a donné lieu la préparation du cahier des charges-type prévu par la loi susvisée ;
Le Conseil d'État entendu,
Décrète :
ARTICLE PREMIER. — Est approuvé le cahier des charges-type ci-annexé, dressé en exécution de l'article 2 de la loi du 11 juin 1880, pour la concession des chemins de fer d'intérêt local.
ART. 2. — Le Ministre des travaux publics est chargé de l'exécution du présent décret.
Il a été ensuite modifié, en ce qui concerne l'article 61, par le décret du 31 juillet 1898, — et par le décret du 13 février 1900, en ce qui concerne la note relative au titre et les articles 7, 8, 11, 12, 13, 20, 31, 33, 35, 57, 60 et 61.
Le texte ci-après tient compte de ces modifications.
(2) Note modifiée par le décret du 13 février 1900 :
La présente formule-type est rédigée dans l'hypothèse d'une concession conférée par un département. Ce mot sera modifié partout où il est imprimé en italiques dans le cas où la concession émanerait d'une commune (art. 1er et 2 de la loi du 11 juin 1880). On a aussi imprimé en italiques les autres mots et chiffres qui peuvent être modifiés suivant les circonstances.
Les dispositions ci-après s'appliquent spécialement aux voies ferrées n'empruntant pas le sol des voies publiques ; quand le chemin de fer projeté comportera des parties empruntant les voies publiques, il y a lieu d'y ajouter les articles du cahier des charges-type des tramways qui seraient utiles dans l'espèce. Les articles 6, 7 et 8 du cahier des charges-type des tramways prendraient alors les nos 8 bis, 8 ter et 8 quater, et les articles 12 et 13 les nos 29 bis et 29 ter.

les projets en aient été approuvés, conformément à l'article 3 de la loi du 11 juin 1880, pour les projets d'ensemble, par le *Conseil général*, et, pour les projets de détail des ouvrages, par le préfet, sous réserve de l'approbation spéciale du Ministre des travaux publics, dans le cas où les travaux affecteraient des cours d'eau ou des chemins dépendant de la grande voirie.

A cet effet les projets d'ensemble, comprenant le tracé, les terrassements et l'emplacement des stations, seront remis au préfet, dans les *six* mois au plus tard de la date de la loi déclarative d'utilité publique.

Le Préfet, après avoir pris l'avis de l'ingénieur en chef du département, soumettra ces projets au *conseil général*, qui statuera définitivement, sauf le droit réservé au Ministre des travaux publics par le paragraphe 2 de l'article 3 de la loi, d'appeler le *conseil général* à statuer à nouveau sur lesdits projets.

L'une des expéditions des projets ainsi approuvés sera remise au concessionnaire avec la mention de la décision approbative du *conseil général* ; l'autre restera entre les mains du Préfet.

Avant comme pendant l'exécution, le concessionnaire aura la faculté de proposer aux projets approuvés les modifications qu'il jugerait utiles, mais ces modifications ne pourront être exécutées que moyennant l'approbation de l'autorité compétente.

ART. 4. — *Projets antérieurs*. — Le concessionnaire pourra prendre copie, sans déplacement, de tous les plans, nivellements et devis qui auraient été antérieurement dressés aux frais du *département*.

ART. 5. — *Pièces à fournir*. — Les projets d'ensemble qui doivent être produits par le concessionnaire comprennent, pour la ligne entière ou pour chaque section de la ligne :

1° Un extrait de la carte au 1/80.000° ;

2° Un plan général à l'échelle de 1/10.000° ;

3° Un profil en long à l'échelle de 1/5.000° pour les longueurs et de 1/1.000° pour les hauteurs, dont les cotes seront rapportées au niveau moyen de la mer pris pour plan de comparaison. Au-dessous de ce profil, on indiquera, au moyen de trois lignes horizontales disposées à cet effet, savoir :

— Les distances kilométriques du chemin de fer, comptées à partir de son origine ;

— La longueur et l'inclinaison de chaque pente ou rampe ;

— La longueur des parties droites et le développement des parties courbes du tracé, en faisant connaître le rayon correspondant à chacune de ces dernières ;

4° Un certain nombre de profils en travers à l'échelle de $0^m,005$ pour mètre et le profil type de la voie à l'échelle de $0^m,02$ pour mètre ;

5° Un mémoire dans lequel seront justifiées toutes les dispositions essentielles du projet, et un devis descriptif dans lequel seront reproduites, sous forme de tableaux, les indications relatives aux déclivités et aux courbes déjà données sur le profil en long.

La position des gares et stations projetées, celle des cours d'eau et des voies de communication traversés par le chemin de fer, des passages soit à niveau, soit en dessus, soit en dessous de la voie ferrée, devront être indiquées tant sur le plan que sur le profil en long ; le tout sans préjudice de projets à fournir pour chacun de ces ouvrages.

ART. 6 (1). — *Acquisition des terrains. Ouvrages d'art. Établisse-*

(1) Dans le cas où les dispositions de cet article ne paraîtront pas suffisantes,

ment de la deuxième voie. — Les terrains seront acquis, les ouvrages d'art et les terrassements seront exécutés et les rails seront posés pour une voie seulement, sauf l'établissement d'un certain nombre de gares d'évitement.

Le concessionnaire sera tenu d'exécuter à ses frais une seconde voie, lorsque la recette brute kilométrique aura atteint le chiffre de (1)   francs pendant une année.

En dehors du cas prévu par le paragraphe précédent, il pourra, à toute époque de la concession, être requis par le Préfet au nom *du département,* et par le Ministre des travaux publics au nom de l'État, d'exécuter et d'exploiter une seconde voie sur tout ou partie de la ligne, moyennant le remboursement des frais d'établissement de ladite voie.

Si les travaux de la double voie requise ne sont pas commencés et poursuivis dans les délais et conditions prescrits par la décision qui les a ordonnés, l'Administration pourra mettre le chemin de fer tout entier sous séquestre et exécuter elle-même les travaux.

Les terrains acquis pour l'établissement du chemin de fer ne pourront pas recevoir une autre destination.

Art. 7. — (Modifié par le décret du 13 février 1900). — *Largeur de la voie. Gabarit du matériel roulant.* — La largeur de la voie entre les bords intérieurs des rails devra être de (2).

La largeur des caisses des véhicules ainsi que de leur chargement ne dépassera pas (3).... ; et celle du matériel roulant y compris toutes saillies,

on pourra les remplacer par celles-ci :
Les terrains sont acquis, les ouvrages d'art et les terrassements seront exécutés et les rails seront posés pour deux voies :
Néanmoins le concessionnaire pourra être autorisé, à titre provisoire, à exécuter les terrassements et à ne poser les rails que pour une seule voie.
Les terrains acquis pour l'établissement du chemin de fer ne pourront pas recevoir une autre destination.
(1) A déterminer dans chaque cas particulier. On admet généralement le chiffre de 35.000 francs.
(2) 1 m. 44, 1 mètre (1 m. 055 pour certaines parties de l'Algérie), 80 centimètres, 75 centimètres ou 60 centimètres.
(3) Largeurs à déterminer dans chaque cas particulier.
Pour la voie de 1 m. 44, on se basera sur les dimensions admises pour le matériel des lignes d'intérêt général dans la même région, sans dépasser le maximum de 3 m. 20.
Pour les autres largeurs de voie, on se renfermera dans les maxima indiqués ci-après :

DÉSIGNATION	VOIE DE			
	1 m.055 et 1 mètre	0 m. 80	0 m.75	0 m. 60
Largeur des caisses des véhicules et de leur chargem..	2m,50	2m,10	2m, »	1m,80
Largeur du matériel roulant, toutes saillies comprises..	2m,80	2m,40	2m,30	2m,10

C'est cette dernière dimension, égale à la plus grande largeur du gabarit du matériel roulant, qui servira à déterminer la largeur de la plate-forme et des ouvrages d'art.

notamment celle des marchepieds latéraux, ne dépassera pas (1).... ; la hauteur du matériel roulant au-dessus des rails sera au plus de ( ).... pour les locomotives, et de ( ).... pour les autres véhicules et leurs chargements.

Dans les parties à deux voies, la largeur de l'entrevoie, mesurée entre les bords extérieurs des rails, sera de (2)....

La largeur des accotements, c'est-à-dire des parties comprises de chaque côté entre le bord extérieur du rail et l'arête supérieure du ballast, sera de (3)....

L'épaisseur de la couche de ballast sera d'au moins (4).... et l'on ménagera, au pied de chaque talus du ballast, une banquette de largeur telle que l'arête de cette banquette se trouve à 90 centimètres au moins de la verticale de la partie la plus saillante du matériel roulant.

A moins d'une autorisation spéciale de l'Administration, il devra être réservé, entre les obstacles isolées se trouvant au-dessus du niveau des marchepieds latéraux le long des voies principales et les parties les plus saillantes du matériel roulant, une distance d'au moins 60 centimètres.

Le concessionnaire établira le long du chemin de fer les fossés ou rigoles qui seront jugés nécessaires pour l'assèchement de la voie et pour l'écoulement des eaux.

Les dimensions de ces fossés et rigoles seront déterminées par le préfet, suivant les circonstances locales, sur les propositions du concessionnaire.

Art. 8. — (Modifié par le décret du 13 février 1900). — *Alignements et courbes. Pentes et rampes.* — Les alignements seront raccordés entre eux par des courbes dont le rayon ne pourra être inférieur à (5)....

(1) 4 m. 20 pour la voie de 1 m. 44.
Pour les autres largeurs de voie, on ne devra pas dépasser les chiffres ci-après :

DÉSIGNATION	VOIE DE			
	1 m. 055 et 1 mètre	0 m. 80	0 m. 75	0 m. 60
Hauteur des locomotives....	3m,50	3m,30	3m,20	3m,00
Hauteur des autres véhicules et de leurs chargements..	3 , 30	2 , 90	2 , 70	2 , 40

Ces maxima serviront à fixer la hauteur des ouvrages d'art qui seront établis au-dessus de la voie.

(2) La largeur de l'entrevoie sera telle qu'entre les parties les plus saillantes de deux véhicules qui se croisent il y ait un intervalle libre d'au moins 50 centimètres.

(3) En général, et à moins de circonstances exceptionnelles dont il devra être justifié, cette largeur sera d'au moins 75 centimètres pour la voie de 1 m. 44, 60 centimètres pour les voies de 1 m. 055, 1 mètre et 80 centimètres, et 50 centimètres pour les voies de 75 centimètres et de 60 centimètres.

(4) L'épaisseur totale du ballast doit être déterminée de manière qu'il existe au moins une épaisseur de ballast de 15 centimètres sous les traverses, sans que la différence de niveau entre le dessus du rail et la plate-forme puisse être inférieure à 30 centimètres.

(5) En général et à moins de circonstances exceptionnelles dont il devra être justifié, 150 mètres pour les chemins à voie de 1 m. 44 ; 75 mètres pour les che-

Une partie droite de (1)... au moins de longueur devra être ménagée entre deux courbes consécutives, lorsqu'elles seront dirigées en sens contraire.

Le maximum des déclivités est fixé à (2)... millimètres par mètre.

Une partie horizontale de (3).... mètres au moins devra être ménagée entre deux déclivités consécutives de sens contraire et versant leurs eaux au même point.

Les déclivités correspondant aux courbes de faible rayon devront être réduites autant que faire se pourra.

Le concessionnaire aura la faculté, dans des cas exceptionnels, de proposer aux dispositions du présent article les modifications qui lui paraîtraient utiles mais ces modifications ne pourront être exécutées que moyennant l'approbation préalable du préfet.

ART. 9. — *Gares et stations.* — Le nombre et l'emplacement des stations ou haltes de voyageurs et des gares de marchandises seront arrêtés par le *Conseil général*, sur les propositions du concessionnaire, après une enquête spéciale.

Il demeure toutefois entendu, dès à présent, que des stations seront établies dans les localités indiquées ci-après :

Si, pendant l'exploitation, de nouvelles stations, gares ou haltes sont reconnues nécessaires d'accord entre le *département* et le concessionnaire, il sera procédé à une enquête spéciale.

L'emplacement en sera définitivement arrêté par le *conseil général*, le concessionnaire entendu.

Le nombre, l'étendue et l'emplacement des gares d'évitement seront déterminés par le Préfet, le concessionnaire entendu ; si la sécurité publique l'exige, le Préfet pourra, pendant le cours de l'exploitation, prescrire l'établissement de nouvelles gares d'évitement ainsi que l'augmentation des voies dans les stations et aux abords des stations.

Le concessionnaire sera tenu, préalablement à tout commencement d'exécution, de soumettre au Préfet les projets de détail de chaque gare, station ou halte, lesquels se composeront :

1° D'un plan à échelle de $\dfrac{1}{500}$ indiquant les voies, les quais, les bâtiments et leur distribution intérieure, ainsi que la disposition de leurs abords ;

2° D'une élévation des bâtiments à l'échelle d'un centimètre par mètre ;

3° D'un mémoire descriptif dans lequel les dispositions essentielles du projet seront justifiées.

ART. 10. — *Traversée des routes et chemins.* — Le concessionnaire sera tenu de rétablir les communications interceptées par le chemin de fer, suivant les dispositions qui seront approuvées par l'administration compétente.

mins à voie de 1 m. 055 et de 1 mètre ; 60 mètres pour les chemins de 80 centimètres ; 50 mètres pour les chemins à voie de 75 centimètres et 40 mètres pour les chemins à voie de 60 centimètres.

(1) En général, 60 mètres pour la voie de 1 m. 44 ; 40 mètres pour les voies de 1 m. 055 et de 1 mètre ; 30 mètres pour la voie de 80 centimètres, et 25 mètres pour les voies de 75 et de 60 centimètres.

(2) A fixer dans chaque cas particulier et de façon à satisfaire, lorsqu'il y aura lieu, aux obligations imposées par l'article 33 du règlement d'administration publique relatif aux chemins de fer empruntant le sol des routes.

(3) En général, 60 mètres pour la voie de 1 m. 44 ; 40 mètres pour les voies de 1 m. 055, de 1 mètre et de 80 centimètres, et 30 mètres pour les voies de 75 et de 60 centimètres.

Art. 11. (Modifié par le décret du 13 février 1900). — *Passages au-dessus des routes et chemins.* — Lorsque le chemin de fer devra passer au dessus d'une route nationale ou départementale, ou d'un chemin vicinal, l'ouverture du viaduc sera fixée par le Ministre des travaux publics ou le Préfet, suivant le cas, en tenant compte des circonstances locales ; mais cette ouverture ne pourra, dans aucun cas, être inférieure à huit mètres (8m,00) (1) pour la route nationale, à six mètres (6m,00) (1) pour la route départementale et pour un chemin vicinal de grande communication, et à quatre mètres (4m,00) (1) pour un simple chemin vicinal ou rural.

Pour les viaducs, la hauteur libre, à partir du sol de la route, au-dessus de la chaussée dans toute sa largeur ne sera pas inférieure à quatre mètres trente centimètres (4m,30).

La largeur entre les parapets sera au moins de (2). La hauteur de ces parapets ne pourra, dans aucun cas, être inférieure à un mètre (1m,00).

Sur les lignes et sections pour lesquelles la compagnie exécutera les ouvrages d'art pour deux voies, la largeur des viaducs entre les parapets sera au moins de   (2).

Art. 12. (Modifié par le décret du 13 février 1900). — *Passages au dessous des routes et chemins.* — Lorsque le chemin de fer devra passer au-dessous d'une route nationale ou départementale, ou d'un chemin vicinal, la largeur entre les parapets du pont qui supportera la route ou le chemin sera fixée par le Ministre des travaux publics ou le Préfet, suivant le cas, en tenant compte des circonstances locales, mais cette largeur ne pourra, dans aucun cas, être inférieure à huit mètres (8m,00) (3) pour la route nationale, à six mètres (6m,00) (3) pour la route départementale, et pour un chemin vicinal de grande communication, et à quatre mètres (4m,00) (3) pour un simple chemin vicinal ou rural.

L'ouverture du pont entre les culées sera au moins de (4) pour les chemins à une voie, et de (4)   sur les lignes ou sections pour lesquelles le concessionnaire exécutera les ouvrages d'art pour deux voies. Cette largeur régnera jusqu'à deux mètres (2m,00) au moins au-dessus du niveau du rail. La distance verticale qui sera ménagée au-dessus des rails pour le passage des trains, dans une largeur égale à celle qui est occupée par les caisses des voitures, ne sera pas inférieure à (5).

Art. 13. (Modifié par le décret du 13 février 1900). — *Passage à niveau.* — Dans le cas où des routes nationales ou départementales, ou des chemins vicinaux, ruraux ou particuliers, seraient traversés à leur niveau par le che-

(1) Ces largeurs devront être augmentées suivant les besoins, notamment aux abords des grands centres de population et dans les pays où l'on peut prévoir l'emploi de machines agricoles.

(2) En général dans le cas de la voie unique, 4 m. 50 pour la voie de 1 m. 44, 4 mètres pour les voies de 1 m. 055 et 1 mètre, 3 m. 70 pour la voie de 80 centimètres, 3 m. 60 pour les voies de 75 centimètres et de 60 centimètres. Dans le cas d'une ligne à double voie, 8 mètres pour la voie de 1 m. 44, 7 m. 30 pour les voies de 1 m. 055 et de 1 mètre, 6 m. 60 pour la voie de 80 centimètres et 6 m. 30 pour les voies de 75 centimètres et 60 centimètres.

(3) Ces largeurs devront être augmentées suivant les besoins, notamment aux abords des grands centres de population et dans les pays où on peut prévoir l'emploi de machines agricoles.

(4) Même largeur qu'à l'article 11.

(5) 4 m. 80 pour la voie de 1 m. 44 ; pour les autres voies, cette distance verticale sera égale à la plus grande hauteur du matériel roulant augmentée en général, et à moins de circonstances exceptionnelles dont il devra être justifié, de 60 centimètres.

min de fer, les rails et contre-rails devront être posés sans aucune saillie ni dépression sur la surface de ces routes, et de telle sorte qu'il n'en résulte aucune gêne pour la circulation des voitures.

Le croisement à niveau du chemin de fer et des routes ne pourra s'effectuer sous un angle inférieur à 45°, à moins d'une autorisation formelle de l'administration supérieure.

L'ouverture libre des passages à niveau sera d'au moins six mètres (6m,00) pour les routes nationales et départementales et les chemins vicinaux de grande communication, et d'au moins quatre mètres (4m,00) pour tous les autres chemins (1).

Le Préfet déterminera, sur la proposition du concessionnaire, les types des barrières qu'il devra poser aux passages à niveau, ainsi que des abris ou maisons de gardes à établir. Il peut dispenser d'établir des maisons de gardes ou des abris, et même de poser des barrières au croisement des chemins peu fréquentés.

La déclivité des routes et chemins aux abords des passages à niveau sera réduite à vingt millièmes au plus sur dix mètres de longueur de part et d'autre de chaque passage.

ART. 14. — *Rectifications des routes.* — Lorsqu'il y aura lieu de modifier l'emplacement ou le profil des routes existantes, l'inclinaison des pentes et rampes sur les routes modifiées ne pourra excéder trois centimètres (0m,03) par mètre pour les routes nationales, et cinq centimètres (0m,05) pour les routes départementales et les chemins vicinaux. Le Préfet restera libre toutefois d'apprécier les circonstances qui pourraient motiver une dérogation à cette clause, en ce qui touche les routes départementales et les chemins vicinaux ; le Ministre statuera en tout ce qui touche les routes nationales.

ART. 15. — *Écoulement des eaux ; débouché des ponts.* — Le concessionnaire sera tenu de rétablir et d'assurer à ses frais, pendant la durée de sa concession, l'écoulement de toutes les eaux dont le cours aurait été arrêté, suspendu ou modifié par ces travaux, et de prendre les mesures nécessaires pour prévenir l'insalubrité pouvant résulter des chambres d'emprunt.

Les viaducs à construire à la rencontre des rivières, des canaux et des cours d'eau quelconques auront au moins (2)   de largeur entre les parapets sur les chemins à une voie, et (2)   sur les chemins à deux voies, et ils présenteront en outre les garages nécessaires pour la sécurité des ouvriers de la voie. La hauteur des parapets ne pourra être inférieure à un mètre (1m,00).

La hauteur et le débouché du viaduc seront déterminés, dans chaque cas particulier, par l'Administration, suivant les circonstances locales.

Dans tous les cas où l'Administration le jugera utile, il pourra être accolé aux ponts établis par le concessionnaire, pour le service du chemin de fer, une voie charretière ou une passerelle pour piétons. L'excédent de dépense qui en résultera sera supporté, suivant les cas, par l'État, le département ou les communes intéressées, d'après l'évaluation contradictoire qui sera faite par les ingénieurs ou les agents désignés par l'autorité compétente et par les ingénieurs de la compagnie.

ART. 16. — *Souterrains.* — Les souterrains à établir pour le passage du

---

(1) Ce minimum devra être augmenté suivant les besoins, notamment aux abords des grands centres de population et dans les pays où on peut prévoir l'emploi de machines agricoles.
(2) Même largeur qu'à l'article 11.

chemin de fer auront au moins   (1) de largeur entre les pieds-droits au niveau des rails, pour les chemins à une voie, et   (1) de largeur pour les lignes ou sections à deux voies. Cette largeur régnera jusqu'à deux mètres (2m,00) au moins au-dessus du niveau du rail. Des garages seront établis à cinquante mètres (50m) de distance de chaque côté, et seront disposés en quinconce d'un côté à l'autre. La hauteur sous clef au-dessus de la surface des rails sera de   (2). La distance verticale qui sera ménagée entre l'intrados et le dessus des rails, pour le passage des trains, dans une largeur égale à celle qui est occupée par les caisses de voitures, ne sera pas inférieure à   (3). L'ouverture des puits d'aérage et de construction des souterrains sera entourée d'une margelle en maçonnerie de deux mètres (2m,00) de hauteur. Cette ouverture ne pourra être établie sur aucune voie publique.

ART. 17. — *Maintien des communications.* — A la rencontre des cours d'eau flottables ou navigables, le concessionnaire sera tenu de prendre toutes les mesures et de payer tous les frais nécessaires pour que le service de la navigation ou du flottage n'éprouve ni interruption ni entrave pendant l'exécution des travaux.

A la rencontre des routes nationales ou départementales et des autres chemins publics, il sera construit des chemins et ponts provisoires, par les soins et aux frais du concessionnaire, partout où cela sera jugé nécessaire pour que la circulation n'éprouve aucune interruption ni gêne.

Avant que les communications existantes puissent être interceptées, une reconnaissance sera faite par les ingénieurs de la localité, à l'effet de constater si les ouvrages provisoires présentent une solidité suffisante et s'ils peuvent assurer le service de la circulation.

Un délai sera fixé par l'Administration pour l'exécution des travaux définitifs destinés à rétablir les communications interceptées.

ART. 18. — *Exécution des travaux.* — Le concessionnaire n'emploiera dans l'exécution des ouvrages que des matériaux de bonne qualité ; il sera tenu de se conformer à toutes les règles de l'art, de manière à obtenir une construction parfaitement solide.

Tous les aqueducs, ponceaux, ponts et viaducs à construire à la rencontre des divers cours d'eau et des chemins publics ou particuliers seront en maçonnerie ou en fer, sauf les cas d'exception qui pourront être admis par l'Administration.

ART. 19. — *Voies.* — Les voies seront établies d'une manière solide et avec des matériaux de bonne qualité.

Les rails seront en   et du poids de (4)   kilogrammes au moins par mètre courant sur les voies de circulation.

L'espacement maximum des traverses sera de   d'axe en axe. —

ART. 20. (Modifié par le décret du 13 février 1900). — *Clôtures.* — Le chemin de fer sera séparé des propriétés riveraines par des murs, haies ou

---

(1) Même largeur qu'à l'article 12.
(2) Cette hauteur sera égale à la hauteur maximum du gabarit du matériel roulant, augmentée d'un intervalle libre, nécessaire pour l'aérage, d'au moins un mètre vingt centimètres (1 m. 20) pour une ou pour deux voies.
(3) Même distance verticale qu'à l'article 12.
(4) En général, et à moins de circonstances exceptionnelles dont il devra être justifié, 30 kilogrammes en fer et 25 kilogrammes en acier sur les chemins à voie large ; le poids sera fixé dans chaque affaire pour les chemins à voie étroite.

toute autre clôture dont le mode et la disposition seront agréés par le Préfet. Le concessionnaire pourra, conformément à l'article 20 de la loi du 11 juin 1880, être dispensé de poser des clôtures sur tout ou partie de la voie, mais il devra fournir des justifications spéciales pour être dispensé d'en établir ;

1° Dans la traversée des lieux habités ;

2° Dans les parties contiguës à des chemins publics ;

3° Sur dix mètres de longueur au moins de chaque côté des passages à niveau ;

4° Aux abords des stations.

ART. 21. — *Indemnités de terrains et de dommages.* — Tous les terrains nécessaires pour l'établissement du chemin de fer et de ses dépendances, pour la déviation des voies de communication et des cours d'eau déplacés, et, en général, pour l'exécution des travaux, quels qu'ils soient, auxquels cet établissement pourra donner lieu, seront achetés et payés par le concessionnaire (1).

Les indemnités pour occupation temporaire ou pour détérioration de terrains, pour chômage, modification ou destruction d'usines, et pour tous dommages quelconques résultant des travaux, seront supportées et payées par le concessionnaire.

ART. 22. — *Droits conférés au concessionnaire.* — L'entreprise étant d'utilité publique, le concessionnaire est investi, pour l'exécution des travaux dépendant de sa concession, de tous les droits que les lois et règlements confèrent à l'Administration en matière de travaux publics, soit pour l'acquisition des terrains par voie d'expropriation, soit pour l'extraction, le transport et le dépôt des terres, matériaux, etc., et il demeure en même temps soumis à toutes les obligations qui dérivent, pour l'Administration, de ces lois et règlements.

ART. 23. — *Servitudes militaires.* — Dans les limites de la zone frontière et dans le rayon de servitude des enceintes fortifiées, le concessionnaire sera tenu, pour l'étude et l'exécution de ses projets, de se soumettre à l'accomplissement de toutes les formalités et de toutes les conditions exigées par les lois, décrets et règlements concernant les travaux mixtes.

ART. 24. — *Mines.* — Si la ligne du chemin de fer traverse un sol déjà concédé pour l'exploitation d'une mine, les travaux de consolidation à faire dans l'intérieur de la mine qui pourraient être imposés par le Ministre des travaux publics, ainsi que les dommages résultant de cette traversée pour les concessionnaires de la mine, seront à la charge du concessionnaire.

ART. 25. — *Carrières.* — Si le chemin de fer doit s'étendre sur des terrains renfermant des carrières ou les traverser souterrainement, il ne pourra être livré à la circulation avant que les excavations qui pourraient en compromettre la solidité aient été remblayées ou consolidées. Les travaux que le Ministre des travaux publics pourrait ordonner à cet effet seront exécutés par les soins et aux frais du concessionnaire.

ART. 26. — *Contrôle et surveillance des travaux.* — Les travaux seront soumis au contrôle et à la surveillance du Préfet, sous l'autorité du Ministre des travaux publics.

Ils seront conduits de manière à nuire le moins possible à la liberté et à la sûreté de la circulation. Les chantiers ouverts sur le sol des voies publiques seront éclairés et gardés pendant la nuit.

---

(1) Il y aura lieu de modifier ce paragraphe dans le cas où le département ou les communes auraient pris l'engagement de fournir les terrains.

Les travaux devront être adjugés par lots et sur série de prix, soit avec publicité et concurrence, soit sur soumissions cachetées entre entrepreneurs agréés à l'avance ; toutefois, si le conseil d'administration juge convenable, pour une entreprise ou une fourniture déterminée, de procéder par voie de régie ou de traité direct, il devra obtenir de l'assemblée générale des action-naires la sanction soit de la régie, soit du traité.

Tout marché à forfait, avec ou sans série de prix, passé avec un entrepre-neur, soit pour l'ensemble du chemin de fer, soit pour l'exécution des terras-sements ou ouvrages d'art, soit pour la construction d'une ou plusieurs sections du chemin, est, dans tous les cas, formellement interdit.

Le contrôle et la surveillance du Préfet auront pour objet d'empêcher le concessionnaire de s'écarter des dispositions prescrites par le présent cahier des charges et de celles qui résulteront des projets approuvés.

ART. 27. — *Réception des travaux.* — A mesure que les travaux seront terminés sur des parties de chemin de fer susceptibles d'être livrées utilement à la circulation, il sera procédé à la reconnaissance et, s'il y a lieu, à la réception provisoire de ces travaux par un ou plusieurs commissaires que le Préfet désignera.

Sur le vu du procès-verbal de cette reconnaissance, le Préfet autorisera, s'il y a lieu, la mise en exploitation des parties dont il s'agit ; après cette auto-risation, le concessionnaire pourra mettre lesdites parties en service et y per-cevoir les taxes ci-après déterminées. Toutefois ces réceptions partielles ne deviendront définitives que par la réception générale et définitive du chemin de fer, laquelle sera faite dans la même forme que les réceptions partielles.

ART. 28. — *Bornage et plan cadastral.* — Immédiatement après l'achè-vement des travaux et au plus tard six mois après la mise en exploitation de la ligne ou de chaque section, le concessionnaire fera faire à ses frais un bornage contradictoire avec chaque propriétaire riverain, en présence d'un représentant du département, ainsi qu'un plan cadastral du chemin de fer et de ses dépendances. Il fera dresser également à ses frais, et contradictoire-ment avec les agents désignés par le Préfet, un état descriptif de tous les ouvrages d'art qui auront été exécutés, ledit état accompagné d'un atlas con-tenant les dessins cotés de tous les ouvrages.

Une expédition dûment certifiée des procès-verbaux de bornage, du plan cadastral, de l'état descriptif et de l'atlas sera dressée aux frais du conces-sionnaire et déposée dans les archives de la préfecture.

Les terrains acquis par le concessionnaire postérieurement au bornage général, en vue de satisfaire aux besoins de l'exploitation, et qui, par cela même, deviendront partie intégrante du chemin de fer, donneront lieu, au fur et à mesure de leur acquisition, à des bornages supplémentaires, et seront ajoutés sur le plan cadastral ; addition sera également faite sur l'atlas de tous les ouvrages d'art exécutés postérieurement à sa rédaction.

TITRE II

Entretien et exploitation

ART. 29. — *Entretien.* — Le chemin de fer et toutes ses dépendances seront constamment entretenus en bon état, de manière que la circulation y soit toujours facile et sûre.

Les frais d'entretien et ceux auxquels donneront lieu les réparations ordinaires et extraordinaires seront entièrement à la charge du concessionnaire.

Si le chemin de fer, une fois achevé, n'est pas constamment entretenu en bon état, il y sera pourvu d'office à la diligence du Préfet et aux frais du concessionnaire, sans préjudice, s'il y a lieu, de l'application des dispositions indiquées ci-après dans l'article 39.

Le montant des avances faites sera recouvré au moyen de rôles que le Préfet rendra exécutoires.

ART. 30. — *Gardiens.* — Le concessionnaire sera tenu d'établir à ses frais, partout où la nécessité en aura été reconnue par le Préfet, des gardiens en nombre suffisant pour assurer la sécurité du passage des trains sur la voie et celle de la circulation sur les points où le chemin de fer traverse à niveau des routes ou chemins publics.

ART. 31. (Modifié par le décret du 13 février 1900). — *Matériel roulant.* — Le matériel roulant qui sera mis en circulation sur le chemin de fer concédé devra passer librement dans le gabarit, dont les dimensions sont définies par le deuxième paragraphe de l'article 7. Il devra satisfaire aux conditions fixées ou à fixer pour les transports militaires.

Les machines locomotives seront construites sur les meilleurs modèles ; elles devront consumer leur fumée et satisfaire d'ailleurs à toutes les conditions prescrites ou à prescrire par l'Administration pour la mise en service de ce genre de machines.

Les voitures de voyageurs devront également être faites d'après les meilleurs modèles et satisfaire à toutes les conditions fixées ou à fixer pour les voitures servant au transport des voyageurs sur les chemins de fer. Elles seront suspendues sur ressorts *et pourront être à deux étages* (1).

L'étage inférieur sera complètement couvert, garni de banquettes avec dossiers, fermé à glaces, muni de rideaux et éclairé pendant la nuit ; *l'étage supérieur* (1) *sera couvert et garni de banquettes avec dossiers ; on y accèdera au moyen d'escaliers qui seront accompagnés, ainsi que les couloirs donnant accès aux places, de gardes-corps solides, d'au moins 1 m. 10 de hauteur utile.*

Il y aura des places de... classes ; on se conformera, pour la disposition particulière des places de chaque classe, aux prescriptions qui seront arrêtées par le Préfet.

L'intérieur de chaque compartiment contiendra l'indication du nombre de places de ce compartiment.

Le Préfet pourra exiger qu'un compartiment de chaque classe soit réservé, dans les trains de voyageurs, aux femmes voyageant seules.

Les voitures à voyageurs seront chauffées pendant la saison froide, sauf exceptions autorisées par le Préfet, sur l'avis du service du contrôle.

Les voitures de voyageurs, les wagons destinés au transport des marchandises, des chaises de poste, des chevaux ou des bestiaux, les plates-formes, et, en général, toutes les parties du matériel roulant, seront de bonne et solide construction.

Le concessionnaire sera tenu, pour la mise en service de ce matériel, de se soumettre à tous les règlements sur la matière.

Le nombre des voitures à frein qui doivent entrer dans la composition des trains sera réglé par le Préfet en rapport avec les déclivités de la ligne.

(1) Supprimer les parties en *italique* si la largeur de la voie est inférieure à 1 mètre, les voitures à deux étages n'étant pas autorisées dans ce cas.

Les machines locomotives, tenders, voitures, wagons de toute espèce, plates-formes composant le matériel roulant, seront constamment tenus en bon état.

ART. 32. — *Nombre minimum des trains*. — Le nombre minimum des trains qui desserviront tous les jours la ligne entière dans chaque sens est fixé à

ART. 33. (Modifié par le décret du 13 février 1900). — *Règlements de police et d'exploitation*. — Le concessionnaire supportera les dépenses qu'entraînera l'exécution des ordonnances, décrets, décisions ministérielles et arrêtés préfectoraux rendus ou à rendre par application de la loi du 15 juillet 1845 et de celle du 11 juin 1880, au sujet de la police et de l'exploitation du chemin de fer.

Le concessionnaire sera tenu de soumettre à l'approbation du Préfet les règlements de service intérieur relatifs à l'exploitation du chemin de fer.

Le Préfet déterminera, sur la proposition du concessionnaire et sur l'avis du service du contrôle, le maximum de la vitesse des convois de voyageurs et de marchandises sur les différentes sections de la ligne, la durée du trajet, et le tableau de la marche des trains.

TITRE III

Durée, rachat et déchéance de la concession

ART. 34. — *Durée de la concession*. — La durée de la concession pour 1   ligne   mentionnée   à l'article 1ᵉʳ du présent cahier des charges commencera à courir de la date de la loi qui approuvera la concession. Celle-ci prendra fin le

ART. 35. — (Modifié par le décret du 13 février 1900). — *Expiration de la concession*. — A l'époque fixée pour l'expiration de la concession et par le seul fait de cette expiration, le département sera subrogé à tous les droits du concessionnaire sur le chemin de fer et ses dépendances et il entrera immédiatement en jouissance de tous ses produits.

Le concessionnaire sera tenu de lui remettre en bon état d'entretien le chemin de fer et tous les immeubles qui en dépendent, quelle qu'en soit l'origine, tels que les bâtiments des gares et stations, les remises, ateliers et dépôts, les usines et installations de toute nature établies en vue de la production et du transport de l'énergie électrique ou autre destinée à l'exploitation du chemin de fer, les maisons de garde, etc. Il en sera de même de tous les objets immobiliers dépendant également dudit chemin, tels que les barrières et clôtures, les voies, changements de voie, plaques tournantes, réservoirs d'eau, grues hydrauliques, machines fixes, etc.

Dans les cinq dernières années qui précéderont le terme de la concession, le département aura le droit de saisir les revenus du chemin de fer et de les employer à rétablir en bon état le chemin de fer et ses dépendances, si le concessionnaire ne se mettait pas en mesure de satisfaire pleinement et entièrement à cette obligation.

En ce qui concerne les objets mobiliers (1), tels que le matériel roulant,

_____

(1) Si le département veut se réserver la propriété des objets mobiliers tels que matériel roulant, mobilier et outillage, qui auront été payés, soit par lui, soit à l'aide de fonds dont il supporte ou garantit l'intérêt et l'amortissement, une clause spéciale devra être insérée à cet effet dans la convention.

le mobilier des stations, l'outillage des ateliers et des gares, le département se réserve le droit de les reprendre en totalité ou pour telle partie qu'il jugera convenable, à dire d'experts, mais sans pouvoir y être contraint. La valeur des objets repris sera payée au concessionnaire dans les six mois qui suivront l'expiration de la concession et la remise du matériel au département.

Le département sera tenu, si le concessionnaire le requiert, de reprendre les matériaux combustibles et approvisionnements de tout genre, sur l'estimation qui en sera faite à dire d'experts ; et réciproquement, si le département le requiert, le concessionnaire sera tenu de céder ces approvisionnements de la même manière. Toutefois le département ne pourra être obligé de reprendre que les approvisionnements nécessaires à l'exploitation du chemin pendant six mois.

Art. 36. — *Rachat de la concession.* — Le *département* aura toujours le droit de racheter la concession.

Si le rachat a lieu avant l'expiration des *quinze* premières années de l'exploitation, il se fera conformément au paragraphe 3 de l'article 11 de la loi du 11 juin 1880. Ce terme de *quinze* ans sera compté à partir de la mise en exploitation effective de la ligne entière, ou au plus tard à partir de la fin du délai qui est fixé dans l'article 2 du présent cahier des charges, sans tenir compte des retards qui auraient eu lieu dans l'achèvement des travaux.

Si le rachat de la concession entière est demandé par le *département* après l'expiration des *quinze* premières années de l'exploitation, on réglera le prix du rachat en relevant les produits nets annuels obtenus par le concessionnaire pendant les *sept* années qui auront précédé celle où le rachat sera effectué, et en y comprenant les annuités qui auront été payées à titre de subvention ; on en déduira les produits nets des deux plus faibles années, et l'on établira le produit net moyen des *cinq* autres années.

Ce produit net moyen formera le montant d'une annuité qui sera due et payée au concessionnaire pendant chacune des années restant à courir sur la durée de la concession.

Dans aucun cas, le montant de l'annuité ne sera inférieur au produit net de la dernière des *sept* années prises pour terme de comparaison.

Le concessionnaire recevra, en outre, dans les *six* mois qui suivront le rachat, les remboursements auxquels il aurait droit à l'expiration de la concession, suivant les deux derniers paragraphes de l'article 35, la reprise de la totalité des objets mobiliers étant ici obligatoire dans tous les cas pour le *département*.

Le concessionnaire ne pourra élever aucune réclamation dans le cas où, le chemin concédé ayant été déclaré d'intérêt général, l'Etat sera substitué au *département* dans tous les droits que ce dernier tient de la loi du 11 juin 1880 et du présent cahier des charges.

Si l'Etat rachète la concession passé le terme de *quinze* années qui est fixé dans le paragraphe premier du présent article, le rachat sera opéré suivant les dispositions qui précèdent. Dans le cas où, au contraire, l'Etat déciderait de racheter la concession avant l'expiration de ce terme, l'indemnité qui pourra être due au concessionnaire sera liquidée par une commission spéciale, conformément au paragraphe 3 de l'article 11 de la loi du 11 juin 1880.

Art. 37. — *Déchéance.* — Si le concessionnaire n'a pas remis au Préfet les projets définitifs ou s'il n'a pas commencé les travaux dans les délais fixés par les articles 2 et 3, il encourra la déchéance qui sera prononcée par le Ministre des travaux publics après une mise en demeure, sauf recours au Conseil d'Etat par la voie contentieuse.

Dans ces deux cas, la somme de   qui aura été déposée, ainsi qu'il sera dit à l'article 66, à titre de cautionnement, deviendra la propriété du *département* et lui restera acquise.

ART. 38. — *Achèvement des travaux en cas de déchéance.* — Faute par le concessionnaire d'avoir poursuivi et terminé les travaux dans les délais et conditions fixés par l'article 2, faute aussi par lui d'avoir rempli les diverses obligations qui lui sont imposées par le présent cahier des charges, et dans le cas prévu par l'article 10 de la loi du 11 juin 1880, il encourra soit la perte partielle de son cautionnement dans les conditions prévues par l'acte de concession, soit la perte totale de ce cautionnement, soit enfin la déchéance. Dans tous les cas, il sera statué sur la demande du *département* après mise en demeure, par le Ministre des travaux publics, sauf recours au Conseil d'État par la voie contentieuse. Dans les deux premiers cas, le cautionnement sera reconstitué dans le mois de la décision ministérielle.

Dans le cas de déchéance, il sera pourvu tant à la continuation et à l'achèvement des travaux qu'à l'exécution des autres engagements contractés par le concessionnaire, au moyen d'une adjudication que l'on ouvrira sur une mise à prix des ouvrages exécutés, des matériaux approvisionnés et des parties du chemin de fer déjà livrées à l'exploitation.

Nul ne sera admis à concourir à cette adjudication s'il n'a été préalablement agréé par le Préfet.

A cet effet, les personnes qui voudraient concourir seront tenues de déclarer, dans le délai qui sera fixé, leur intention, par écrit déposé à la préfecture et accompagné des pièces propres à justifier des ressources nécessaires pour remplir les engagements à contracter.

Ces pièces seront examinées par le Préfet en conseil de préfecture. Chaque soumissionnaire sera informé de la décision prise en ce qui le concerne, et, s'il y a lieu, du jour de l'adjudication.

Les personnes qui auront été admises à concourir devront faire, soit à la Caisse des dépôts et consignations, soit à la recette générale du département, le dépôt de garantie, qui devra être égal au moins au trentième de la dépense à faire par le concessionnaire.

L'adjudication aura lieu suivant les formes indiquées aux articles 11, 12, 13, 15 et 16 de l'ordonnance royale du 10 mai 1829.

Les soumissions ne pourront être inférieures à la mise à prix.

Le nouveau concessionnaire sera soumis aux clauses du présent cahier des charges, et substitué au concessionnaire évincé pour recevoir les subventions de toute nature à échoir aux termes de l'acte de concession ; le concessionnaire évincé recevra de lui le prix que la nouvelle adjudication aura fixé.

La partie du cautionnement qui n'aura pas encore été restituée deviendra la propriété du *département*.

Si l'adjudication ouverte n'amène aucun résultat, une seconde adjudication sera tentée sur les mêmes bases, après un délai de trois mois. Cette fois, les soumissions pourront être inférieures à la mise à prix. Si cette seconde tentative reste également sans résultats, le concessionnaire sera définitivement déchu de tous droits, et alors les ouvrages exécutés, les matériaux approvisionnés et les parties de chemins de fer déjà livrées à l'exploitation appartiendront au *département*.

ART. 39. — *Interruption de l'exploitation.* — Si l'exploitation du chemin de fer vient à être interrompue en totalité ou en partie, le Préfet prendra immédiatement, aux frais et risques du concessionnaire, les mesures nécessaires pour assurer provisoirement le service.

Si, dans les trois mois de l'organisation du service provisoire, le concessionnaire n'a pas valablement justifié qu'il est en état de reprendre et de continuer l'exploitation et s'il ne l'a pas effectivement reprise, la déchéance pourra être prononcée par le Ministre des travaux publics. Cette déchéance prononcée, le chemin de fer et toutes ses dépendances seront mis en adjudication, et il sera procédé ainsi qu'il est dit à l'article précédent.

Art. 40. — *Cas de force majeure.* — Les dispositions des trois articles qui précédent ne seraient pas applicables, et la déchéance ne serait pas encourue, dans le cas où le concessionnaire n'aurait pu remplir ses obligations par suite de circonstances de force majeure dûment constatées.

TITRE IV

Taxes et conditions relatives au transport des voyageurs et des marchandises.

Art. 41. — *Tarif des droits à percevoir.* — Pour indemniser le concessionnaire des travaux et dépenses qu'il s'engage à faire par le présent cahier des charges, et sous la condition expresse qu'il en remplira exactement toutes les obligations, il est autorisé à percevoir, pendant toute la durée de la concession, les droits de péage et les prix de transport ci-après déterminés.

	PRIX		
TARIF	de péage	de trans-port	Totaux
	(1)	(1)	(1)
1° PAR TÊTE ET PAR KILOMÈTRE			
Grande vitesse.			
Voyageurs. Voitures couvertes, garnies et fermées à glaces (1re classe).................	0f 067	0f 033	0f 40
Voitures couvertes, fermées à glaces, et à banquettes rembourrées (2e classe),	0 050	0 025	0 075
Voitures couvertes et fermées à vitres (3e classe)......................	0 037	0 018	0 055
Enfants. Au-dessous de 3 ans, les enfants ne payent rien, à la condition d'être portés sur les genoux des personnes qui les accompagnent. De 3 à 7 ans, ils payent demi-place et ont droit à une place distincte; toutefois, dans un même compartiment, deux enfants ne pourront occuper que la place d'un voyageur. Au-dessus de 7 ans ils payent place entière.			
Chiens transportés dans les trains de voyageurs....	0 04	0 005	0 015
Sans que la perception puisse être inférieure à 0 fr. 30.			

(1) Chiffres à fixer pour chaque concession ; les chiffres inscrits ci-dessus sont présentés à titre de renseignement utile à consulter, mais ils pourront être modifiés selon les circonstances locales, ainsi que les autres dispositions ci-après.

	PRIX		
	de péage	de trans- port	Totaux
Petite vitesse.			
Bœufs, vaches, taureaux, chevaux, mulets, bêtes de trait....................................	0ʳ07	0ʳ03	0ʳ10
Veaux et porcs................................	0 025	0 015	0 04
Moutons, brebis, agneaux, chèvres.............	0 01	0 01	0 02
Lorsque les animaux ci-dessus dénommés seront, sur la demande des expéditeurs, transportés à la vitesse des trains de voyageurs, les prix seront doublés			
—o—			
2° PAR TONNE ET PAR KILOMÈTRE			
Marchandises transportées à grande vitesse. Huîtres.— Poissons frais.— Denrées.— Excédents de bagages et marchandises de toute classe transpor- tées à la vitesse des trains de voyageurs.........	0 20	0 16	0 36
Marchandises transportées à petite vitesse.			
1re classe { Spiritueux. — Huiles. — Bois de menuiserie, de teinture et autres bois exotiques. — Pro- duits chimiques non dénommés. — Œufs. — Viande fraîche. — Gibier. — Sucre. — Café. — Drogues. — Épiceries. — Tissus. — Den- rées coloniales. — Objets manufacturés. — Armes.......................................	0 09	0 07	0 16
2e classe { Blés.— Grains.— Farines.— Légumes farineux. — Riz, maïs, châtaignes et autres denrées ali- mentaires non dénommées.— Chaux et plâtres. — Charbons de bois. — Bois à brûler dit *de corde.* — Perches. — Chevrons. — Planches. — Madriers. — Bois de charpente. — Marbre en bloc. — Albâtre. — Bitume. — Cotons. — Laines. — Vins. — Vinaigres. — Boissons. — Bières. — Levure sèche. — Coke. — Fers. — Cuivres. — Plomb et autres métaux ouvrés ou non. — Fontes moulées.....................	0 08	0 06	0 14
3e classe { Pierres de taille et produits de carrières. — Mi- nerais autres que les minerais de fer. — Fonte brute. — Sel. —Moellons. — Meulières. — Argiles. — Briques. — Ardoises............	0 06	0 04	0 10
4e classe { Houille. — Marne. — Cendres. — Fumiers. — Engrais —Pierres à chaux et à plâtre. — Pavés et matériaux pour la construction et la réparation des routes. — Minerais de fer. — Cailloux et sables..........................	0 05	0 03	0 08
Tarif spécial par wagon complet Marchandises des 1re, 2e, 3e et 4e classes.........	0 04	0 02	0 06
Les foins, fourrages, pailles et toutes marchandises ne pesant pas six cents kilogrammes sous le volume d'un mètre cube, *cinquante centimes* (0 fr. 50) par wagon et par kilomètre.			

	PRIX		
	de péage	de transport	Totaux
3° VOITURES ET MATÉRIEL ROULANT TRANSPORTÉS A PETITE VITESSE			
Par pièce et par kilomètre			
Wagon ou chariot pouvant porter de 3 à 6 tonnes..	0f 09	0f 06	0f 15
» » pouvant porter plus de 6 tonnes.	0 12	0 08	0 20
Locomotive pesant de 12 à 18 tonnes (ne traînant pas de convoi)	1 80	1 20	3 00
Locomotive pesant plus de 18 tonnes (ne traînant pas de convoi)..............................	2 25	1 50	3 75
Tender de 7 à 10 tonnes.......................	0 90	0 60	1 50
Tender de plus de 10 tonnes	1 35	0 90	2 25
Les machines locomotives seront considérées comme ne traînant pas de convoi, lorsque le convoi remorqué, soit de voyageurs, soit de marchandises, ne comportera pas un péage au moins égal à celui qui serait perçu sur la locomotive avec son tender marchant sans rien traîner.			
Le prix à payer pour un wagon chargé ne pourra jamais être inférieur à celui qui serait dû pour un wagon marchant à vide.			
Voitures à 2 ou 4 roues, à un fond et à une seule banquette à l'intérieur........................	0 15	0 10	0 25
Voitures à 4 roues, à deux fonds et à deux banquettes dans l'intérieur, omnibus, diligences, etc.....	0 18	0 14	0 32
Lorsque, sur la demande des expéditeurs, les transports auront lieu à la vitesse des trains de voyageurs, les prix ci-dessus seront doublés. Dans ce cas, deux personnes pourront, sans supplément de prix, voyager dans les voitures à une banquette, et trois dans les voitures à deux banquettes, omnibus, diligences, etc.; les voyageurs excédant ce nombre payeront le prix des places de deuxième classe.			
Voitures de déménagement à 2 ou à 4 roues à vide..	0 12	0 08	0 20
Ces voitures, lorsqu'elles seront chargées, payeront en sus du prix ci-dessus, par tonne de chargement et par kilomètre...	0 08	0 06	0 14
—o—			
4° SERVICE DES POMPES FUNÈBRES ET TRANSPORT DES CERCUEILS			
Grande vitesse.			
Une voiture des pompes funèbres renfermant un ou plusieurs cercueils sera transportée aux mêmes prix et conditions qu'une voiture à 4 roues, à deux fonds et à deux banquettes..	0 36	0 28	0 64
Chaque cercueil confié à l'administration du chemin de fer sera transporté, pour les trains ordinaires, dans un compartiment isolé, au prix de.........	0 18	0 12	0 30
Et pour les trains express, dans une voiture spéciale, au prix de	0 60	0 40	1 00

Les prix déterminés ci-dessus ne comprennent pas l'impôt dû à l'État.

Il est expressément entendu que les prix de transport ne seront dus au concessionnaire qu'autant qu'il effectuerait lui-même ces transport à ses frais et par ses propres moyens ; dans le cas contraire, il n'aura droit qu'aux prix fixés pour le péage.

La perception aura lieu d'après le nombre de kilomètres parcourus. Tout kilomètre entamé sera payé comme s'il avait été parcouru en entier.

Si la distance parcourue est inférieure à *six* kilomètres, elle sera comptée pour *six* kilomètres.

Le tableau des distances entre les diverses stations sera arrêté par le Préfet d'après le procès-verbal de chaînage dressé contradictoirement par le concessionnaire et les ingénieurs du contrôle. Ce chaînage sera fait sur la voie la plus courte, d'axe en axe des bâtiments des voyageurs des stations extrêmes. Les tarifs proposés d'après cette base seront soumis à l'homologation du Préfet ou du Ministre des travaux publics, suivant les distinctions résultant de l'article 5 de la loi du 11 juin 1880.

Le poids de la tonne est de 1.000 kilogrammes.

Les fractions de poids ne seront comptées, tant pour la grande que pour la petite vitesse, que par centième de tonne ou par 10 kilogrammes.

Ainsi, tout poids compris entre 0 et 10 kilogrammes payera comme 10 kilogrammes, entre 10 et 20 kilogrammes, comme 20 kilogrammes, etc.

Toutefois, pour les excédents de bagages et de marchandises à grande vitesse, les coupures seront établies : 1° de 0 à 5 kilogrammes ; 2° au-dessus de 5 jusqu'à 10 kilogrammes ; 3° au-dessus de 10 kilogrammes, par fraction indivisible de 10 kilogrammes.

Quelle que soit la distance parcourue, le prix d'une expédition quelconque, soit en grande, soit en petite vitesse ne pourra être inférieur à *40 centimes*.

ART. 42. — *Composition des trains.* — A moins d'une autorisation spéciale et révocable du Préfet, tout train régulier de voyageurs devra contenir des voitures ou compartiments de toutes classes en nombre suffisant pour toutes les personnes qui se présenteraient dans les bureaux du chemin de fer.

ART. 43. — *Bagages.* — Tout voyageur dont le bagage ne pèsera pas plus de 30 kilogrammes n'aura à payer, pour le port de bagage, aucun supplément du prix de sa place.

Cette franchise ne s'appliquera pas aux enfants transportés gratuitement, et sera réduite à 20 kilogrammes pour les enfants transportés à moitié prix.

ART. 44. — *Assimilation des classes de marchandises.* — Les animaux, denrées, marchandises, effets et autres objets non désignés dans le tarif seront rangés, pour les droits à percevoir, dans les classes avec lesquelles ils auront le plus d'analogie, sans que jamais, sauf les exceptions formulées aux articles 45 et 46 ci-après, aucune marchandise non dénommée puisse être soumise à une taxe supérieure à celle de la première classe du tarif ci-dessus.

Les assimilations de classes pourront être provisoirement réglées par le concessionnaire ; elles seront immédiatement affichées et soumises à l'Administration, qui prononcera définitivement.

ART. 45. — *Transport de masses indivisibles.* — Les droits de péage et les prix de transport déterminés au tarif ne sont point applicables à toute masse indivisible pesant plus de *trois mille kilogrammes* (3.000k).

Néanmoins le concessionnaire ne pourra se refuser à transporter les masses indivisibles pesant de *trois mille à cinq mille kilogrammes* ; mais les droits de péage et les prix de transport seront augmentés de moitié.

Le concessionnaire ne pourra être contraint à transporter les masses indivisibles pesant plus de *cinq mille kilogrammes* (5.000^k).

Si, nonobstant la disposition qui précède, le concessionnaire transporte des masses indivisibles pesant plus de *cinq mille kilogrammes*, il devra, pendant trois mois au moins, accorder les mêmes facilités à tous ceux qui en feraient la demande.

Dans ce cas, les prix de transport seront fixés par l'Administration, sur la proposition du concessionnaire.

ART. 46. — *Exceptions envoi par groupe.* — Les prix de transport déterminés au tarif ne sont point applicables :

1° Aux denrées et objets qui ne sont pas nommément énoncés dans le tarif et qui ne pèseraient pas deux cents kilogrammes sous le volume d'un mètre cube ;

2° Aux matières inflammables ou explosibles, aux animaux et objets dangereux pour lesquels les règlements de police prescriraient des précautions spéciales ;

3° Aux animaux dont la valeur déclarée excéderait 5.000 francs ;

4° A l'or et à l'argent soit en lingots, soit monnayés ou travaillés, au plaqué d'or ou d'argent, au mercure et au platine, ainsi qu'aux bijoux, dentelles, pierres précieuses, objets d'art et autres valeurs ;

5° Et, en général, à tous paquets, colis ou excédents de bagages pesant isolément quarante kilogrammes et au-dessous.

Toutefois les prix de transport déterminés au tarif sont applicables à tous paquets ou colis, quoique emballés à part, s'ils font partie d'envois pesant ensemble plus de quarante kilogrammes d'objets envoyés par une même personne à une même personne. Il en sera de même pour les excédents de bagages qui pèseraient ensemble ou isolément plus de quarante kilogrammes.

Le bénéfice de la disposition énoncée dans le paragraphe précédent, en ce qui concerne les paquets ou colis, ne peut être invoqué par les entrepreneurs de messageries et de roulage et autres intermédiaires de transport, à moins que les articles par eux envoyés ne soient réunis en un seul colis.

Dans les cinq cas ci-dessus spécifiés, les prix de transport seront arrêtés annuellement par le Préfet, tant pour la grande que pour la petite vitesse, sur la proposition du concessionnaire.

En ce qui concerne les paquets ou colis mentionnés au paragraphe 5 ci-dessus, les prix de transport devront être calculés de telle manière qu'en aucun cas un de ces paquets ou colis ne puisse payer un prix plus élevé qu'un article de même nature pesant plus de 40 kilogrammes.

ART. 47. — *Abaissement des tarifs.* — Dans le cas où le concessionnaire jugerait convenable, soit pour le parcours total, soit pour les parcours partiels de la voie de fer, d'abaisser, avec ou sans conditions, au-dessous des limites déterminées par le tarif, les taxes qu'il est autorisé à percevoir, les taxes abaissées ne pourront être relevées qu'après un délai de trois mois au moins pour les voyageurs et d'un an pour les marchandises.

Toute modification de tarif proposée par le concessionnaire sera annoncée un mois d'avance par des affiches.

La perception des tarifs modifiés ne pourra avoir lieu qu'avec l'homologation du Préfet ou du Ministre des travaux publics suivant les distinctions établies par l'article 5 de la loi du 11 juin 1880 et conformément aux dispositions de l'ordonnance du 15 novembre 1846.

La perception des taxes devra se faire indistinctement et sans aucune faveur.

Tout traité particulier qui aurait pour effet d'accorder à un ou plusieurs expéditeurs une réduction sur les tarifs approuvés demeure formellement interdit.

Toutefois cette disposition n'est pas applicable aux traités qui pourraient intervenir entre le Gouvernement et le concessionnaire dans l'intérêt des services publics, ni aux réductions ou remises qui seraient accordées par le concessionnaire aux indigents.

En cas d'abaissement des tarifs, la réduction portera proportionnellement sur le péage et le transport.

ART. 48. — *Délais d'expédition*. — Le concessionnaire sera tenu d'effectuer constamment avec soin, exactitude et célérité, et sans tour de faveur, le transport des voyageurs, bestiaux, denrées, marchandises et objets quelconques qui lui seront confiés.

Les colis, bestiaux et objets quelconques seront inscrits à la gare d'où ils partent et à la gare où ils arrivent, sur des registres spéciaux, au fur et à mesure de leur réception ; mention sera faite, sur le registre de la gare de départ, du prix total dû pour le transport.

Pour les marchandises ayant une même destination, les expéditions auront lieu suivant l'ordre de leur inscription à la gare de départ.

Toute expédition de marchandises sera constatée, si l'expéditeur le demande, par une lettre de voiture, dont un exemplaire restera aux mains du concessionnaire et l'autre aux mains de l'expéditeur. Dans le cas où l'expéditeur ne demanderait pas de lettre de voiture, le concessionnaire sera tenu de lui délivrer un récépissé qui énoncera la nature et le poids du colis, le prix total du transport et le délai dans lequel ce transport devra être effectué.

ART. 49. — *Délais de livraison*. — Les animaux, denrées, marchandises et objets quelconques sont expédiés et livrés de gare en gare, dans les délais résultant des conditions ci-après exprimées :

1° Les animaux, denrées, marchandises et objets quelconques, à grande vitesse, seront expédiés par le premier train de voyageurs comprenant des voitures de toutes classes et correspondant avec leur destination, pourvu qu'ils aient été présentés à l'enregistrement trois heures avant le départ de ce train.

Ils seront mis à la disposition des destinataires, à la gare, dans le délai de deux heures après l'arrivée du même train.

2° Les animaux, denrées, marchandises et objets quelconques, à petite vitesse, seront expédiés dans le jour qui suivra celui de la remise.

Le maximum de durée du trajet sera fixé par le Préfet, sur la proposition du concessionnaire.

Les colis seront mis à la disposition des destinataires dans le jour qui suivra celui de leur arrivée en gare.

Le délai total résultant des trois paragraphes ci-dessus sera seul obligatoire pour la compagnie.

Il pourra être établi un tarif réduit, approuvé par le *Préfet*, pour tout expéditeur qui acceptera les délais plus longs que ceux déterminés ci-dessus pour la petite vitesse.

Pour le transport des marchandises, il pourra être établi sur la proposition du concessionnaire, un délai moyen entre ceux de la grande et de la petite vitesse. Le prix correspondant à ce délai sera un prix intermédiaire entre ceux de la grande et de la petite vitesse.

Le Préfet déterminera, par des règlements spéciaux, les heures d'ouverture et de fermeture des gares et stations, tant en hiver qu'en été, ainsi que les dispositions relatives aux denrées apportées par les trains de nuit et destinées à l'approvisionnement des marchés des villes.

Lorsque la marchandise devra passer d'une ligne sur une autre sans solution de continuité, les délais de livraison et d'expédition au point de jonction seront fixés par le Préfet, sur la proposition du concessionnaire.

ART. 50. — *Frais accessoires*. — Les frais accessoires non mentionnés dans les tarifs, tels que ceux d'enregistrement, de chargement, de déchargement et de magasinage dans les gares et magasins du chemin de fer, seront fixés annuellement par le Préfet, sur la proposition du concessionnaire. Il en sera de même des frais de transbordement qui seront faits dans les gares de raccordement de la ligne concédée avec une ligne présentant une largeur de voie différente.

ART. 51. — *Camionnage*. — Le concessionnaire sera tenu de faire, soit par lui-même, soit par un intermédiaire dont il répondra, le factage et le camionnage pour la remise au domicile des destinataires de toutes les marchandises qui lui sont confiées.

Le factage et le camionnage ne seront point obligatoires en dehors du rayon de l'octroi, non plus que pour les gares qui desserviraient, soit une population agglomérée de moins de cinq mille habitants, soit un centre de population de cinq mille habitants situé à plus de cinq kilomètres de la gare du chemin de fer.

Les tarifs à percevoir seront fixés par le Préfet, sur la proposition du concessionnaire. Ils seront applicables à tout le monde sans distinction.

Toutefois les expéditeurs et destinataires resteront libres de faire eux-mêmes et à leurs frais le factage et le camionnage des marchandises.

ART. 52. — *Traités particuliers* — A moins d'une autorisation spéciale du Préfet, il est interdit au concessionnaire, conformément à l'article 16 de la loi du 15 juillet 1845, de faire directement ou indirectement avec des entreprises de transport de voyageurs ou de marchandises par terre ou par eau, sous quelque dénomination ou forme que ce puisse être, des arrangements qui ne seraient pas consentis en faveur de toutes les entreprises desservant les mêmes voies de communication.

Le Préfet, agissant en vertu de l'article 50 de l'ordonnance du 15 novembre 1846, prescrira les mesures à prendre pour assurer la plus complète égalité entre les diverses entreprises de transport dans leurs rapports avec le chemin de fer.

TITRE V

Stipulations relatives à divers services publics.

ART. 53. — *Fonctionnaires ou agents du contrôle et de la surveillance*. — Les fonctionnaires ou agents chargés de l'inspection du contrôle et de la surveillance du chemin de fer seront transportés gratuitement dans les voitures de voyageurs.

La même faculté sera accordée aux agents des contributions indirectes et des douanes chargés de la surveillance du chemin de fer dans l'intérêt de la perception de l'impôt.

ART. 54. — *Militaires et marins*. — Dans le cas où le Gouvernement aurait besoin de diriger des troupes et un matériel militaire ou naval sur l'un des points desservis par le chemins de fer, le concessionnaire sera tenu de mettre immédiatement à sa disposition tous ses moyens de transport.

Le prix du transport qui sera opéré dans ces conditions, ainsi que le prix du transport des militaires ou marins voyageant soit en corps soit isolément pour cause de service, envoyés en congé limité ou en permission ou rentrant dans leurs foyers après libération, sera payé conformément aux tarifs homologués.

Dans le cas où l'Etat s'engagerait à fournir une subvention par annuités au concessionnaire, le prix de ces transports sera fixé à la moitié des mêmes tarifs.

ART. 55. — *Transport des prisonniers*. — Le concessionnaire sera tenu, à toute réquisition, de mettre à la disposition de l'Administration un ou plusieurs compartiments de deuxième classe à deux banquettes, ou un espace équivalent, pour le transport des prévenus, accusés ou condamnés, et de leurs gardiens.

Il en sera de même pour le transport des jeunes délinquants recueillis par l'Administration pour être transférés dans des établissements d'éducation.

L'Administration pourra, en outre, requérir l'introduction, dans les convois ordinaires, de voitures cellulaires lui appartenant, à condition que les dimensions et le poids par essieu de ces voitures ne dépassent par les dimensions et le poids à pleine charge du modèle le plus grand et le plus lourd qui sera affecté au service régulier du chemin de fer.

Le prix de ces transports sera réglé dans les conditions indiquées à l'article précédent.

ART. 56. — *Service des postes et télégraphes*. — Le concessionnaire sera tenu de réserver, dans chacun des trains circulant aux heures ordinaires de l'exploitation, un compartiment spécial de la deuxième classe, ou un espace équivalent, pour recevoir les lettres, les dépêches, ainsi que les agents du service des postes. L'espace réservé devra être fermé, éclairé et situé à l'étage inférieur des voitures.

L'Administration des Postes aura le droit de fixer à une voiture déterminée de chaque convoi une boîte aux lettres dont elle fera opérer la pose et la levée par ses agents.

Elle pourra installer à ses frais, risques et périls et sous sa responsabilité, des appareils spéciaux pour l'échange des dépêches, sans arrêt des trains.

L'Administration des Postes pourra, aussi : 1° requérir un second compartiment dans les conditions indiquées au paragraphe premier : 2° requérir l'introduction de voitures spéciales lui appartenant dans les convois ordinaires du chemin de fer, à condition que les dimensions et le poids par essieu de ces voitures ne dépassent pas les dimensions et le poids à pleine charge du modèle le plus grand et le plus lourd qui sera affecté au service régulier du chemin de fer.

Les prix des transports qui pourront être requis dans les conditions ci-dessus seront payés par l'Administration des Postes conformément aux tarifs homologués, sauf dans le cas où l'État se serait engagé à fournir au concessionnaire une subvention par annuités. Dans ce cas, la mise à la disposition du service des postes d'un compartiment, en conformité du paragraphe premier du présent article, sera effectuée gratuitement. Le prix de tous autres transports faits par le concessionnaire sur la réquisition de l'Administration des Postes est, dès à présent, fixé à la moitié des tarifs homologués.

Les agents des postes et des télégraphes en service ne seront également assujettis qu'à la moitié de la taxe dans le cas où la ligne serait subventionnée par le Trésor.

Dans le même cas, les matériaux nécessaires à l'établissement ou à l'entretien des lignes télégraphiques seront transportés à moitié prix des tarifs homologués.

L'Administration des Postes pourra enfin exiger, le concessionnaire et le département entendus, et après s'être mise d'accord avec le Ministre des Travaux publics, qu'un train spécial dans chaque sens soit ajouté au service ordinaire. Dans ce cas, que le chemin de fer soit subventionné ou non, le montant intégral des dépenses supplémentaires de toute nature que ce service spécial aura imposées au concessionnaire, déduction faite des produits qu'il aura pu en retirer, lui sera payé par l'Administration des Postes suivant le règlement qui en sera fait de gré à gré ou par deux arbitres. En cas de désaccord des arbitres, un tiers arbitre sera désigné par le Conseil de préfecture.

Les employés chargés de la surveillance du service des postes, les agents préposés à l'échange ou à l'entrepôt des dépêches et à la levée des boîtes, auront accès dans les gares ou stations pour l'exécution de leur service, en se conformant aux règlements de police intérieure du chemin de fer.

Si le service des postes exige des bureaux d'entrepôt de dépêches dans les gares et stations, le concessionnaire sera tenu de lui fournir l'emplacement nécessaire ; cet emplacement sera déterminé sous l'approbation du Ministre des travaux publics. L'Administration des Postes en payera le loyer dans le cas où le chemin de fer ne serait pas subventionné par l'État.

Lorsque le concessionnaire voudra changer les heures de départ des convois ordinaires, il sera tenu, dans tous les cas, d'avertir l'Administration des Postes quinze jours à l'avance.

ART. 57. — (Modifié par le décret du 13 février 1900). — *Lignes télégraphiques et téléphoniques.* — Le concessionnaire sera tenu d'établir à ses frais, s'il en est requis par le Ministre des Travaux publics, les lignes et appareils télégraphiques ou téléphoniques destinés à transmettre les signaux nécessaires pour la sûreté et la régularité de son exploitation. Il devra toutefois, avant l'établissement des lignes se pourvoir de l'autorisation du Ministre des Postes et des Télégraphes.

Il pourra, avec l'autorisation du Ministre des Postes et des Télégraphes, se servir des poteaux de la ligne télégraphique ou téléphonique de l'État, sur les points où une ligne semblable existe le long de la voie ; il ne pourra s'opposer à ce que l'État se serve des poteaux qu'il aura établis, afin d'y accrocher ses propres fils.

Le concessionnaire est tenu de se soumettre à tous les règlements d'administration publique concernant l'établissement et l'emploi des appareils télégraphiques ou téléphoniques, ainsi que l'organisation à ses frais du contrôle de ce service par les agents de l'État.

Les agents des postes et des télégraphes voyageant pour le contrôle du service de la ligne électrique du chemin de fer ou du service postal exécuté sur cette ligne auront le droit de circuler gratuitement dans les voitures du concessionnaire, sur le vu de cartes personnelles qui leur seront délivrées.

Dans le cas où l'État s'engagerait à fournir au concessionnaire une subvention par annuités, la même gratuité s'appliquerait aux agents voyageant pour la construction ou l'entretien des lignes télégraphiques ou téléphoniques établies le long de la voie ferrée.

Le Gouvernement aura la faculté de faire le long des voies toutes les constructions, de poser tous les appareils nécessaires à l'établissement d'une ou de plusieurs lignes télégraphiques ou téléphoniques, sans nuire au service du chemin de fer. Il pourra aussi déposer sur les terrains dépendant du chemin de fer le matériel nécessaire à ces lignes ; mais il devra le retirer dans le cas où il serait reconnu par le préfet que le concessionnaire a besoin de ces terrains pour le service du chemin de fer.

Sur la demande du Ministre des Postes et des Télégraphes, il sera réservé, dans les gares des villes et des localités qui seront désignées ultérieurement, le terrain nécessaire à l'établissement des maisonnettes destinées à recevoir le bureau télégraphique ou téléphonique et son matériel.

Le concessionnaire sera tenu de faire garder par ses agents ordinaires les fils des lignes télégraphiques ou téléphoniques, de donner aux employés des télégraphes connaissance de tous les accidents qui pourraient survenir et de leur en faire connaître les causes.

En cas de rupture des fils télégraphiques ou téléphoniques, les employés du concessionnaire auront à raccrocher provisoirement les bouts séparés, d'après les instructions qui leur seront données à cet effet.

En cas de rupture des fils télégraphiques ou téléphoniques ou d'accidents graves, une locomotive sera mise immédiatement à la disposition de l'inspecteur-ingénieur de la ligne télégraphique, pour le transporter sur le lieu de l'accident avec les hommes et les matériaux nécessaires à la réparation. Ce transport devra être effectué dans des conditions telles qu'il ne puisse entraver en rien la circulation publique.

Il sera alloué au concessionnaire une indemnité de 50 centimes par kilomètre parcouru par la machine, quand le dommage ne proviendra pas du fait du concessionnaire ou de ses agents.

Dans le cas où des déplacements de fils, appareils ou poteaux deviendraient nécessaires par suite de travaux exécutés sur le chemin, ces déplacements auraient lieu, aux frais du concessionnaire, par les soins de l'administration des lignes télégraphiques.

Le concessionnaire ne pourra se refuser à recevoir et à transmettre les télégrammes officiels par ses fils et appareils, et dans les conditions qui seront déterminées par le Ministre des Postes et des Télégraphes.

Dans le cas où le ministre des Postes et des Télégraphes jugera utile d'ouvrir au service privé certaines gares de la ligne, il devra s'entendre avec le concessionnaire pour régler les conditions et le prix de ce service.

Les fonctionnaires, agents et ouvriers commissionés, chargés de la construction, de la surveillance et de l'entretien des lignes télégraphiques ou téléphoniques, ont accès dans les gares et stations et sur la voie ferrée et ses dépendances pour l'exécution de leur service, en se conformant aux règlements de police intérieure.

TITRE VI

Clauses diverses

Art. 58. — *Construction de nouvelles voies de communication.* — Dans le cas où le gouvernement, le département ou les communes ordonneraient ou autoriseraient la construction de routes nationales, départementales ou vicinales, de chemins de fer ou de canaux qui traverseraient la ligne objet de la présente concession, le concessionnaire ne pourra s'opposer à ces travaux, mais toutes les dispositions nécessaires seront prises pour qu'il n'en résulte aucun obstacle à la construction ou au service du chemin de fer, ni aucuns frais pour le concessionnaire.

ART. 59. — *Concessions ultérieures de nouvelles lignes.* — Toute exé-cution ou autorisation ultérieure de route, de canal, de chemins de fer, de travaux de navigation dans la contrée où est situé le chemin de fer objet de la présente concession, ou dans toute autre contrée voisine ou éloignée, ne pourra donner ouverture à aucune demande d'indemnité de la part du conces-sionnaire.

ART. 60. (Modifié par décret du 13 février 1900). — *Concessions de che-mins de fer d'embranchement et de prolongement.* — Le Gouverne-ment, le département et les communes auront le droit de concéder de nou-veaux chemins de fer s'embranchant sur le chemin qui fait l'objet de présent cahier des charges, ou qui seraient établis en prolongement du même chemin.

Le concessionnaire ne pourra mettre aucun obstacle à ces embranchements, ni réclamer, à l'occasion de leur établissement, une indemnité quelconque, pourvu qu'il n'en résulte aucun obstacle à la circulation, ni aucun frais par-ticulier pour le concessionnaire.

Les concessionnaires de chemins de fer d'embranchement ou de prolonge-ment auront la faculté, moyennant les tarifs ci-dessus déterminés et l'observa-tion du paragraphe 1er de l'article 31, ainsi que des règlements de police et de service établis ou à établir, de faire circuler leurs voitures, wagons et machines sur le chemin objet de la présente concession pour lequel cette faculté sera réciproque à l'égard desdits embranchements et prolongements.

Dans ce cas, lesdits concessionnaires ne payeront le prix du péage que pour le nombre de kilomètres réellement parcourus, un kilomètre entamé étant d'ailleurs considéré comme parcouru.

Dans le cas où les divers concessionnaires ne pourraient s'entendre sur l'exercice de cette faculté, le Ministre des travaux publics statuerait sur les difficultés qui s'élèveraient entre eux à cet égard.

Le concessionnaire ne pourra toutefois être tenu à admettre sur ses rails un matériel dont le poids serait hors de proportion avec les éléments consti-tutifs de ses voies.

Dans le cas où un concessionnaire d'embranchement ou de prolongement joignant la ligne qui fait l'objet de la présente concession n'userait pas de la faculté de circuler sur cette ligne, comme aussi dans le cas où le concession-naire de cette dernière ligne ne voudrait pas circuler sur les prolongements et embranchements, les concessionnaires seraient tenus de s'arranger entre eux de manière que le service de transport ne soit jamais interrompu aux points de jonction des diverses lignes.

Celui des concessionnaires qui se servira d'un matériel qui ne serait pas sa propriété payera une indemnité en rapport avec l'usage et la détérioration de ce matériel. Dans le cas où les concessionnaires ne se mettraient pas d'accord sur la quotité de l'indemnité ou sur les moyens d'assurer la conti-nuation du service de toutes les lignes, l'Administration y pourvoirait d'office et prescrirait toutes les mesures nécessaires.

Gares communes. — Le concessionnaire sera tenu, si l'autorité compétente le juge convenable, de partager l'usage des stations établies à l'origine des

chemins de fer d'embranchement avec les compagnies qui deviendraient ultérieurement concessionnaires desdits chemins.

Il sera fait un partage équitable des frais communs résultant de l'usage
desdites gares, et les redevances à payer par les compagnies nouvelles seront,
en cas de dissentiment, réglées par voie d'arbitrage,

En cas de désaccord sur le principe ou l'exercice de l'usage commun des
gares, il sera statué, le concessionnaire entendu, savoir :

Par le Préfet, si les deux chemins sont d'intérêt local et situés dans le même
département ;

Par le Ministre, si les deux lignes ne sont pas situées dans le même département. ou si l'un des deux chemins est d'intérêt général.

Le concessionnaire se conformera aux mesures qui pourront lui être prescrites par l'Administration en vue d'établir des moyens de transbordement
commodes pour les marchandises dans toutes les gares de raccordement
avec une autre voie ferrée et en vue d'éviter, autant que possible, un parcours trop longs aux voyageurs et aux marchandises devant passer d'une voie
à l'autre.

Art. 61. — (Modifié par le décret du 31 juillet 1898). — *Embranchements
industriels.* — Le concessionnaire sera tenu de s'entendre avec tout propriétaire de carrières, de mines ou d'usines, avec tout propriétaire ou concessionnaire de magasins généraux et avec tout concessionnaire de l'outillage
des ports maritimes ou de navigation intérieure qui, offrant de se soumettre
aux conditions prescrites ci-après, demanderaient un embranchement ; à
défaut d'accord, le Préfet statuera sur la demande, le concessionnaire entendu.

Les embranchements seront construits aux frais des propriétaires de carrières, de mines et d'usines, des propriétaires ou concessionnaires de magasins généraux ou des concessionnaires de l'outillage des ports maritimes ou de
navigation intérieure, et de manière qu'il ne résulte de leur établissement
aucune entrave à la circulation générale, aucune cause d'avarie pour le matériel, ni aucuns frais particuliers pour la Compagnie.

Leur entretien devra être fait avec soin et aux frais de leurs propriétaires
et sous le contrôle du Préfet. Le concessionnaire aura le droit de faire surveiller par ses agents cet entretien, ainsi que l'emploi de son matériel sur
les embranchements.

Le Préfet pourra à toutes époques, prescrire les modifications qui seraient
jugées utiles dans la soudure, le tracé ou l'établissement de la voie desdits
embranchements, et les changements seront opérés aux frais des propriétaires.

Le Préfet pourra même, après avoir entendu les propriétaires, ordonner
l'enlèvement temporaire des aiguilles de soudure, dans le cas où les établissements embranchés viendraient à suspendre en tout ou en partie leurs transports.

Le concessionnaire sera tenu d'envoyer ses wagons sur tous les embranchements autorisés destinés à faire communiquer des établissements de carrières, de mines ou d'usines, de magasins généraux ou d'outillage des ports
maritimes ou de navigation intérieure avec la ligne principale du chemin
de fer.

Le concessionnaire amènera ses wagons à l'entrée des embranchements.

Les expéditeurs ou destinataires feront conduire les wagons dans leurs
établissements pour les charger ou décharger, et les ramèneront au point de
jonction avec la ligne principale, le tout à leurs frais.

Les wagons ne pourront d'ailleurs être employés qu'au transport d'objets et marchandises destinés à la ligne principale du chemin de fer.

Le temps pendant lequel les wagons séjourneront sur les embranchements particuliers ne pourra excéder six heures lorsque l'embranchement n'aura pas plus d'un kilomètre. Ce temps sera augmenté d'une demi-heure par kilomètre en sus du premier, non compris les heures de la nuit, depuis le coucher jusqu'au lever du soleil.

Dans le cas où les limites de temps seraient dépassées, nonobstant l'avertissement spécial donné par le concessionnaire, il pourra exiger une indemnité égale à la valeur du droit de loyer des wagons, pour chaque période de retard après l'avertissement.

Les dépenses qui résulteront des mesures prescrites, s'il y a lieu, par le Préfet statuant sur l'avis du service du contrôle, pour la surveillance et le gardiennage des aiguilles et des barrières d'embranchement industriel, seront à la charge des propriétaires des embranchements ; mais les gardiens seront nommés et payés par le concessionnaire.

En cas de difficulté, il sera statué par l'Administration, le concessionnaire entendu.

Les propriétaires d'embranchements seront responsables des avaries que le matériel pourrait éprouver pendant son parcours ou son séjour sur ces lignes.

Dans le cas d'inexécution d'une ou de plusieurs des conditions énoncées ci-dessus, le Préfet pourra, sur la plainte du concessionaire et après avoir entendu le propriétaire de l'embranchement ordonner par un arrêté la suspension du service et faire supprimer la soudure sauf recours à l'administration supérieure et sans préjudice de tous dommages-intérêts que le concessionnaire serait en droit de répéter pour la non-exécution de ces conditions.

Tarifs à percevoir pour le matériel prêté. — Pour indemniser le concessionnaire de la fourniture et de l'envoi de son matériel sur les embranchements, il est autorisé à percevoir un prix fixe de 12 centimes par tonne pour le premier kilomètre, et, en outre, 4 centimes par tonne et par kilomètre en sus du premier, lorsque la longueur de l'embranchement excédera un kilomètre.

Tout kilomètre entamé sera payé comme s'il avait été parcouru en entier.

Le chargement et le déchargement sur les embranchements s'opéreront aux frais des expéditeurs ou destinataires, soit qu'ils les fassent eux-mêmes, soit que la compagnie du chemin de fer consente à les opérer.

Dans ce dernier cas, ces frais seront l'objet d'un règlement arrêté par le Préfet, sur la proposition du concessionnaire.

Tout wagon envoyé par le concessionnaire sur un embranchement devra être payé comme wagon complet, lors même qu'il ne serait pas complètement chargé.

La surcharge s'il y en a, sera payée au prix du tarif légal et au prorata du poids réel. Le concessionnaire sera en droit de refuser les chargements qui dépasseraient le maximum de *trois mille cinq cents kilogrammes* déterminé en raison des dimensions actuelles des wagons.

Le maximum sera révisé par le Préfet de manière à être toujours en rapport avec la capacité des wagons.

Les wagons seront pesés à la station d'arrivée par les soins et aux frais du concessionnaire.

Art. 62. — *Contribution foncière.* — La contribution foncière sera établic en raison de la surface des terrains occupés par le chemin de fer et ses dépendances ; la cote en sera calculée, comme pour les canaux, conformément à la loi du 25 avril 1803.

Les bâtiments et magasins dépendant de l'exploitation du chemin de fer seront assimilés aux propriétés bâties de la localité. Toutes les contributions auxquelles ces édifices pourront être soumis seront, aussi bien que la contribution foncière, à la charge du concessionnaire.

ART. 63. — *Agents du concessionnaire.* — Les agents et gardes que le concessionnaire établira soit pour la réception des droits, soit pour la surveillance et la police du chemin de fer et de ses dépendances, pourront être assermentés, et seront, dans ce cas, assimilés aux gardes champêtres.

ART. — *Inspecteurs spéciaux.* — Il pourra être institué près du concessionnaire un ou plusieurs commissaires chargés d'exercer une surveillance spéciale sur tout ce qui ne rentre pas dans les attributions des agents du contrôle.

ART. 65. — *Frais de contrôle.* — Les frais de visite, de surveillance et de réception des travaux et les frais de contrôle de l'exploitation seront supportés par le concessionnaire.

Afin de pourvoir à ces frais, le concessionnaire sera tenu de verser chaque année, à la caisse centrale du trésorier-payeur général du département, une somme de   francs par kilomètre de chemin de fer concédé (1).

Si le concessionnaire ne verse pas la somme ci dessus réglée aux époques qui auront été fixées, le Préfet rendra un rôle exécutoire, et le montant en sera recouvré comme en matière de contributions directes, au profit du *département.*

ART. 66. — *Cautionnement.* — Avant la signature de l'acte de concession, le concessionnaire déposera à la Caisse des dépôts et consignations une somme de   en numéraire ou en rentes sur l'Etat calculées conformément au décret du 31 janvier 1872, ou en bons du Trésor, avec transfert, au profit de ladite caisse, de celles de ces valeurs qui seraient nominatives ou à ordre.

Cette somme formera le cautionnement de l'entreprise.

Les *quatre cinquièmes* en seront rendus au concessionnaire par *cinquième* et proportionnellement à l'avancement des travaux. Le dernier *cinquième* ne sera remboursé qu'après l'expiration de la concession.

ART. 67. — *Élection de domicile.* — Le concessionnaire devra faire élection de domicile à

Dans le cas où il ne l'aurait pas fait, toute notification ou signification à lui adressée sera valable lorsqu'elle sera faite au secrétariat général de la préfecture de

ART. 68. — *Jugement des contestations.* — Les contestations qui s'élèveraient entre le concessionnaire et l'Administration au sujet de l'exécution et de l'interprétation des clauses du présent cahier des charges, seront jugés administrativement par le conseil de préfecture du département d   , sauf recours au Conseil d'Etat.

ART. 69. — *Frais d'enregistrement.* — Les frais d'enregistrement du présent cahier des charges et de la convention ci-annexée seront supportés par le concessionnaire.

(1) Les frais de contrôle ont été fixés dans plusieurs concessions déjà données, à la somme annuelle de cinquante francs (50 fr.) par kilomètre, payables à compter de la date du décret de concession, tant pour la période de construction que pour la période d'exploitation.

CAHIER DES CHARGES pour la concession des tramways (1)

Cahier des charges-type (2)

TITRE PREMIER

Tracé et construction

ARTICLE PREMIER. — *Objet de la concession.* — Le *réseau* (3) de tramways qui fait l'objet du présent cahier des charges est destiné au transport *des voyageurs et des marchandises* (4).

La traction aura lieu par *chevaux* (5).

ART. 2. — *Tracé.* — *Ce réseau comprendra les lignes suivantes* (6) et empruntera les voies publiques ci-après désignées (7) :

(1) Ce cahier des charges a été approuvé par le décret du 6 août 1881, ainsi conçu :

Le Président de la République française,

Sur le rapport du Ministre des Travaux publics :

Vu l'article 30 de la loi du 11 juin 1880, aux termes duquel un cahier des charges type pour la concession des tramways doit être approuvé par le Conseil d'État ;

Vu l'instruction à laquelle a donné lieu la préparation de ce cahier des charges type, notamment les avis du conseil général des ponts et chaussées, en date des 20 janvier et 7 juillet 1881 ;

Le Conseil d'État entendu,

Décrète :

ARTICLE PREMIER. — Est approuvé le cahier des charges type ci-annexé, dressé en exécution de l'article 30 de la loi du 11 juin 1880 pour la concession des tramways.

ART. 2. — Le Ministre des travaux publics est chargé de l'exécution du présent décret.

Il a été ensuite modifié, en ce qui concerne la note relative au titre et les articles 4, 5, 6, 7, 8, 11, 12, 15, 17 et 23 par le décret du 13 février 1900.

Le texte ci-après tient compte de ces modifications.

(2) (Note modifiée par le décret du 13 février 1900). La présente formule type de cahier des charges est rédigée dans l'hypothèse d'une concession conférée par l'État à un département. Ces mots seront modifiés partout où ils seront écrits en italique, suivant que l'on se trouvera dans l'un ou l'autre des cas prévus par les articles 27 et 28 de la loi du 11 juin 1880.

On a aussi écrit en italique les autres mots et chiffres qui peuvent être modifiés suivant les circonstances.

Les dispositions ci-après s'appliquent spécialement aux voies ferrées empruntant le sol des voies publiques sur toute l'étendue de leur tracé. Quand le tramway projeté comportera des parties établies en rase campagne et sur plate-forme indépendante, il y aura lieu d'y ajouter ceux des articles du cahier des charges-type des chemins de fer d'intérêt local qui seraient utiles dans l'espèce, en leur donnant des numéros *bis* pour ne pas changer le numérotage des autres articles.

(3) Ou la ligne.

(4) Ou au service exclusif des voyageurs.

(5) Ou par locomotives à vapeur ou par moteur mécanique de tout autre système.

(6) Ou la ligne partira de......

(7) Indiquer les déviations, s'il y a lieu.

Art. 3. — *Délais d'exécution.* — Les projets d'exécution seront présentés dans un délai de.... à partir de la date du décret déclaratif d'utilité publique.

Les travaux devront être commencés dans un délai de..... à partir de la même date. Ils seront poursuivis et terminés de telle façon *que la section de..... à.....* soit livrée à l'exploitation le..... *la section de.... à.....* le..... et le *réseau* entier le.....

Art. 4. — *Largeur de la voie. Gabarit du matériel roulant.* — La largeur de la voie entre les bords intérieurs des rails devra être de (1).

La largeur des locomotives et des caisses des véhicules ainsi que de leur chargement ne dépassera pas (2)....., et la largeur du matériel roulant y compris toutes saillies, notamment celle des marchepieds latéraux ne dépassera pas (2)..... ; la hauteur du matériel roulant au-dessus des rails sera au plus de (3)..... pour les locomotives et de (3)..... pour les autres véhicules et leurs changements.

Dans les parties à deux voies, la largeur de l'entrevoie, mesurée entre les bords extérieurs des rails, sera de (4). ..

(1) 1 m. 44, 1 mètre (1 m. 055 pour certaines parties de l'Algérie), 0 m. 80, 0 m. 75 ou 0 m. 60.

(2) Largeurs à déterminer dans chaque cas particulier.

Pour la voie de 1 m. 44, on se basera sur les dimensions admises pour le matériel roulant des lignes d'intérêt général dans la même région, sans dépasser le maximum de 3 m. 20.

Pour les autres largeurs de voie, on se renfermera dans les maxima ci-après :

DÉSIGNATION	VOIE DE			
	1 m. 055 et 1 m.	0 m. 80	0 m. 75	0 m. 60
Largeur du matériel des véhicules et de leur chargement	2m50	2m10	2m »	1m80
Largeur du matériel roulant, toutes saillies comprises..	2 80	2 40	2 30	2 10

(3) Pour la voie de 1 m. 44, 4 m. 20.

Pour les autres largeurs de voie, on ne devra pas dépasser les chiffres ci-après :

DÉSIGNATION	VOIE DE			
	1 m. 055 et 1 m.	0 m. 80	0 m. 75	0 m. 60
Hauteur des locomotives....	3m50	3m30	3m20	3m »
Hauteur des autres véhicules et leur chargement......	3 30	2 90	2 70	2 40

Ces maxima serviront à fixer la hauteur des ouvrages d'art qui seront établis au-dessus de la voie.

(4) La largeur de l'entrevoie sera réglée de telle façon qu'entre les parties les

ART. 5. — *Alignements et courbes pentes et rampes.* — Les alignements seront raccordés entre eux par des courbes dont le rayon ne pourra être inférieur à (1)..... Le maximum des déclivités est fixé à (2)..... millimètres par mètre.

Les déclivités correspondant aux courbes de faible rayon devront être réduites autant que faire se pourra.

Le concessionnaire aura la faculté, dans des cas exceptionnels, de proposer aux disposisitions du présent article les modification qui lui paraitraient utiles, mais ces modifications ne pourront être exécutées que moyennant l'approbation préalable du Préfet.

ART. 6. — *Etablissement de la voie ferrée. Parties accessibles aux voitures ordinaires.* — Dans les sections où le tramway sera établi sur une partie de la voie publique accessible à la circulation ordinaire, les voies de fer seront posées au niveau du sol, sans saillie ni dépression suivant le profil normal de la voie publique et sans altération de ce profil, soit dans le sens transversal, soit dans le sens longitudinal, à moins d'une autorisation spécial du préfet. Les rails seront compris dans un (3)... de (4)... d'épaisseur qui règnera dans l'entre-rails et à (5)... au moins de chaque côté, conformément aux dispositions prescrites par le préfet, sur la proposition du concessionnaire, qui restera chargé d'établir à ses frais ce (3)...

La chaussée (6)... de la voie publique sera d'ailleurs conservée ou établie avec des dimensions telles qu'en dehors de l'espace occupé par le matériel de tramway (toutes saillies comprises) il reste une largeur libre de chaussée d'au moins 2 m. 60 permettant à une voiture ordinaire de se ranger pour laisser passer le matériel du tramway avec le jeu nécessaire.

Cette chaussée sera accompagnée d'un accotement ou d'un trottoir de (7)... au moins. Le concessionnaire construira en outre, suivant les dispositions qui lui seront indiquées avant la réception générale de la voie ferrée, des gares pour les dépôts de matériaux d'entretien de la voie publique ; la profondeur de ces gares, mesurée à partir de l'arête extrême de l'accotement, sera de (8)... au minimum.

Un intervalle libre d'au moins 1 m. 40 de largeur sera réservé, d'autre

plus saillantes de deux véhicules qui se croisent, il y ait un intervalle libre d'au moins 0 m. 50.

(1) En général, à moins de circonstances exceptionnelles dont il devra être justifié et s'il s'agit de lignes à traction mécanique: 40 m. pour les voies de 1 m. 44, 1 m. 055 et 1 mètre; 30 m. pour les voies de 0 m. 80, 0 m. 75 et 0 m. 60.

S'il s'agit de lignes à traction de chevaux ; 20 m. pour les voies de 1 m. 44, 1 m. 055 et 1 mètre ; 15 m. pour les voies de 0 m. 80, 0 m. 75 et 0 m. 60.

(2) A fixer pour chaque cas particulier et de façon à satisfaire, s'il y a lieu, aux obligations imposées par l'article 33 du règlement d'administration publique sur les lignes de tramways à traction mécanique.

(3) Pavage ou empierrement, suivant la nature de la chaussée dont il s'agit, sa fréquentation, sa situation en rase campagne ou en traverse, etc.

(4) Epaisseur à déterminer dans chaque cas particulier, suivant la nature de la chaussée,

(5) Largeur à déterminer dans chaque cas particulier.

(6) Pavée ou empierrée.

(7) Minimum à fixer au besoin pour chacune des voies publiques suivies par le tramway en vue d'assurer la sécurité de la circulation des piétons.

(8) Dimension à fixer d'après les circonstances locales si la voie publique n'est pas assez large pour le dépôt des matériaux qui trouvaient place auparavant sur l'espace occupée par la voie ferrée.

part, entre le matériel de la voie ferrée (toutes saillies comprises) et les limites des propriétés riveraines ou des alignements approuvés, s'ils passent en avant de ces propriétés.

La voie ferrée sera établie de telle sorte que la verticale des parties les plus saillantes du matériel roulant ne dépasse pas l'arête extérieure de l'accotement. Dans les parties où la voie sera établie soit sur le bord d'un remblai de plus de 50 centimètres de hauteur, soit le long d'un talus de déblai ou d'un obstacle continu dépassant le niveau des marche-pieds, il sera ménagé un espace libre d'au moins 75 centimètres de largeur entre la partie la plus saillante du matériel roulant et la crête du remblai, le pied du déblai ou l'obstacle continu. Pour les obstacles isolés, cet intervalle sera réduit à 60 centimètres.

ART. 7. (Modifié par le décret du 13 février 1900). — *Établissement de la voie ferrée. Parties non accessibles aux voitures ordinaires.* — Si la voie ferrée est établie sur un accotement interdit aux voitures ordinaires, elle reposera sur une couche de ballast de... de largeur (1) et d'au moins (2)... d'épaisseur totale, qui sera arasée de niveau avec la surface de l'accotement relevé en forme de trottoir.

La partie de la voie publique qui restera réservée à la circulation des voitures ordinaires et des piétons présentera une largeur minimum de (3)... cette largeur minimum étant mesurée en dehors de l'accotement occupé par la voie ferrée et en dehors des emplacements qui seront affectés au dépôt des matériaux d'entretien de la route.

L'autorité compétente pour statuer sur les projets d'exécution pourra exiger que l'emplacement occupé par la voie ferrée soit limité du côté de la chaussée de la voie publique au moyen d'une bordure d'au moins (4)... de saillie en (5)... d'une solidité suffisante. Elle pourra également prescrire dans les parties de routes ou de chemins dont la déclivité dépassera 3 centimètres l'établissement d'un demi-caniveau pavé le long des bordures en pierre. Un intervalle libre de 30 centimètres au moins sera réservé entre la verticale de l'arête de cette bordure et la partie la plus saillante du matériel de la voie ferrée ; un autre intervalle libre de 1 m. 40 subsistera entre le matériel roulant (toutes saillies comprises) et les limites des propriétés riveraines ou des alignements approuvés, s'ils passent en avant de ces propriétés.

La voie ferrée sera établie de telle sorte que la verticale des parties les plus saillantes du matériel roulant ne dépasse pas l'arête extérieure de l'accotement. Dans les parties où la voie sera établie soit sur le bord d'un remblai de plus de 50 centimètres de hauteur, soit sur le long d'un talus de déblai ou d'un obstacle continu dépassant le niveau des marche-pieds, il sera ménagé un espace libre d'au moins 75 centimètres de largeur entre la partie la plus saillante du matériel roulant et la limite extérieure du remblai, du déblai ou

---

(1) Largeur généralement égale à la largeur de la voie augmentée d'au moins 80 centimètres.

(2) Il conviendra de déterminer l'épaisseur totale du ballast, de manière qu'il existe au moins une épaisseur du ballast de 15 centimètres sous les traverses, sans que la différence du niveau entre le dessus du rail et de la plate-forme puisse être inférieure à 30 centimètres.

(3) Largeur à déterminer d'après les circonstances locales en vue d'assurer la sécurité de la circulation des voitures et des piétons.

(4) En général, 12 centimètres.

(5) Pierre ou terre gazonnée.

de l'obstacle continu. Pour les obstacles isolés, cet intervalle sera réduit à 60 centimètres.

Les rails qui à l'extérieur seront au niveau de l'accotement régularisé ne formeront sur l'entrerails que la saillie nécessaire pour le passage des boudins des roues du matériel de la voie ferrée.

Art. 8. (Modifié par le décret du 13 février 1900). — *Traverses des villes et villages.* — Dans les traverses des villes et des villages, les voies ferrées devront, à moins d'une autorisation spéciale du préfet, être établies avec rails noyés dans la chaussée entre les deux trottoirs, ou du moins entre les deux zones à réserver pour l'établissement de trottoirs et suivant le type décrit à l'article 6.

Le minimum des largeurs à réserver est fixé d'après les cotes suivantes :

a) Pour un trottoir ou pour l'emplacement à ménager en vue de l'établissement d'un trottoir, 1 m. 10. Cette largeur est mesurée à partir des limites des propriétés riveraines bâties ou non ou des alignements approuvés, s'ils passent en avant de ces limites.

b) Entre le matériel de la voie ferrée (partie la plus saillante) et le bord d'un trottoir :

1º Quand on réserve le stationnement des voitures ordinaires, 2 m. 60 ;

2º Quand on supprime ce stationnement, 30 centimètres.

Quand l'établissement du tramway sur de larges trottoirs, existant dans les traverses, aura été autorisé, on fera application de l'article 7.

Art. 9. — *Exécution des travaux.* — Le déchet résultant de la démolition et du rétablissement des chaussées sera couvert par des fournitures de matériaux neufs de la nature et de la qualité de ceux qui sont employés dans lesdites chaussées.

Pour le rétablissement des chaussées pavées au moment de la pose de la voie ferrée, il sera fourni, en outre, la quantité de boutisses nécessaire afin d'opérer ce rétablissement suivant les règles de l'art, en évitant l'emploi des demi-pavés.

Les vieux matériaux provenant des anciennes chaussées remaniées ou refaites à neuf qui n'auront pas trouvé leur emploi dans la réfection seront laissées à la libre disposition du concessionnaire.

Les fers, bois et autres éléments constitutifs des voies ferrées devront être de bonne qualité et propres à remplir leur destination.

Art. 10. — *Voies.* — Les voies devront être établies d'une manière solide et avec des matériaux de bonne qualité.

Les rails seront en...... et du poids de...... kilogrammes au moins par mètre courant ; ils seront posés sur (1).

Art. 11 (2). (Modifié par le décret du 13 février 1900). — *Gares et stations.* — *Les voitures devront s'arrêter en pleine voie pour prendre ou laisser des voyageurs et des marchandises sur tous les points du parcours, sauf sur les sections ci-dessous indiquées :*

. . . .

. . . .

(1) Les blancs laissés dans l'article 10 seront remplis suivant le type de voie, de supports, d'éclissage, d'entretoisement, etc.

(2) Cet article sera modifié dans le cas où l'on adoptera l'un des deux autres modes d'exploitation prévus par le règlement d'administration publique : arrêts en pleine voie sur tout le parcours, ou arrêts seulement à des gares, stations ou haltes déterminées.

. . . .

Le nombre et l'emplacement des gares, stations et haltes seront arrêtés lors de l'approbation des projets définitifs. Il est toutefois entendu dès à présent qu'il sera établi des stations ou des haltes pour le service des voyageurs, *et des gares pour la réception et la livraison des marchandises*, suivant les indications ci-après :

TITRE II.

Entretien et exploitation.

ART. 12. (Modifié par le décret du 13 février 1900). — *Entretien*. — Sur les sections où la voie ferrée est accessible aux voitures ordinaires (sections à rails noyés dans la chaussée), l'entretien qui est à la charge du concessionnaire comprend le *pavage* des entre-rails et de l'entre-voie, ainsi que des zones de cinquante centimètres (0 m. 50) qui servent d'accotements extérieur aux rails.

ART. 13. — *Réfection des parties de route ou de chemin atteintes par par les travaux de la voie ferrée*. — Lorsque, pour la construction ou la réparation de la voie ferrée, il sera nécessaire de démolir les parties pavées ou empierrées de la voie publique situées en dehors des zones ou de l'accotement indiqués ci-dessus, il devra être pourvu par le concessionnaire à l'entretien de ces parties pendant une année à dater de la réception provisoire des travaux de réfection ; il en sera de même pour tous les ouvrages souterrains.

ART. 14. — *Nombre minimum des voyages*. — Le nombre minimum des voyages qui devront être faits tous les jours, dans chaque sens, *sur la ligne entière*, est fixé à

ART. 15. (Modifié par le décret du 13 février 1900). — *Matériel roulant. Limitation de la vitesse et de la longueur des trains*. — Le matériel roulant devra satisfaire aux conditions fixées ou à fixer pour les transports militaires.

Les voitures à voyageurs seront chauffées pendant la saison froide(1).

Les trains se composeront de...... voitures au plus et leur longueur totale ne dépassera pas (2).....

La vitesse des trains en marche sera au plus de...... kilomètres à l'heure (2).

TITRE III.

Durée et déchéance de la concession.

ART. 16. — *Durée de la concession*. — La durée de la concession du *réseau* (3) mentionné à l'article 3 du présent cahier des charges commen-

---

(1) A écrire en italique, l'insertion de cette clause étant facultative.
(2) Chiffres à déterminer suivant les espèces, sans pouvoir dépasser les limites fixées par les articles 30 et 33 du règlement d'administration publique pour les lignes de tramway à traction mécanique.
(3) Ou de la ligne.

cera à courir de la date du décret d'autorisation, et elle prendra fin le......

Art. 17. (Modifié par le décret du 13 février 1900). — *Expiration de la concession*. — A l'époque fixée pour l'expiration de la concession et par le seul fait de cette expiration, *l'État* sera subrogé à tous les droits du concessionnaire sur la voie ferrée et ses dépendances, et il entrera immédiatement en jouissance de tous ses produits.

Le concessionnaire sera tenu de lui remettre en bon état d'entretien la voie ferrée avec toutes les installations faites sur le sol des voies publiques, ainsi que tous les immeubles et objets immobiliers qui en dépendent, tels que les barrières et clôtures, changements de voies, plaques tournantes, réservoirs d'eau, grues hydrauliques, machines fixes, usines et installations de toute nature établies en vue de la production et du transport de l'énergie électrique ou autre, destinée à l'exploitation du tramway, bureaux d'attente et de contrôle, etc., établis dans des immeubles exclusivement affectés à cet usage.

Dans les cinq dernières années qui précéderont le terme de la concession, *l'État* aura le droit de saisir les revenus du tramway et de les employer à rétablir en bon état la voie ferrée et ses dépendances, si le concessionnaire ne se mettait pas en mesure de satisfaire pleinement et entièrement à cette obligation.

En ce qui concerne les objets mobiliers (1) tels que le matériel roulant, le mobilier des stations, l'outillage des ateliers et des gares, *l'État* se réserve le droit de les reprendre en totalité ou pour telle partie qu'il jugera convenable, à dire d'experts, mais sans pouvoir y être contraint. La valeur des objets repris sera payée au concessionnaire dans les six mois qui suivront l'expiration de la concession et la remise du matériel *à l'État*.

L'État sera tenu, si le concessionnaire le requiert, de reprendre en outre les matériaux, combustibles et approvisionnements de tout genre sur l'estimation qui en sera faite à dire d'experts ; et, réciproquement, *si l'État* le requiert, le concessionnaire sera tenu de céder ces approvisionnements de la même manière. Toutefois, *l'État* ne pourra être obligé de reprendre que les approvisionnements nécessaires à l'exploitation du tramway pendant six mois.

Les dispositions qui précèdent ne sont applicables qu'au cas où le Gouvernement déciderait que les voies ferrées doivent être maintenues en tout ou en partie.

Art. 18. — *Remise des lieux dans l'état primitif*. — Dans le cas où le Gouvernement déciderait, au contraire, que les voies ferrées doivent être supprimées en tout ou en partie, ces voies seront enlevées et les lieux seront remis dans l'état primitif par les soins et aux frais du concessionnaire, sans qu'il puisse prétendre à aucune indemnité.

Art. 19. — *Rachat de la concession*. — L'*État* aura toujours le droit de racheter la concession.

Si le rachat a lieu avant l'expiration des *quinze* premières années de l'exploitation, il se fera conformément au paragraphe 3 de l'article 11 de la loi du 11 juin 1880. Ce terme de *quinze* ans sera compté à partir de la mise en exploitation effective *du réseau entier*, ou au plus tard à partir de la fin

---

(1) Au cas où le pouvoir concédant veut se réserver la propriété des objets mobiliers, tels que matériel roulant, mobilier, outillage, qui auront été payés soit par lui, soit à l'aide de fonds dont il supporte ou garantit l'intérêt et l'amortissement, une clause spéciale devra être insérée à cet effet dans la convention.

du délai qui est fixé dans l'article 3 du présent cahier des charges, sans tenir compte des retards qui auraient eu lieu dans l'achèvement des travaux.

Si le rachat de la concession entière est réclamé par l'*État* après l'expiration des *quinze* premières années de l'exploitation, on réglera le prix du rachat, en relevant les produits nets annuels obtenus par le concessionnaire pendant les *sept* années qui auront précédé celle où le rachat sera effectué, et en y comprenant les annuités qui auront été payées à titre de subvention; on en déduira les produits nets des *deux* plus faibles années, et l'on établira le produit net moyen des *cinq* autres années.

Ce produit net moyen formera le montant d'une annuité qui sera due et payée au concessionnaire pendant chacune des années restant à courir sur la durée de la concession.

Dans aucun cas, le montant de l'annuité ne sera inférieur au produit net de la dernière des *sept* années prises pour terme de comparaison.

Le concessionnaire recevra en outre, dans les six mois qui suivront le rachat, les remboursements auxquels il aurait droit à l'expiration de la concession, suivant le quatrième et le cinquième paragraphe de l'article 17, la reprise de la totalité des objets mobiliers étant ici obligatoire dans tous les cas pour l'*État*.

Le concessionnaire ne pourra élever aucune réclamation dans le cas où, par suite d'un changement dans le classement des routes et chemins empruntés par la voie ferrée, une nouvelle autorité serait substituée à celle de qui émane la concession.

La nouvelle autorité aura les mêmes droits que celle qui a fait la concession.

ART. 20. — *Déchéance.* — Si le concessionnaire n'a pas remis au Préfet tous les projets définitifs, ou s'il n'a pas commencé les travaux dans les délais fixés par l'article 3, il encourra la déchéance qui, après mise en demeure, sera prononcée par le Ministre des travaux publics, sauf recours au Conseil d'État par la voie contentieuse.

Dans ces deux cas, la somme qui aura été déposée, ainsi qu'il sera dit à l'article 38, à titre de cautionnement, deviendra la propriété de l'*État* et lui restera acquise.

ART. 21. — *Achèvement des travaux en cas de déchéance.* — Faute par le concessionnaire d'avoir poursuivi et terminé les travaux dans les délais et conditions fixés par l'article 3, faute aussi par lui d'avoir rempli les diverses obligations qui lui sont imposées par le règlement d'administration publique du... août 1881 ainsi que par le présent cahier des charges, et dans le cas prévu par l'article 10 de la loi du 11 juin 1880, il encourra soit la perte partielle de son cautionnement dans les conditions qui seraient prévues par l'acte de concession, soit la perte totale de ce cautionnement, soit la déchéance. Dans tous les cas, il sera statué par le Ministre des travaux publics, après mise en demeure, sauf recours au Conseil d'État par la voie contentieuse. Dans les deux premiers cas, le cautionnement devra être constitué dans le mois de la décision ministérielle.

En cas de déchéance, il sera pourvu tant à la continuation et à l'achèvement des travaux qu'à l'exécution des autres engagements contractés par le concessionnaire, conformément à l'article 41 du règlement d'administration publique du 6 août 1881.

ART. 22. — *Cas de force majeure.* — Les dispositions des deux articles qui précèdent ne seraient pas applicables, et la déchéance ne serait pas

encourue, dans le cas où le concessionnaire n'aurait pu remplir ses obligations par suite de circonstances de force majeure dûment constatées.

TITRE IV (1)

Taxes et conditions relatives au transport des voyageurs
et des marchandises

Art. 23 (Modifié par le décret du 13 février 1900). — *Tarifs des droits
à percevoir.* — Pour indemniser le concessionnaire des travaux et dépenses
qu'il s'engage à faire par le présent cahier des charges et sous la condition
expresse qu'il en remplira exactement toutes les obligations, il est autorisé à
percevoir, pendant toute la durée de la concession, les droits de péage et les
prix de transport ci-après déterminés :

TARIF	PRIX		
	de péage	de trans-port	Totaux
1° PAR TÊTE ET PAR KILOMÈTRE	(2)	(2)	(2)
Grande vitesse.			
Voyageurs. Voitures couvertes, garnies et fermées à glaces au moins pendant l'hiver (1re classe)...............	0f 067	0f 033	0f 10
Voitures couvertes, fermées à glaces au moins pendant l'hiver, et à banquettes rembourrées (2e classe)........	0 050	0 025	0 075
Voitures couvertes et fermées à vitres au moins pendant l'hiver (3e classe).	0 037	0 018	0 055
Enfants. Au-dessous de 3 ans, les enfants ne payent rien, à la condition d'être portés sur les genoux des personnes qui les accompagnent. De 3 à 7 ans, ils payent demi-place et ont droit à une place distincte; toutefois, dans un même compartiment, deux enfants ne pourront occuper que la place d'un seul voyageur. Au-dessus de 7 ans ils payent place entière.			
Chiens transportés dans les trains de voyageurs.... Sans que la perception puisse être inférieure à 0 fr. 30.	0 01	0 005	0 015

(1) Les articles du titre IV sont susceptibles d'être les uns réduits à un petit
nombre de dispositions, les autres laissés en blanc lorsque le tramway ne sera
affecté qu'à un service de voyageurs seulement ou de voyageurs et de messageries ; mais il conviendra de ne pas modifier le numérotage des articles
suivants.
(2) Chiffres à fixer pour chaque concession ; les chiffres inscrits ci-dessous
sont présentés à titre de renseignement utile à consulter.

	PRIX		
	de péage	de trans- port	Totaux

Petite vitesse.

	de péage	de trans-port	Totaux
Bœufs, vaches, taureaux, chevaux, mulets, bêtes de trait..	0ᶠ07	0ᶠ03	0ᶠ10
Veaux et porcs.......................................	0 025	0 015	0 04
Moutons, brebis, agneaux, chèvres	0 01	0 01	0 02

Lorsque les animaux ci-dessus dénommés seront, sur la demande des expéditeurs, transportés à la vitesse des trains de voyageurs, les prix seront doublés

—o—

2° PAR TONNE ET PAR KILOMÈTRE

—

Marchandises transportées à grande vitesse.

	de péage	de trans-port	Totaux
Huitres.— Poissons frais. — Denrées.— Excédents de bagages et marchandises de toute classe transportées à la vitesse des trains de voyageurs.........	0 20	0 16	0 36

Marchandises transportées à petite vitesse.

		de péage	de trans-port	Totaux
1re classe	Spiritueux. — Huiles. — Bois de menuiserie, de teinture et autres bois exotiques. — Produits chimiques non dénommés. — Œufs.— Viande fraiche. — Gibier. — Sucre. — Café. — Drogues. — Epiceries. — Tissus. — Denrées coloniales. — Objets manufacturés. — Armes......	0 09	0 07	0 16
2e classe	Blés.— Grains.— Farines.— Légumes farineux. — Riz, maïs, châtaignes et autres denrées alimentaires non dénommées. — Chaux et plâtres. — Charbons de bois. — Bois à brûler dit *de corde.* — Perches. — Chevrons. — Planches. — Madriers. — Bois de charpente. — Marbre en bloc. — Albâtre. — Bitume. — Cotons — Laines.— Vins. — Vinaigres. — Boissons. — Bières.— Levure sèche. — Coke. — Fers. — Cuivres. — Plomb et autres métaux ouvrés ou non. — Fontes moulées....	0 08	0 06	0 14
3e classe	Pierres de taille et produits de carrières. — Minerais autres que les minerais de fer. — Fonte brute. — Sel. — Moellons. — Meulières. — Argiles. — Briques. — Ardoises......... ..	0 06	0 04	0 10
4° classe	Houille. — Marne. — Cendres. — Fumiers. — Engrais — Pierres à chaux et à plâtre. — Pavés et matériaux pour la construction et la réparation des routes. — Minerais de fer. — Cailloux et sables...........................	0 05	0 03	0 08

Tarif spécial par wagon complet

	de péage	de trans-port	Totaux
Marchandises des 1re, 2e, 3e et 4e classes.........	0 04	0 02	0 06

Les foins, fourrages, pailles et toutes marchandises ne pesant pas six cents kilogrammes sous le volume d'un mètre cube, *cinquante centimes* (0 fr. 50) par wagon et par kilomètre.

	PRIX		
	de péage	de transport	Totaux
3º VOITURES ET MATÉRIEL ROULANT TRANSPORTÉS A PETITE VITESSE			
Par pièce et par kilomètre			
Wagon ou chariot pouvant porter de 3 à 6 tonnes..	0f 09	0f 06	0f 15
» » pouvant porter plus de 6 tonnes.	0 12	0 08	0 20
Locomotive pesant de 12 à 18 tonnes (ne trainant pas de convoi)	1 80	1 20	3 00
Locomotive pesant plus de 18 tonnes (ne trainant pas de convoi)............................	2 25	1 50	3 75
Tender de 7 à 10 tonnes.........................	0 90	0 60	1 50
Tender de plus de 10 tonnes	1 35	0 90	2 25
Les machines locomotives seront considérées comme ne trainant pas de convoi, lorsque le convoi remorqué, soit de voyageurs, soit de marchandises, ne comportera pas un péage au moins égal à celui qui serait perçu sur la locomotive avec son tender marchant sans rien trainer.			
Le prix à payer pour un wagon chargé ne pourra jamais être inférieur à celui qui serait dû pour un wagon marchant à vide.			
Voitures à 2 ou 4 roues, à un fond et à une seule banquette à l'intérieur........................	0 15	0 10	0 25
Voitures à 4 roues, à deux fonds et à deux banquettes dans l'intérieur, omnibus, diligences, etc.....	0 18	0 14	0 32
Lorsque, sur la demande des expéditeurs, les transports auront lieu à la vitesse des trains de voyageurs, les prix ci-dessus seront doublés. Dans ce cas, deux personnes pourront, sans supplément de prix, voyager dans les voitures à une banquette, et trois dans les voitures à deux banquettes, omnibus, diligences, etc.; les voyageurs excédant ce nombre payeront le prix des places de deuxième classe.			
Voitures de déménagement à 2 ou à 4 roues à vide..	0 12	0 08	0 20
Ces voitures, lorsqu'elles seront chargées, payeront en sus du prix ci-dessus, par tonne de chargement et par kilomètre...	0 08	0 06	0 14
—o—			
4º SERVICE DES POMPES FUNÈBRES ET TRANSPORT DES CERCUEILS			
Grande vitesse.			
Une voiture des pompes funèbres renfermant un ou plusieurs cercueils sera transportée aux mêmes prix et conditions qu'une voiture à 4 roues, à deux fonds et à deux banquettes.	0 36	0 28	0 64
Chaque cercueil confié à l'administration du chemin de fer sera transporté, pour les trains ordinaires, dans un compartiment isolé, au prix de........	0 18	0 12	0 30
Et pour les trains express, dans une voiture spéciale, au prix de	0 60	0 40	1 00

Les prix déterminés ci-dessus ne comprennent pas l'impôt dû à l'Etat.

Il est expressément entendu que les prix de transport ne seront dus au concessionnaire qu'autant qu'il effectuerait lui-même ces transports à ses frais et par ses propres moyens ; dans le cas contraire, il n'aura droit qu'aux prix fixés pour le péage.

La perception aura lieu d'après le nombre de kilomètres parcourus. Tout kilomètre entamé sera payé comme s'il avait été parcouru en entier.

Si la distance parcourue est inférieure à *six* kilomètres, elle sera comptée pour *six* kilomètres.

Le tableau des distances entre les diverses stations sera arrêté par le Préfet d'après le procès-verbal de chaînage dressé contradictoirement par le concessionnaire et le service du contrôle. Ce chaînage sera fait suivant la voie la plus courte, d'axe en axe des bâtiments des voyageurs des stations extrêmes. Les tarifs proposés d'après cette base seront soumis à l'homologation du *Ministre des travaux publics* (1).

Dans aucun cas il ne pourra être perçu pour un voyageur pris ou laissé en route un prix supérieur à celui qui a été prévu pour la distance complète qui sépare les deux stations entre lesquelles le parcours a été effectué.

Le poids de la tonne est de mille kilogrammes.

Les fractions de poids ne seront comptées, tant pour la grande que pour la petite vitesse, que par centième de tonne ou par 10 kilogrammes.

Ainsi, tout poids compris entre 0 et 10 kilogrammes payera comme 10 kilogrammes ; entre 10 et 20 kilogrammes, comme 20 kilogrammes, etc.

Toutefois, pour les excédents de bagages et de marchandises à grande vitesse, les coupures seront établies : 1º de 0 à 5 kilogrammes ; 2º au-dessus de 5 jusqu'à 10 kilogrammes ; 3º au-dessus de 10 kilogrammes, par fraction indivisible de 10 kilogrammes.

Quelle que soit la distance parcourue, le prix d'une expédition quelconque, soit en grande, soit en petite vitesse, ne pourra être inférieur à *40 centimes*.

ART. 24. — *Bagages.* — Tout voyageur dont le bagage ne pèsera pas plus de *trente (30)* kilogrammes n'aura à payer, pour le port de ce bagage, aucun supplément du prix de sa place.

Cette franchise ne s'appliquera pas aux enfants transportés gratuitement, et elle sera réduite à *vingt (20)* kilogrammes pour les enfants transportés à moitié prix.

ART. 25. — *Assimilation des classes de marchandises.* — Les animaux, denrées, marchandises, effets et autres objets non désignés dans le tarif seront rangés, pour les droits à percevoir, dans les classes avec lesquelles ils auront le plus d'analogie, sans que jamais, sauf les exceptions formulées aux articles 26 et 27 ci-après, aucune marchandise non dénommée puisse être soumise à une taxe supérieure à celle de la première classe du tarif ci-dessus.

Les assimilations de classes pourront être provisoirement réglées par le concessionnaire ; elles seront immédiatement affichées et soumises à l'Administration, qui prononcera définitivement.

ART. 26. *Transport de masses indivisibles.* — Les droits de péage et les prix de transport déterminés au tarif ne sont point applicables à toute masse indivisible pesant plus de *trois mille kilogrammes (3.000 kg)*.

Néanmoins, le concessionnaire ne pourra se refuser à transporter les masses

_____

(1) Ou du *Préfet*, si la concession émane d'un *département* ou d'une *commune* (Art. 33 de la loi du 11 juin 1880).

indivisibles pesant de *trois mille* à *cinq mille kilogrammes* ; mais les droits de péage et les prix de transport seront augmentés de moitié.

Le concessionnaire ne pourra être contraint à transporter les masses pesant plus de *cinq mille kilogrammes (5.000 kg)*.

Si, nonobstant la disposition qui précède, le concessionnaire transporte des masses indivisibles pesant plus de *cinq mille* kilogrammes, il devra, pendant trois mois au moins, accorder les mêmes facilités à tous ceux qui en feraient la demande.

Dans ce cas, les prix de transport seront fixés par l'Administration, sur la proposition du concessionnaire.

Art. 27. — *Exceptions* : *envois par groupes*. — Les prix de transport déterminés au tarif ne sont point applicables :

1º Aux denrées et objets qui ne sont pas nommément énoncés dans le tarif et qui ne pèseraient pas deux cents kilogrammes sous le volume d'un mètre cube ;

2º Aux matières inflammables ou explosibles, aux animaux et objets dangereux pour lesquels des règlements de police prescriraient des précautions spéciales ;

3º Aux animaux dont la valeur déclarée excéderait 5.000 francs ;

4º A l'or et à l'argent, soit en lingots, soit monnayés ou travaillés, au plaqué d'or ou d'argent, au mercure et au platine, ainsi qu'aux bijoux, dentelles, pierres précieuses, objets d'art et autres valeurs ;

5º Et, en général, à tous paquets, colis ou excédents de bagages pesant isolément *quarante* kilogrammes et au-dessous.

Toutefois, les prix de transport déterminés au tarif sont applicables à tous paquets ou colis pesant ensemble plus de quarante kilogrammes d'objets envoyés par une même personne à une même personne. Il en sera de même pour les excédents de bagages qui pèseraient ensemble ou isolément plus de quarante kilogrammes.

Le bénéfice de la disposition énoncée dans le paragraphe précédent, en ce qui concerne les paquets ou colis, ne peut être invoqué par les entrepreneurs de messagerie et de roulage et autres intermédiaires de transport, à moins que les articles par eux envoyés ne soient réunis en un seul colis.

Dans les cinq cas ci-dessus spécifiés, les prix de transport seront arrêtés annuellement par le Préfet, tant pour la grande que pour la petite vitesse, sur la proposition du concessionnaire.

En ce qui concerne les paquets ou colis mentionnés au paragraphe 5 ci-dessus, les prix de transport devront être calculés de telle manière qu'en aucun cas un de ces paquets ou colis ne puisse payer un prix plus élevé qu'un article de même nature pesant plus de *quarante* kilogrammes.

Art. 28. — *Abaissement des tarifs*. — Dans le cas où le concessionnaire jugerait convenable, soit pour le parcours total, soit pour les parcours partiels de la voie de fer, d'abaisser, avec ou sans condition, au-dessous des limites déterminées par le tarif les taxes qu'il est autorisé à percevoir, les taxes abaissées ne pourront être relevées qu'après un délai de trois mois au moins pour les voyageurs et d'un an pour les marchandises.

Toute modification de tarif proposée par le concessionnaire sera annoncée un mois d'avance par des affiches.

La perception des tarifs modifiés ne pourra avoir lieu qu'avec l'homologation du *Ministre des travaux publics* (1), conformément aux dispositions de la loi du 11 juin 1880.

_____

(1) Ou du *Préfet*, si la concession n'est pas donnée par l'*État*.

La perception des taxes devra se faire indistinctement et sans aucune faveur.

Tout traité particulier qui aurait pour effet d'accorder à un ou plusieurs expéditeurs une réduction sur les tarifs approuvés demeure formellement interdit.

Toutefois, cette disposition n'est pas applicable aux traités qui pourraient intervenir entre le Gouvernement et le concessionnaire dans l'intérêt des services publics, ni aux réductions ou remises qui seraient accordées par le concessionnaire aux indigents.

En cas d'abaissement des tarifs, la réduction portera proportionnellement sur le péage et sur le transport.

ART. 29. — *Délai d'expédition*. — Le concessionnaire sera tenu d'effectuer constamment avec soin, exactitude et célérité, et sans tour de faveur, le transport des voyageurs, bestiaux, denrées, marchandises et objets quelconques qui lui seront confiés.

Les colis, bestiaux et objets quelconques seront inscrits, à la gare d'où ils partent et à la gare où ils arrivent, sur des registres spéciaux, au fur et à mesure de leur réception ; mention sera faite, sur le registre de la gare de départ, du prix total dû pour leur transport.

Pour les marchandises ayant une même destination, les expéditions auront lieu suivant l'ordre de leur inscription à la gare de départ.

Toute expédition de marchandises sera constatée, si l'expéditeur le demande, par une lettre de voiture dont un exemplaire restera aux mains du concessionnaire et l'autre aux mains de l'expéditeur. Dans le cas où l'expéditeur ne demanderait pas de lettre de voiture, le concessionnaire sera tenu de lui délivrer un récépissé qui énoncera la nature et le poids du colis, le prix total du transport et le délai dans lequel ce transport devra être effectué.

ART. 30. — *Délai de livraison*. — Les animaux, denrées, marchandises et objets quelconques seront expédiés et livrés de gare en gare, dans les délais résultant des conditions ci-après exprimées :

1° Les animaux, denrées, marchandises et objets quelconques à grande vitesse seront expédiés par le premier train de voyageurs contenant des voitures de toutes classes et correspondant avec leur destination, pourvu qu'ils aient été présentés à l'enregistrement trois heures avant le départ de ce train.

Ils seront mis à la disposition des destinataires, à la gare, dans le délai de deux heures après l'arrivée du même train ;

2° Les animaux, denrées, marchandises et objets quelconques à petite vitesse seront expédiés dans le jour qui suivra celui de la remise.

Le maximum de durée du trajet sera fixé par le Préfet, sur la proposition du concessionnaire.

Les colis seront mis à la disposition des destinataires dans le jour qui suivra celui de leur arrivée en gare.

Le délai total résultant des trois paragraphes ci-dessus sera seul obligatoire pour la compagnie.

Il pourra être établi un tarif réduit, approuvé par le *Ministre des travaux publics*, pour tout expéditeur qui acceptera des délais plus longs que ceux déterminés ci-dessus pour la petite vitesse.

Pour le transport des marchandises, il pourra être établi, sur la proposition du concessionnaire, un délai moyen entre ceux de la grande et de la petite vitesse. Le prix correspondant à ce délai sera un prix intermédiaire entre ceux de la grande et de la petite vitesse.

Le Préfet déterminera, par des règlements spéciaux, les heures d'ouver‑ ture et de fermeture des gares et stations, tant en hiver qu'en été, ainsi que les dispositions relatives aux denrées apportées par les trains de nuit et des‑ tinées à l'approvisionnement des marchés des villes.

Lorsque la marchandise devra passer d'une ligne sur une autre sans solu‑ tion de continuité, les délais de livraison et d'expédition au point de jonction seront fixés par le Préfet, sur la proposition du concessionnaire.

ART. 31. — *Frais accessoires*. — Les frais accessoires non mentionnés dans les tarifs, tels que ceux d'enregistrement, de chargement, de décharge‑ ment et de magasinage dans les gares et magasins du tramway, seront fixés annuellement par le Préfet, sur la proposition du concessionnaire. Il en sera de même des frais de transbordement qui seront faits dans les gares de raccor‑ dement de la ligne concédée avec une ligne présentant une largeur de voie différente.

ART. 32. — *Camionnage* — Le concessionnaire sera tenu de faire, soit par lui-même, soit par un intermédiaire dont il répondra, le factage et le camionnage pour la remise au domicile des destinataires de toutes les mar‑ chandises qui lui sont confiées.

Le factage et le camionnage ne seront point obligatoires en dehors du rayon de l'octroi, non plus que pour les gares qui desserviraient soit une population agglomérée de moins de *3.000* habitants, soit un centre de popu‑ lation de *3.000* habitants situé à plus de 5 kilomètres de la gare du tramway.

Les tarifs à percevoir seront fixés par le Préfet, sur la proposition du con‑ cessionnaire. Ils seront applicables à tout le monde sans distinction.

Toutefois les expéditeurs et destinataires resteront libres de faire eux‑ mêmes et à leurs frais le factage et le camionnage des marchandises.

ART. 33. — *Traités particuliers*. — A moins d'une autorisation spéciale du Préfet, il est interdit au concessionnaire, conformément à l'article 14 de la loi du 15 juillet 1845, de faire directement ou indirectement avec des entreprises de transport de voyageurs ou de marchandises par terre ou par eau, sous quelque dénomination ou forme que ce puisse être, des arrange‑ ments qui ne seraient pas consentis en faveur de toutes les entreprises desser‑ vant les mêmes voies de communication.

Le Préfet, agissant en vertu de l'article 42 du règlement d'administration publique du........, prescrira les mesures à prendre pour assurer la plus complète égalité entre les diverses entreprises de transport dans leurs rapports avec le tramway.

ART. 34. — *Embranchements industriels. Tarifs à percevoir pour le matériel prêté*. — Le concessionnaire sera indemnisé de la fourniture et de l'envoi de son matériel sur les embranchements industriels desservant des carrières, des mines ou des usines, par la perception d'une redevance qui est fixée à *douze centimes* (0 fr. 12) par tonne pour le premier kilomètre et à *quatre centimes* (0 fr. 04) par tonne et par kilomètre en sus du premier, lorsque la longueur de l'embranchement excédera un kilomètre.

TITRE V

Stipulations relatives à divers services publics

ART. 35. — *Fonctionnaires ou agents du contrôle*. — Les fonctionnaires ou agents chargés de l'inspection, du contrôle et de la surveillance de la voie ferrée seront transportés gratuitement dans les voitures de voyageurs.

Art. 36. — *Service des postes.* — Le concessionnaire sera tenu de recevoir dans ses voitures, aux heures des départs réguliers, les sacs de dépêches de la poste escortés ou non d'un convoyeur. Les sacs seront déposés dans un coffre fermant à clef. Le convoyeur aura droit à une place réservée aussi près que possible de ce coffre.

L'Administration des postes aura, en outre, le droit de fixer aux voitures de l'entreprise une boîte aux lettres, dont elle fera opérer la pose et la levée par ses agents.

Les prix des transports ci-dessus seront payés par l'Administration des postes conformément aux tarifs homologués, sauf dans le cas où l'État se serait engagé à fournir au concessionnaire une subvention par annuités. Dans ce cas, les sacs de dépêches et le convoyeur devront être transportés gratuitement.

Le concessionnaire pourra être tenu de fixer, d'après les convenances du service des postes, l'heure d'un de ses départs dans chaque sens.

Le montant des dépenses supplémentaires de toute nature que ce service spécial aura imposées au concessionnaire, déduction faite du produit qu'il aura pu en retirer, lui sera payé par l'Administration des postes, que l'entreprise soit subventionnée ou non par le Trésor, suivant le règlement qui en sera fait de gré à gré ou par deux arbitres. En cas de désaccord de ces arbitres, un tiers arbitre sera désigné par le conseil de préfecture.

TITRE VI

Clauses diverses

Art. 37. — *Frais de contrôle.* — La somme que le concessionnaire doit verser chaque année à la date du............., afin de pourvoir aux frais du contrôle, sera calculée d'après le chiffre de (1).......... par kilomètre de voie concédée.

Le premier versement aura lieu le......... à la caisse du...........

Art. 38 (2). — *Cautionnement.* — Avant la signature de l'acte de concession, le concessionnaire déposera à la Caisse des dépôts et consignations une somme de.............. en numéraire ou en rente sur l'État calculée conformément au décret du 31 janvier 1872, ou en bons du Trésor, avec transfert, au profit de ladite Caisse, de celles de ces valeurs qui seraient nominatives ou à ordre.

Cette somme formera le cautionnement de l'entreprise.

Les *quatre cinquièmes* en seront rendus au concessionnaire par *cinquième* et proportionnellement à l'avancement des travaux. Le dernier *cinquième* ne sera remboursé qu'après l'expiration de la concession.

Art. 39 (1). — *Élection de domicile.* — Le concessionnaire devra faire élection de domicile à.............

(1) Les frais de contrôle ont été fixés, dans plusieurs concessions déjà données, à la somme annuelle de cinquante francs (50 fr.) par kilomètre, payable à compter de la date du décret de concession, tant pour la période de construction que pour la période d'exploitation.

(2) Note ajoutée par le décret du 13 février 1900 :

En cas de concession à un département ou à une commune d'un tramway

Dans le cas où il ne l'aurait pas fait, toute notification ou signification à lui adressée sera valable lorsqu'elle sera faite au *secrétariat général de la préfecture de* (2).............

Art. 40. — Les contestations qui s'élèveraient entre le concessionnaire et l'Administration au sujet de l'exécution et de l'interprétation des clauses du présent cahier des charges seront jugées administrativement par le conseil de préfecture du département d .... sauf recours au Conseil d'Etat.

Art. 41. — *Frais d'enregistrement.* — Les frais d'enregistrement du présent cahier des charges et de la convention ci-annexée seront supportés par le concessionnaire.

II. — Documents officiels concernant les automobiles sur routes

SERVICES RÉGULIERS
DE VOITURES AUTOMOBILES

(Extrait de la loi de finances du 13 avril 1898)

Art. 86. — Lors de l'établissement de services réguliers de voitures automobiles destinées au transport de marchandises en même temps qu'au transport des voyageurs et subventionnés par les départements ou les communes intéressés, l'Etat peut s'engager, dans les limites déterminées, conformément à l'article 14 de la loi du 11 juin 1880, à concourir au payement des subventions, sans que la durée pour laquelle l'engagement est contracté puisse dépasser dix années.

La subvention de l'Etat, pour chaque exercice, est calculée d'après le parcours annuel des véhicules et leur capacité en marchandises, voyageurs, bagages et messageries. Elle ne peut dépasser deux cent cinquante francs (250 fr.) par kilomètre de longueur des voies desservies quotidiennement, ni être supérieure à la moitié de la subvention totale allouée par les départements ou les communes, avec ou sans le concours des intéressés.

Toutefois, elle peut atteindre trois cents francs (300 fr.) par kilomètre et les trois cinquièmes de la subvention totale dans les départements où la valeur du centime additionnel aux quatre contributions directes est comprise entre 20.000 et 30.000 francs ; elle peut atteindre trois cents cinquante francs (350 fr.) par kilomètre et les deux tiers de la subvention totale dans les départements où cette valeur est inférieure à 20.000 francs. La subvention de l'Etat ainsi calculée ne peut se cumuler avec aucun subside régulier imputé sur les fonds inscrits au budget, en dehors des allocations qui seraient obtenues à la suite d'adjudications passées pour l'exécution d'un service public.

Le contrat qui alloue la subvention pour le payement de laquelle le con-

---

avec rétrocession, les articles 38 et 39 seront supprimés dans le cahier des charges et insérés dans la convention relative à la rétrocession.
(1) Ou au *Secrétariat de la Mairie de*,..............

cours de l'Etat est demandé détermine les localités à desservir, le nombre et la capacité minima des véhicules, le nombre minimum des voyages et leur durée maxima, le montant maximum des prix à percevoir pour le transport et les pénalités encourues en cas d'inexécution de ces engagements. Il est approuvé, sur le rapport du Ministre des travaux publics, par un décret délibéré en Conseil d'Etat, qui fixe le montant maximum du concours annuel de l'Etat.

Un règlement d'administration publique déterminera les formes à suivre pour justifier de l'exécution des services subventionnés par l'État et les conditions dans lesquelles les comptes sont arrêtés par le préfet ou, en cas de désaccord, par le Ministre des travaux publics, après avis du Ministre des finances, sauf le recours au Conseil d'Etat des départements et communes intéressés ou de l'entrepreneur.

RÈGLEMENT RELATIF A LA CIRCULATION DES AUTOMOBILES

(Décret du 10 mars 1899)

SECTION I

Automobiles avec ou sans avant-train moteur, à boggie ou non circulant isolément

TITRE PREMIER

Mesures de sûreté

ART. 2. — Les réservoirs, tuyaux et pièces quelconques destinés à contenir des produits explosifs ou inflammables seront construits de façon à ne laisser échapper ni tomber aucune matière pouvant causer une explosion ou un incendie.

ART. 3. — Les appareils devront être disposés de telle manière que leur emploi ne présente aucune cause particulière de danger et ne puisse ni effrayer les chevaux ni répandre d'odeurs incommodes.

ART. 4. — Les organes de manœuvre seront groupés de façon que le conducteur puisse les actionner sans cesser de surveiller sa route.

Rien ne masquera la vue du conducteur vers l'avant, et les appareils indicateurs qu'il doit consulter seront placés bien en vue et éclairés la nuit.

ART. 5. — Le véhicule devra être disposé de manière à obéir sûrement à l'appareil de direction et à tourner avec facilité dans les courbes de petit rayon. Les organes de commande de la direction offriront toutes les garanties de solidité désirables.

Les automobiles dont le poids à vide excède 250 kilogrammes seront munis de dispositifs permettant la marche en arrière.

ART. 6. — Le véhicule devra être pourvu de deux systèmes de freinage distincts, suffisamment efficaces, dont chacun sera capable de supprimer automatiquement l'action motrice du moteur ou de la maîtriser.

L'un au moins de ces systèmes agira directement sur les roues ou sur des couronnes immédiatement solidaires de celles-ci et sera capable de caler instantanément les roues.

L'un de ces systèmes ou un dispositif spécial permettra d'arrêter toute dérive en arrière.

Dans le cas d'un véhicule à avant-train moteur à boggie, l'un des systèmes de freinage à la disposition du mécanicien devra pouvoir agir sous les roues arrière du véhicule.

ART. 7. — La constatation que les voitures automobiles satisferont aux diverses prescriptions ci-dessus sera faite par le service des mines, sur la demande du constructeur ou du propriétaire. Pour les voitures construites en France, le fabricant devra demander la vérification de tous les types d'automobiles qu'il a établis ou établira. Pour les voitures de provenance étrangère, l'examen sera fait avant la mise en service en France, sur le point du territoire désigné par le propriétaire de la voiture.

Lorsque le fonctionnaire des mines délégué à cet effet aura constaté que la voiture présentée satisfait aux prescriptions réglementaires, il dressera de ses opérations un procès-verbal dont une expédition sera remise soit au constructeur, soit au propriétaire, suivant le cas.

Le constructeur aura la faculté de livrer au public un nombre quelconque de voitures suivant chacun des types qui auront été reconnus conformes au règlement. Il donnera à chacunes d'elles un numéro d'ordre dans la série à laquelle elle appartient et il devra remettre à l'acheteur une copie du procès-verbal et un certificat attestant que la voiture livrée est entièrement en conformité du type.

Chaque voiture portera en caractères bien apparents :

1° Le nom du constructeur, l'indication du type et le numéro d'ordre dans la série du type ;

2° Le nom et le domicile du propriétaire.

En cas de refus par les ingénieurs des mines de dresser un procès-verbal constatant que le véhicule présenté satisfait aux prescriptions réglementaires les intéressés pourront faire appel au Ministre des travaux publics qui statuera après avis de la Commission centrale des machines à vapeur.

TITRE II.

Mise en circulation

ART. 8. — Tout propriétaire d'un automobile devra, avant de le mettre en circulation sur les voies publiques, adresser au préfet du département où il réside une déclaration dont il lui sera remis récépissé. Cette déclaration sera communiquée sans délai au service des mines.

ART. 9. — La déclaration fera connaître le nom et le domicile du propriétaire.

Elle sera accompagnée d'une copie du procès-verbal dressé en vertu de l'article 7.

ART. 10. — La déclaration faite dans un département suffira pour toute la France.

TITRE III.

Conduite et circulation

Art. 11. — Nul ne pourra conduire un automobile s'il n'est porteur d'un certificat de capacité délivré par le préfet du département de sa résidence, sur l'avis favorable du service des mines.

Un certificat de capacité spéciale sera institué pour les conducteurs de motocycles d'un poids inférieur à 150 kilogrammes.

Art. 12. — Le conducteur d'un automobile sera tenu de présenter à toute réquisition de l'autorité compétente :

1° Son certificat de capacité ;

2° Le récépissé de déclaration du véhicule.

Art. 13. — Les divers organes du mécanisme moteur, les appareils de sûreté, la commande de la direction, les freins et leurs systèmes de commande, ainsi que les transmissions de mouvement et les essieux, seront constamment entretenus en bon état.

Le conducteur devra vérifier fréquemment par l'usage le bon état de fonctionnement des deux systèmes de freinage.

Art. 14. — Le conducteur de l'automobile devra rester constamment maître de sa vitesse. Il ralentira ou même arrêtera le mouvement toutes les fois que le véhicule pourrait être une cause d'accident, de désordre ou de gêne pour la circulation.

La vitesse devra être ramenée à celle d'un homme au pas dans les passages étroits ou encombrés.

En aucun cas, la vitesse n'excédera celle de 30 kilomètres à l'heure en rase campagne et de 20 kilomètres à l'heure dans les agglomérations, sauf l'exception prévue à l'article 31.

Art. 15. — L'approche du véhicule devra être signalée en cas de besoin au moyen d'une trompe.

Tout automobile sera muni à l'avant d'un feu blanc et d'un feu vert.

Art. 16. — Le conducteur ne devra jamais quitter le véhicule sans avoir pris les précautions utiles pour prévenir tout accident, toute mise en route intempestive, et pour supprimer tout bruit du moteur.

SECTION II

Automobile remorquant d'autres véhicules

TITRE VI.

Mesures de sûreté

Art. 17. — Les automobiles remorquant d'autres véhicules ne pourront circuler sur les voies publiques qu'autant qu'ils satisferont, en ce qui concerne les appareils moteurs, les organes de transmission, de freinage et de conduite, aux prescriptions des articles 2, 3, 4, 5, 6 du présent règlement.

Art. 18. — Indépendamment des freins de l'automobile prévus par l'article 6, chaque véhicule remorqué sera muni d'un système de freins suffisamment efficace et rapide, susceptible d'être actionné soit par le mécanicien à son poste sur l'automobile, soit par un conducteur spécial.

Art. 19. — Les véhicules remorqués porteront, en caractères bien apparents, le nom et le domicile du propriétaire.

Art. 20. — Aucun automobile destiné à remarquer d'autres véhicules ne pourra être mis en service qu'en vertu d'une autorisation du préfet, délivrée après avis du service des mines.

Le fonctionnaire délégué à cet effet visitera l'automobile et pourra procéder à des essais ayant pour but de constater qu'il ne présente aucune cause particulière de danger en raison du service auquel il est destiné.

L'autorisation délivrée à la suite de ces vérifications sera valable pour tous les départements.

TITRE V

Mise en circulation

Art. 21. — Nul ne pourra faire circuler dans un département des automobiles remorquant d'autres véhicules, sans une autorisation délivrée par le préfet de ce département, après avis soit de l'ingénieur en chef des ponts et chaussées, soit de l'agent voyer en chef, ou de ces deux chefs de service, suivant la nature des routes et des chemins empruntés.

La demande devra indiquer :

1o Les routes et chemins que le pétitionnaire a l'intention de suivre;

2o Le poids de l'automobile, celui de chacun des véhicules chargés et la charge maximum par essieu ;

3o La composition habituelle des trains et leur longueur totale.

Art. 22. — L'autorisation déterminera les conditions particulières de sécurité auxquelles le permissionnaire sera soumis indépendamment des prescriptions générales du présent règlement.

Les intéressés pourront faire appel de la décision du Préfet devant le Ministre des Travaux publics, qui statuera après avis de la Commission centrale des machines à vapeur.

TITRE VI

Conduite et circulation

Art. 23. — Tout train portera, la nuit, un feu rouge à l'arrière, sans préjudice du feu blanc et du feu vert prévus par l'article 15.

Art. 24. — La vitesse des trains en marche ne dépassera pas 20 kilomètres à l'heure en rase campagne et 10 kilomètres à l'heure dans les agglomérations.

Art. 25. — Lorsque les freins des véhicules remorqués ne seront pas actionnés par le mécanicien, la manœuvre de ces freins sera confiée à des conducteurs spéciaux dont le nombre sera proportionné à l'importance du convoi, eu égard aux déclivités du parcours et à la vitesse de marche.

Dans tous les cas, des dispositions efficaces seront prises pour empêcher toute dérive en arrière des véhicules remorqués.

ART. 26. — Le stationnement de trains sur la voie publique ne devra, en aucun cas, gêner la circulation ni entraver l'accès des propriétés.

Pour les services publics de voyageurs, les points de stationnement seront désignés par l'arrêté préfectoral d'autorisation.

ART. 27. — La marche, la conduite et l'entretien des automobiles et des véhicules remorqués seront soumis aux prescriptions des articles 11, 12, 13, aux deux premiers alinéas de l'article 14, ainsi qu'aux articles 15 et 16 du présent règlement.

ART. 28. — Les dispositions du présent règlement, à l'exception des articles 18 à 27, seront applicables aux automobiles remorquant une voiturette dont le poids, voyageurs compris, ne dépasse pas 200 kilogrammes pourvu que les freins soient capables de servir efficacement pour l'ensemble.

SECTION III

TITRE VII

Dispositions générales.

ART. 29. — Indépendamment des prescriptions du présent règlement, les automobiles demeureront soumis aux dispositions des règlements sur la police du roulage.

ART. 30. — L'appareil d'où procède la source d'énergie sera soumis aux dispositions des règlements sur les appareils du même genre, en vigueur ou à intervenir.

ART. 31. — Les courses de voitures automobiles ne pourront avoir lieu sur la voie publique sans une autorisation spéciale délivrée par chacun des préfets des départements intéressés, sur l'avis des chefs des services de voirie.

Cette autorisation ne dispensera pas les organisateurs des courses de demander, au moins huit jours à l'avance pour chacune des communes intéressées, l'agrément du maire. La vitesse pourra excéder celle de 30 kilomètres à l'heure en rase campagne ; elle ne pourra, en aucun cas, dépasser celle de 20 kilomètres à l'heure dans les agglomérations.

ART. 32. — Après deux contraventions dans l'année, les certificats de capacité délivrés en vertu de l'article 11 du présent règlement pourront être retirés par arrêté préfectoral, le titulaire entendu et sur l'avis du service des mines.

ART. 33. — Les contraventions aux dispositions qui précèdent seront constatées par des procès-verbaux et déférées aux tribunaux compétents, conformément aux dispositions des lois et règlements en vigueur ou à intervenir.

ART. 34. — Les attributions conférées aux préfets des départements par le présent décret sont exercées par le préfet de police dans toute l'étendue de son ressort.

ART. 35. — Les Ministres de l'intérieur et des travaux publics sont chargés, chacun en ce qui le concerne, d'assurer l'exécution du présent décret qui sera publié au *Journal officiel* et inséré au *Bulletin des lois*.

CIRCULAIRE MINISTÉRIELLE DU 10 AVRIL 1899

Règlement du 10 mars 1899 sur la circulation des automobiles.

Monsieur le Préfet,

J'ai l'honneur de vous adresser ampliation d'un décret, en date du 10 mars 1899, portant règlement relatif à la circulation des automobiles, et je viens vous donner, dans la présente circulaire, en ce qui concerne mon département, les premières instructions qui peuvent vous être nécessaires pour son application.

1. — Par l'expression d'automobiles ou de voitures automobiles du règlement, il faut entendre tous les véhicules à moteur mécanique, quelle que soit leur nature. Ces expressions comprennent donc non seulement les locomotives routières, les automobiles de poids lourd et de poids moyen avec ou sans avant-train moteur, boggie ou non, circulant isolément, ou remorquant d'autres véhicules, mais encore les véhicules légers tels que voiturettes, motocycles, etc... Le règlement ne fait de distinction entre les motocycles d'un poids inférieur à 150 kilogrammes et les autres automobiles qu'à l'occasion de la délivrance d'un certificat de capacité spécial aux conducteurs de ces automobiles légers ; j'y reviendrai au n° 11 de la présente circulaire.

2. — Le décret du 10 mars 1899 ne modifie en rien, en ce qui concerne la circulation des voitures automobiles, les règlements relatifs à la circulation et au stationnement d'un véhicule, quel qu'il soit, sur la voie publique, non plus que ceux relatifs à l'emploi de la vapeur d'eau ou de toute autre source d'énergie. Le nouveau décret s'ajoute à ces règlements pour les automobiles ; il ne les supprime ni ne les modifie. Les articles 29 et 30 du décret rappellent explicitement ce principe, sur lequel je ne crois pas utile de m'étendre ni de revenir, en me proposant d'examiner dans la présente circulaire que les dispositions nouvelles, spéciales et additives, résultant du décret du 10 mars.

3. — Il y a lieu de considérer successivement, avec ce décret :

1° Les prescriptions applicables à tous les véhicules sans distinction en ce qui concerne les conditions générales de sûreté auxquelles ils doivent satisfaire pour les appareils moteurs, les organismes de transmission, de freinage et de conduite (art. 2 à 7 et art. 17) ;

2° Les déclarations pour la mise en circulation des véhicules circulant isolément, quel que soit leur type (art. 8 à 10) ;

3° Les certificats de capacité pour la conduite de ces véhicules (art. 11, 12 et 32) ;

4° Les autorisations pour la mise en circulation des automobiles qui doivent remorquer d'autres véhicules (art. 17 à 28).

Les trois premières catégories de ces mesures relèvent du service des mines ; la dernière met en jeu, en outre du service des mines, le service des ponts et chaussées ou celui des agents voyers suivant la nature des routes empruntées par ces véhicules.

Conditions générales de sûreté auxquelles doivent satisfaire tous les véhicules.

4. — Aux termes des articles 7 et 17, le service des mines est appelé à

constater que tous les véhicules automobiles, sans distinction de nature et de service, satisfont aux conditions des articles 2 à 6 du décret.

Cette constatation a lieu, aux termes de l'article 7, sur la demande du constructeur ou du propriétaire; les ingénieurs des mines n'ont donc pas d'initiative à prendre à cet égard ; ils doivent se borner à procéder aux constatations qui leur sont demandées par les intéressés.

Ces constatations n'ont pas d'ailleurs à être effectuées dans tous les cas sur tous les véhicules pris individuellement; lorsque des véhicules en nombre quelconque sont ou doivent être établis suivant un même type, il suffit que la constatation soit effectuée sur l'un d'eux.

La demande, qui sera adressée directement à l'ingénieur des mines, devra être accompagnée d'une note descriptive du type ; cette note devra au besoin comprendre, intercalés dans son texte ou annexés à celui-ci, les dessins ou croquis nécessaires pour la clarté du texte et la définition complète des diverses parties mécaniques du type auquel appartient le véhicule dont l'examen est demandé.

5. — Par type du véhicule, il faut entendre non seulement la nature de la source d'énergie, le système des appareils moteurs, mais surtout celui des organes de transmission, de freinage et de conduite, ainsi que toutes les dispositions caractérisant la manière dont le véhicule satisfait aux prescriptions des articles 2 à 6. Ainsi, par exemple, peuvent appartenir au même type deux véhicules dont la carrosserie diffère ; mais n'appartiendraient pas au même type deux véhicules dont les freins ne présenteraient pas des dispositions entièrement similaires ; d'une manière générale, l'unité de type suppose que l'accomplissement de chacune des prescriptions des articles 2 à 6 soit assurée par des moyens semblables et à des degrés équivalents.

Un même type peut comprendre des véhicules différant par les dimensions de leurs organes et la puissance de leurs moteurs, pourvu que les différences ne soient pas assez grandes pour altérer la manière dont ces véhicules satisfont aux diverses prescriptions dont il s'agit.

La note descriptive du type devra donc spécifier entre quelles limites de poids et de vitesse pour le véhicule, de puissance pour le moteur, de dimensions caractéristiques pour les organes essentiels, sont ou seront compris les véhicules appartenant au type décrit. Elle fera mention d'une désignation conventionnelle, qui finira sans ambiguïté chacun des types en provenance d'un même constructeur, et qui constituera l'indication du type à inscrire sur chacune des voitures de ce type en exécution de l'article 7 du règlement.

Il n'est pas possible de fixer d'une manière invariable le cadre des notes descriptives à exiger des demandeurs ; mais les ingénieurs des mines n'auront pas de difficulté à reconnaître dans chaque cas si la note descriptive fournie à l'appui d'une demande est suffisamment précise ou a besoin d'être complétée, tout en ne perdant pas de vue que lorsqu'un véhicule répondant à la description de cette note aura été soumis à leur examen, et lorsqu'ils auront constaté directement que ce véhicule en particulier satisfait à toutes les prescriptions des articles 2 à 6, il devra s'ensuivre que tout véhicule construit suivant les spécifications de la note sera réputé satisfaire également à ces prescriptions.

Une demande ne sera recevable qu'accompagnée en double expédition d'une note descriptive suffisamment complète et précise, conformément aux règles ci-dessus.

6. — L'ingénieur des mines examinera le véhicule qui lui sera présenté ; il s'assurera que chacune des conditions fixées par les articles 2, 3, 4, 5 et 6 est remplie par ce véhicule. Il devra notamment faire procéder en sa présence, par le demandeur ou par son représentant, à des essais, à des vitesses variées, de marche et de virage. Il aura soin de choisir, pour ces expériences, des voies de déclivités usuelles, très peu fréquentées, et devra faire interrompre l'essai, s'il y a lieu, à l'approche des chevaux ou d'autres animaux donnant des marques d'une frayeur qui pourrait être une cause de danger ou de désordre.

Les vérifications relatives à l'article 6 devront être conduites avec la prudence nécessaire pour éviter les accidents et les avaries inutiles. En même temps, la perfection des moyens de freinage étant d'une utilité essentielle pour la sécurité publique, il faut que ces vérifications soient entièrement démonstratives. On conciliera ces deux conditions en évitant de soumettre de prime abord un véhicule inconnu à un essai d'arrêt brutal à grande vitesse, surtout sur une déclivité exceptionnelle ; on procédera par plusieurs expériences successives suivant un programme gradué de vitesses et de longueur de parcours après freinage, de manière à se renseigner progressivement sur la force de chacun des moyens de freinage et sur leur rapidité d'action, ainsi que sur l'aptitude des divers organes du véhicule à en supporter les réactions.

Les dernières épreuves de ce programme devront d'ailleurs être assez sévères pour donner l'assurance que les moyens de freinage du véhicule essayé, ou de tout autre véhicule du même type supposé en bon état d'entretien, répondront en toutes circonstances aux conditions fixées par l'article 6 ; il ne faut pas perdre de vue, à cet égard, que, d'après l'ensemble des dispositions des titres I et II du décret, ces véhicules pourront avoir à circuler sur toutes les déclivités des voies publiques de France.

Par moyens de freinage, on peut entendre non seulement les mécanismes produisant le serrage des freins proprement dits, mais encore les actions retardatrices analogues à celle de la contre-vapeur, pourvu que ces actions retardatrices soient suffisamment puissantes et s'exercent de manière à satisfaire exactement à toutes les conditions spécifiées à l'article 6.

En cas d'empêchement de l'ingénieur des mines, les constatations pourront être effectuées par un contrôleur des mines ou un inspecteur spécial opérant sur l'ordre et d'après les instructions de l'ingénieur.

7. — Lorsque l'ingénieur des mines ou son délégué aura reconnu que le type du véhicule essayé satisfait à toutes les prescriptions des articles 2 à 6, il sera dressé un procès-verbal de constatation en utilisant la note descriptive fournie par le demandeur. Il suffira en général, à cet effet, d'inscrire à la suite de cette note : « Il résulte des constatations effectuées le (ici la date des essais), sur le véhicule n°...,.. du type...,.. (ici l'indication du type) décrit par la note ci-dessus, que ce type satisfait aux articles 2, 3, 4, 5 et 6 du décret du 10 mars 1899 ». Cette attestation, datée et signée par l'ingénieur des mines et marquée d'un numéro correspondant au registre d'ordre de cet ingénieur, est remise à l'intéressé après avoir été visée par l'ingénieur en chef.

La seconde expédition est classée dans les archives de l'ingénieur des mines.

8. — Les explications précédentes visent particulièrement le cas où la demande émane d'un constructeur qui se propose de livrer au public un

nombre plus ou moins considérable de véhicules établis en conformité d'un même type. Il peut arriver qu'un véhicule soit présenté au service des mines, soit par un constructeur, soit par un propriétaire, à titre d'unité isolée, sans intention de voir étendre le bénéfice des constatations à d'autres véhicules analogues. Dans ce cas la procédure reste en principe la même, mais la formule dont le service des mines aura à faire suivre la note descriptive devient la suivante :

« Il résulte des constatations effectuées le..... que le véhicule défini par la note ci-dessus satisfait aux articles 2, 3, 4, 5 et 6 du décret du 10 mars 1899 ».

9. — Si l'ingénieur en chef des mines, sur le rapport qui devra lui être adressé par l'ingénieur ordinaire, estime que le véhicule présenté ne satisfait pas aux prescriptions réglementaires, il le notifie par lettre motivée au demandeur pour que celui-ci puisse, s'il le juge opportun, exercer le recours prévu par le dernier paragraphe de l'article 7 du règlement.

Aux termes de ce paragraphe, le Ministre ne statue qu'après avoir pris l'avis de la Commission centrale des machines à vapeur, dans laquelle je me propose d'appeler des représentants qualifiés de l'automobilisme pour donner encore plus d'autorité et de garantie à la décision à intervenir.

Déclaration pour la mise en circulation de véhicules isolés.

10. — La déclaration qui doit vous être envoyée conformément à l'article 8 du décret doit être dressée sur timbre.

Elle doit faire connaître :

1° Les nom et prénoms du propriétaire ;

2° Son domicile ;

3° Le nom du constructeur.

4° L'indication du type ;

5° Le numéro d'ordre dans la série du type.

Ces indications devront reproduire celles qui doivent être portées par la voiture en caractères bien apparents (art. 7 du décret) et doivent concorder avec les indications mentionnées dans la copie du procès-verbal qui doit accompagner la déclaration.

Lorsque vous aurez reconnu que la déclaration est régulière et complète, et au besoin, après l'avoir fait compléter, vous en donnerez récépissé en délivrant au déclarant une carte, dûment remplie par vos soins, dont le modèle est donné en annexe à la présente circulaire (modèle n° 1). Vous serez approvisionné de ces cartes par mon Administration suivant les demandes que vous aurez à lui envoyer à temps (Division des mines 1er bureau).

Après inscription du récépissé, sous son numéro, sur le registre spécial qui sera tenu à votre préfecture, vous enverrez la déclaration et la copie du procès-verbal qui y est jointe à l'ingénieur en chef des mines en lui faisant connaître le numéro sous lequel vous avez délivré le récépissé.

Le service des mines portera de son côté sur un registre spécial le nom et le domicile du propriétaire du véhicule déclaré, le nom du constructeur, l'indication du type de ce véhicule et son numéro d'ordre dans la série du type, la date et le numéro d'ordre du procès verbal accompagnant la déclaration, et l'indication du département dans lequel ce procès-verbal a été dressé.

Ce registre spécial servira de base aux relevés statistiques que je pourrai avoir à demander aux ingénieurs.

Certificat de capacité

11. — Les candidats au certificat de capacité institué par l'article 11 du décret devront subir devant l'ingénieur des mines ou son délégué un examen pratique, afin de faire la preuve qu'ils possèdent la capacité nécessaire.

Cette preuve consistera essentiellement, de la part du candidat, à manœuvrer un véhicule à moteur mécanique de la nature de celui qu'il se propose de conduire, en présence et sous la direction de l'examinateur. L'examinateur aura à apprécier, notamment, la prudence, le sang-froid et la présence d'esprit du candidat, la justesse de son coup d'œil, la sûreté de sa direction, son habileté à varier suivant les besoins la vitesse du véhicule, la promptitude avec laquelle il met en œuvre, lorsqu'il y a lieu, les moyens de freinage et d'arrêt, et le sentiment qu'il a des nécessités de la circulation sur la voie publique.

Une distinction est établie, par l'article 11 du décret, entre les certificats de capacité qui seront délivrés aux conducteurs des motocycles d'un poids inférieur à 150 kilogrammes et ceux afférents aux autres automobiles. Pour la conduite des motocycles d'un poids inférieur à 150 kilogrammes, l'examinateur se bornera à faire évoluer devant lui le candidat monté sur un motocycle et à apprécier s'il possède à un degré convenable l'expérience et les qualités que je viens de définir.

Pour la conduite des autres véhicules à moteur mécanique, l'examinateur prendra place avec le candidat sur la voiture et lui fera effectuer à diverses vitesses un parcours avec virages, arrêts, application des moyens de freinage, etc., de manière à reconnaître à quel degré il possède cette expérience et ces qualités. De plus il posera au candidat des questions sur le rôle et l'emploi des divers leviers, pédales ou manettes, sur les opérations préparatoires à la mise en marche du véhicule sur les moyens de remédier, en cours de route, aux plus simples des incidents qui peuvent faire rester le véhicule en panne.

Il ne saurait être question ici d'examens théoriques ; mais il est nécessaire lorsqu'il s'agit de la conduite d'automobiles autres que les motocycles d'un poids inférieur à 150 kilogrammes, d'interroger le candidat pour s'assurer des connaissances pratiques qu'il possède.

Cela est très important pour la conduite des véhicules munis de moteurs à vapeur d'eau. La conduite d'une pareille machine exige des connaissances spéciales et une attention toute particulière. Le candidat doit alors connaître les conditions de sécurité de l'emploi des générateurs, le rôle et le mode de consultation rationnelle des appareils de sûreté dont ces générateurs doivent être réglementairement pourvus, les précautions à prendre pour vérifier les indications de ces appareils et pour les entretenir en bon état de fonctionnement, les mesures de préservation auxquelles il importe de recourir en cas de manque d'eau, de danger de coup de feu ou d'excès de pression.

Des tempéraments plus ou moins larges à ces règles peuvent être admis suivant les types de générateurs à vapeur d'eau, notamment pour ceux dont l'agencement est tel qu'ils ont pu être dispensés d'un plus grand nombre des appareils de sûreté exigés par les règlements sur les appareils à vapeur.

Bien qu'il soit désirable de faire le moins de catégories possible et de donner à chaque certificat de capacité une généralité aussi grande que le permettent les aptitudes et les connaissances de l'impétrant, il sera, en général, tout au moins nécessaire, d'après les observations qui viennent d'être présentées, de spécifier la nature de la source d'énergie des véhicules que le candidat est reconnu apte à conduire, et souvent même de limiter plus étroitement encore, par la désignation d'un système déterminé de véhicules, la portée du certificat, le candidat restant libre de faire étendre les dispositions de son certificat en se faisant examiner pour la conduite de véhicules divers.

12. — Vous délivrerez les certificats de capacité sur les formules dont vous trouverez ci-joint un modèle (mod. n° 2) et dont vous serez approvisionné par mes soins d'après les quantités que vous aurez à demander en temps utile à mon Administration (Division des mines, 1er bureau).

L'avis favorable du service des mines est obligatoire, aux termes de l'article 11 du décret réglementaire, pour que vous puissiez délivrer le certificat. Mais en la forme cet avis peut et doit être réduit à la transmission qu'aura à vous faire ce service des strictes indications nécessaires pour vous permettre de remplir le certificat, sans qu'il soit besoin qu'elles soient appuyées, sauf cas particulier, par un rapport explicatif. Vous apprécierez même, après entente avec M. l'Ingénieur en chef des mines, si pour plus de rapidité et de commodité, les formules de certificat ne pourront pas être avantageusement déposées chez ce chef de service qui normalement pourrait vous transmettre, sous simple bordereau, quand il y aurait lieu, les certificats dûment remplis, que vous n'aurez plus qu'à signer après vérification de leur régularité matérielle.

La formule a été établie de manière que les distinctions nécessaires, conformément à ce qui précède, puissent être faites relativement à la nature des véhicules que l'impétrant aura la faculté de conduire.

Un cadre a été réservé sur le certificat pour recevoir la photographie du titulaire. Le candidat au certificat de capacité devra fournir, soit en formant sa demande, soit lors de l'examen, un exemplaire de sa photographie, d'un format approprié aux dimensions de ce cadre ; cette photographie sera collée sur la formule, par les soins de l'Administration, avant la délivrance du certificat ; elle sera oblitérée par l'apposition d'un timbre officiel qui empêche la substitution d'une autre photographie.

L'ingénieur en chef tiendra un registre spécial des certificats de capacité délivrés par son intermédiaire ; vous devrez donc l'aviser, en lui faisant connaître le numéro du certificat par vous délivré, de l'approbation de ses propositions dans le cas où le certificat serait délivré directement par vos soins au titulaire au lieu de lui parvenir par l'intermédiaire du service des mines, le tout suivant accord qui sera arrêté après entente entre vous et ce service.

Autorisations de mise en service des automobiles qui doivent remorquer d'autres véhicules

13. — Il y a lieu de remarquer que dans les automobiles dont traite sous cette rubrique la section II du décret (art. 17 à 28) ne sont pas rangés les automobiles avec avant-train moteur, ou boggie, circulant isolément. Ces derniers véhicules rentrent dans ceux auxquels s'applique la section I, ainsi qu'il résulte de la rubrique même de cette section.

14. — Le service des mines doit vous fournir son avis relativement à chaque demande qui vous sera adressée, en exécution de l'article 20, pour obte-

nir l'autorisation de mettre en service un véhicule à moteur mécanique destiné à remorquer d'autres véhicules. Vous voudrez bien communiquer chacune des demandes de cette catégorie à l'ingénieur en chef des mines, qui s'assurera par lui-même ou par délégation, que le véhicule satisfait d'une part aux prescriptions des articles 2 à 6, d'autre part aux diverses conditions spéciales exigées par les articles 18 à 20.

Le service des mines ayant, aux termes de l'article 20, à s'assurer que le véhicule ne présente aucune cause particulière de danger en raison du service auquel il est destiné, la demande d'autorisation devra, non seulement définir le véhicule sans ambiguïté, mais encore préciser le service auquel le pétitionnaire le destine.

Les véhicules autorisés conformément à l'article 20 n'ont pas nécessairement besoin du procès-verbal ni du certificat dont il est question à l'article 7 du décret, lequel ne s'applique, en principe, qu'aux véhicules circulant isolément ; il n'y a pas lieu, du reste, pour ces véhicules remorqueurs, à la déclaration que les articles 8, 9 et 10 du règlement rendent obligatoire pour les automobiles sans remorque.

15. — De leur côté, l'ingénieur en chef des ponts et chaussées ou l'agent voyer en chef de votre département ont à vous fournir leur avis, chacun en ce qui le concerne, sur les conditions de stabilité des ouvrages d'art situés sur les parties de route ou de chemin indiquées dans la demande formée, en exécution de l'article 21, pour obtenir l'autorisation de faire circuler dans votre département des automobiles remorquant d'autres véhicules.

Cette demande est en principe, et sera souvent en fait, distincte de celle prévue à l'article 20 et tendant à la mise en service d'un véhicule remorqueur. Cependant, lorsque ces deux natures de demandes seront confondues dans une même pétition, si cette pétition fournit d'ailleurs toutes les indications nécessaires, il conviendra, pour éviter une multiplication inutile des formalités, de statuer par une seule et même décision, après avoir pris l'avis des services de voirie intéressés et du service des mines.

Observations générales.

16. — Si les ingénieurs et contrôleurs des mines pour les règles sur les appareils à vapeur et si les fonctionnaires et agents de la voirie pour les dispositions des règlements sur la police du roulage (art. 29 du décret) conservent, avec leurs attributions antérieures, le droit de verbaliser pour assurer l'observation par les automobiles de ces diverses dispositions, le nouveau règlement ne donne pas à ces fonctionnaires et agents le pouvoir de verbaliser pour les mesures nouvelles qu'il édicte. En attendant les lois à intervenir à cet égard (art. 33), les contraventions à ces dispositions du règlement du 10 mars 1899 seront constatées par les officiers de police judiciaire, maires, commissaires de police, etc.

17. — Dans quelques départements et villes, des règlements sur la circulation des véhicules à moteur mécanique, autres que ceux servant à l'exploitation des voies ferrées, ont été édictées par l'autorité préfectorale ou municipale. Ces réglementations locales disparaissent *de plano* devant le règlement d'administration publique du 10 mars 1899 en tout ce que celui-ci règle aujourd'hui.

18. — L'arrêté d'un de mes prédécesseurs, en date du 20 avril 1866, relatif à l'emploi des locomotives sur les routes autres que les chemins de fer, est rapporté.

19. — Un certain nombre de véhicules à moteur mécanique, circulant isolément, ont été nantis, par vos soins ou par ceux de l'un de vos collègues, de permis de circulation valables pour un département déterminé. Ces permis devront désormais être, dans toute la France, considérés comme équivalents au récépissé de la déclaration visée aux articles 8, 9, 10 et 12 du décret du 10 mars 1899. Il est bien entendu que les propriétaires et conducteurs de ces automobiles seront d'ailleurs astreints à toutes les prescriptions des articles 11, 13 à 16, 29 à 35 du décret.

De même, les certificats de capacité pour la conduite des véhicules à moteur mécanique, donnés par vous ou par l'un de vos collègues antérieurement à ce jour, seront réputés équivalents, dans toute la France, à ceux institués par l'article 11 du décret réglementaire, sous réserve qu'ils seront réputés ne pouvoir s'appliquer qu'aux types ou espèces de véhicules pour lesquels ils ont été délivrés.

Enfin, les autorisations que vous auriez déjà accordées pour la mise en service et pour la circulation d'automobiles remorquant d'autres véhicules, ne cesseront pas d'être valables. Mais les conditions de circulation, de marche, de conduite et d'entretien de ces remorqueurs seront soumises aux prescriptions des articles 23 à 28 et les dispositions générales du titre VII leur seront également applicables.

20. — Le règlement que je viens de commenter donne aux ingénieurs des mines des pouvoirs considérables, non seulement d'appréciation, mais même de décision. Dans l'exercice de ses nouvelles fonctions, ils devront s'efforcer de concilier les légitimes exigences de la sécurité publique avec les équitables convenances d'une industrie hautement intéressante et qui mérite d'autant plus d'être encouragée qu'elle n'est encore qu'à ses débuts. Comme l'indique l'esprit du décret du 10 mars 1899, on ne doit entraver sa liberté que lorsqu'il devient nécessaire de la sacrifier à des intérêts plus généraux ou d'un ordre supérieur.

21. — Je vous prie, Monsieur le Préfet, de m'accuser réception de la présente circulaire, dont j'adresse directement ampliation à MM. les ingénieurs des mines et à MM. les ingénieurs des ponts et chaussées.

Recto	Verso

Recto

NOTA

—

La déclaration faite dans un département suffit pour te la France. (Art. 10 du décret du 10 mars 1899.)

RÉPUBLIQUE FRANÇAISE

—

MINISTÈRE   DÉPARTEMENT
des
.VAUX PUBLICS   d

—

CIRCULATION DES AUTOMOBILES

(Décret du 10 mars 1899).

—

RÉCÉPISSÉ DE DÉCLARATION

Verso

Le Préfet du département d

Vu le décret du 10 mars 1899, portant règlement relatif à la circulation des automobiles, et spécialement les articles 8, 9 et 10 de ce décret.

Certifie avoir reçu une déclaration en date du

(1) Nom et prénoms.   par laquelle M.(1)
(2) Indication   domicilié à (2)
précise du domicile

déclare être propriétaire du véhicule à moteur mécanique défini comme il suit :

Nom du constructeur :

Indication du type :

Numéro d'ordre dans la série du type :

Ladite déclaration a été enregistrée à la préfecture sous le no

, le   1   .

Le Préfet,

Recto	Verso

NOTA

—

Les certificats de capacité délivrés par le préfet d'un département conformément à l'article 11 du décret du 10 mars 1899 sont valables pour toute la France.

Ils peuvent être retirés après deux contraventions dans l'année. (Art. 32 dudit décret.)

RÉPUBLIQUE FRANÇAISE

—

MINISTÈRE
des
TRAVAUX PUBLICS

DÉPARTEMENT

d

CIRCULATION DES AUTOMOBILES
(Décret du 10 mars 1899).

CERTIFICAT DE CAPACITÉ
valable pour la conduite

d (1)

—

Cadre destiné
à la photographie
du titulaire.

(1) Désigner la nature du ou des véhicules auxquels s'applique le certificat.

Numéro
du certificat.

(1)
—

Signature
du titulaire :

Le Préfet du département d

Vu le décret du 10 mars 1899 portant règlement relatif à la circulation des automobiles, et spécialement son article 11 ;

Vu l'avis favorable du service des mines ;

Délivré à M. (2)

né à (3)

domicilié à (4)

un certificat de capacité pour la conduite d (5)

fonctionnant dans les conditions prescrites par le décret susvisé.

, le   1   .

Le Préfet,

(1) Numéro du registre spécial de la préfecture.— (2) Nom et prénoms.— (3) Lieu et date de naissance. — (4) Indication précise du domicile.— (5) Désignation de la nature du ou des véhicules à la conduite desquels s'applique le certificat conformément au paragraphe 11 de la circulaire ministérielle du 10 avril 1899.

DÉCRET DU 14 FÉVRIER 1900

Portant règlement d'administration publique pour l'exécution de l'article 86 de la loi de finances du 13 avril 1898.

(Subventions à des services publics par automobiles).

DÉCRÈTE :

ARTICLE PREMIER (1). — Tout entrepreneur de service régulier de voitures automobiles subventionné par l'Etat constate sur un registre à souche, coté et paraphé, la mise en marche de chaque voiture.

Il inscrit à cet effet, pour chaque voyage, tant sur la souche que sur le feuillet à détacher :

1º Le jour et l'heure du départ ;

2º Le numéro d'ordre de la voiture et sa capacité en marchandises, voyageurs, bagages et messageries ;

3º Le lieu de départ, le lieu de destination et la distance à parcourir.

Le feuillet est remis au départ au conducteur, qui y inscrit l'heure d'arrivée au lieu de destination, puis l'heure de départ et d'arrivée pour le voyage de retour. Le feuillet est ensuite rapporté à la souche.

ART. 2. — Dans chaque département, le Préfet nomme parmi les fonctionnaires du service des Ponts et chaussées ou du service des Contributions indirectes, un ou plusieurs agents qui sont chargés du contrôle des services d'automobiles subventionnés. Ce contrôle a pour but de vérifier si l'entrepreneur remplit les conditions qui, d'après le décret approuvant son contrat, lui donnent droit aux subventions, et d'établir le montant de ces subventions.

Les contrôleurs cotent et paraphent sur les feuillets à détacher, les registres de l'entrepreneur. Ils ont le droit de consulter ces registres et tous les documents qu'ils jugent utiles à leur mission. Ils peuvent faire sur place ou établir par témoins toutes les constatations nécessaires.

ART. 3. — L'entrepreneur adresse aux agents du contrôle, pour chaque mois, avant le 10 du mois suivant, un relevé du registre à souches dont la tenue est prescrite par l'article 1er, établissant le parcours des véhicules, leur capacité en marchandises, voyageurs, bagages et messageries pendant le mois précédent, et la durée de chaque voyage.

(1) Le préambule de ce décret est ainsi conçu :

Le Président de la République Française.

Sur le rapport du Ministre des Travaux publics.

Vu l'article 86 de la loi de finances du 13 avril 1898 relatif aux subventions de de l'Etat pour les services réguliers de voitures automobiles et notamment le dernier paragraphe ainsi conçu :

« Un règlement d'administration publique déterminera les formes à suivre pour justifier de l'exécution des services subventionnés par l'Etat et les conditions dans lesquelles les comptes sont arrêtés par le Préfet ou, en cas de désaccord, par le Ministre des Travaux publics, après avis du Ministre des Finances, sauf le recours au Conseil d'Etat des départements et communes intéressés ou de l'entrepreneur ».

Vu le rapport de la Commission spéciale instituée par décision ministérielle du 16 juillet 1898 ;

Vu la lettre du Ministre des finances en date du

Le Conseil d'Etat entendu :

Ils adressent au Préfet, pour le transports de chaque année, avant le 10 janvier suivant, un mémoire justifiant son droit aux subventions et un décompte établissant le montant de la somme dont il demande le payement.

Ce mémoire et ce décompte sont communiqués pour avis aux agents du contrôle, qui les retournent au Préfet, avant la fin de janvier, avec leurs propositions.

ART. 4. — Le dossier est ensuite soumis par le Préfet à l'examen d'une Commission nommée par lui, et composée :

D'un membre du Conseil général du département ;

D'un ingénieur des Ponts et Chaussées ;

D'un fonctionnaire de l'Administration des Contributions indirectes.

Cette Commission renvoie le dossier au Préfet avec son avis, avant la fin de février.

Si l'examen du dossier n'a pas révélé de difficultés, le Préfet arrête définitivement le montant des subventions dues par l'État, le département ou les communes.

En cas de difficultés, le Préfet transmet le dossier, avec son avis, au Ministre des Travaux publics, qui arrête les comptes, après avoir pris l'avis du Ministre des Finances, conformément à l'article 86 de la loi des finances du 13 avril 1898.

ART. 5. — Le Ministre des Travaux publics et le Ministre des Finances sont chargés, chacun en ce qui le concerne, de l'exécution du présent décret, qui sera inséré au *Bulletin des lois*.

TABLE DES MATIÈRES

INTRODUCTION

CHAPITRE PREMIER

RÈGLEMENT D'ADMINISTRATION PUBLIQUE CONCERNANT L'ÉTABLISSEMENT ET L'EXPLOITATION DES VOIES FERRÉES SUR LE SOL DES VOIES PUBLIQUES.

CHAPITRE II

CAHIER DES CHARGES-TYPE POUR LA CONCESSION DES CHEMINS DE FER D'INTÉRÊT LOCAL

CHAPITRE III

CAHIER DES CHARGES-TYPE POUR LA CONCESSION DES TRAMVAYS

CHAPITRE IV

LA RÈGLEMENTATION DES AUTOMOBILES

ANNEXES

I. — Documents officiels concernant les chemins de fer d'intérêt local et les tramways

II. — Documents officiels concernant les automobiles sur routes

www.ingramcontent.com/pod-product-compliance
Lightning Source LLC
Chambersburg PA
CBHW060117200326
41518CB00008B/851